Ratgeber Heizung

Wärme und Warmwasser
für mein Haus

Immer aktuell

Wir informieren Sie über wichtige Aktualisierungen zu diesem Ratgeber. Wenn sich zum Beispiel die Rechtslage ändert, neue Gesetze oder Verordnungen in Kraft treten, erfahren Sie das unter

www.vz-ratgeber.de/aktualisierungsservice

Ratgeber Heizung

Wärme und Warmwasser für mein Haus

JOHANNES SPRUTH

verbraucherzentrale

Inhalt

19 Klimawandel geht uns alle an

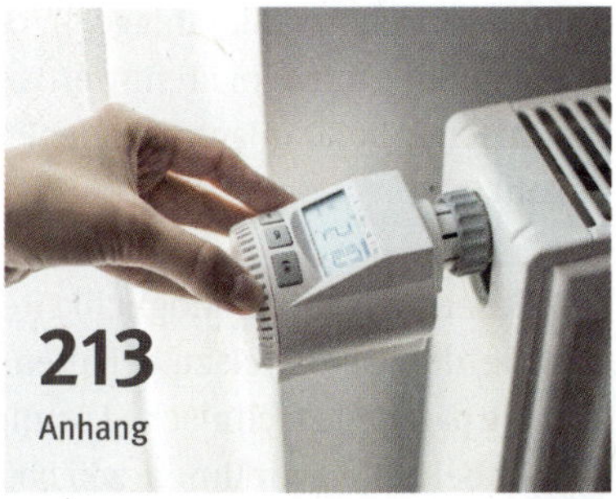

213 Anhang

133 Haustechnik in Neu- und Altbau

Über dieses Buch

Sie planen einen Neubau oder wollen Ihr bestehendes Gebäude sanieren? Dann stellt sich natürlich auch die Frage, wie Sie künftig heizen und warmes Wasser erzeugen wollen. Es geht also um die passende Technik für Ihr Haus. Sie haben die Wahl: Mit einem Blockheizkraftwerk im Keller können Sie Wärme und Strom zugleich erzeugen oder Sie nutzen Erdwärme und heizen mit einer Wärmepumpe oder greifen auf Holz zurück und setzen einen Holzpelletkessel ein. Möglicherweise lohnt sich auch der Anschluss an ein Fernwärmenetz. Oder Sie nutzen die Sonne als kostenlosen und umweltfreundlichen Energielieferanten und erzeugen per Solarthermie oder Photovoltaik Warmwasser.

Und natürlich können Sie auch Techniken miteinander kombinieren: zum Beispiel die Holzheizung oder den Brennwertkessel mit der thermischen Solaranlage – oder die Wärmepumpe mit dem Brennwertkessel, der thermischen Solaranlage oder der Photovoltaikanlage.

Bei dieser Vielzahl an Möglichkeiten ist es wichtig, den Überblick zu behalten und für sich die passende technische Lösung zu finden. Dabei helfen wir Ihnen, zeigen, wie das alles funktioniert und welche Vor- und Nachteile die einzelnen Techniken haben. Ob eine Technik für Sie in Frage kommt, hängt natürlich immer von den Bedingungen vor Ort ab. Mit unseren Checklisten prüfen Sie das Schritt für Schritt und planen die Umsetzung.

In Zeiten des Klimawandels sollte eine neue Haustechnik möglichst wenig Kohlendioxid produzieren. Das gelingt, wenn fossile Energiequellen nur noch begrenzt genutzt und immer häufiger erneuerbare Energien eingesetzt werden. Zunehmend wird das auch in den gesetzlichen Rahmenbedingungen gefordert. Deshalb zeigen wir Ihnen, welche Vorgaben für Neubauten und Bestandgebäude gelten und wie Sie diese umsetzen (→ Seite 33). Und wer die Vorgaben des Gesetzgebers übertrifft, erhält in aller Regel eine staatliche Förderung. Unsere Tipps weisen darauf hin und bei unseren Berechnungen haben wir solche Fördermittel berücksichtigt.

Anlagentechniken und Einsatzmöglichkeiten

Nachdem wir im Kapitel „Anlagentechniken und Co." (→ Seite 47) alle Haustechniken ausführlich und mit ihren Vor- und Nachteilen beschrieben haben, stellen wir im Kapitel „Haustechnik in Alt- und Neubau" dar, wie sie eingesetzt werden können – ab Seite 133 für den Neubau, ab Seite 169 bei der Sanierung von Bestandsgebäuden. Jede einzelne Haustechnikvariante – vom Brennwertekessel über die Solaranlage bis zur Wärmepumpe – haben wir durchgerechnet und zeigen anhand von Beispielgebäuden ihre Wirtschaftlichkeit. Beim Neubau stellen wir der Ausgangsplanung, die gerade die gesetzlichen Vorgaben erfüllt, 26 Varianten gegenüber – mit allen wichtigen Kennzahlen: Investitionskosten, Betriebskosten, Amortisationszeit, Kosteneinsparung nach 20 Jahren, Kohlendioxidausstoß, Autarkiegrad Wärme und Strom (Tabelle → Seite 164). Einen Überblick zu allen Haustechnikvarianten für den Neubau finden Sie auf Seite 14.

Für die Sanierung der Haustechnik im Altbau finden Sie vier Beispielfamilien, die ihr Haus mit Öl (→ Seite 174), Gas (→ Seite 185), Holz (→ Seite 192) oder Strom (→ Seite 198) versorgen. Und auch für diese Fälle haben wir zahlreiche Technikvarianten durchgerechnet, mit dem Ist-Zustand vor der Sanierung verglichen und die nötigen Kennzahlen ermittelt. Welche Haustechnik sich lohnt, finden Sie in den entsprechenden Tabellen übersichtlich dargestellt (→ Seite 182, 190, 196, 204). Einen Überblick zu allen Haustechnikvarianten für Bestandsgebäude finden Sie auf Seite 16.

Wirtschaftlichkeit individuell berechnen

Natürlich ist jedes Gebäude anders, der Energieverbrauch seiner Bewohner ist unterschiedlich und auch die Investitionskosten für eine neue Haustechnik werden im konkreten Fall von unseren Beispielen abweichen. Deshalb bieten wir Ihnen die Tabellen aus dem Buch als interaktives Modul im Internet an. Dort können Sie Ihre Werte eingeben (zum Beispiel Wohnfläche, Gas-/Strompreis, Stromverbrauch, Investitionskosten) und erhalten ein Ergebnis für Ihre individuelle Planung.

Mit diesem Wissen präpariert, können Sie die weitere Umsetzung Ihrer Planungen in Angriff nehmen. Die Energieberatung der Verbraucherzentralen unterstützt Sie dabei individuell. Mehr Informationen zu unserem Beratungsangebot finden Sie hier: www.verbraucherzentrale-energieberatung.de

Wir wünschen Ihnen gutes Gelingen.

Aus unserer Beratungspraxis

Die wichtigsten Fragen und Antworten

→ Jährlich beantworten wir in unseren bundesweit rund 200 Beratungsstellen Hunderttausende von Fragen und helfen bei der Lösung von Problemen, die Verbraucherinnen und Verbraucher an uns herantragen. Aus dieser täglichen Praxis wissen wir am besten, wo der Schuh drückt und wie konkrete Unterstützung aussehen muss. Diese Erfahrungen sind Grundlage unserer Ratgeber: mit präzisen, verbraucherorientierten Informationen, zahlreichen Tipps und Hintergrundinformationen zum besseren Verständnis.

Als Energieberater der Verbraucherzentrale NRW habe ich über 25 Jahre Hauseigentümer bei der energetischen Sanierung ihrer Immobilie beraten. Dieses Praxiswissen ist in diesen Ratgeber geflossen und soll nun auch Sie bei der Planung Ihrer neuen Heizungsanlage unterstützen.

Nutzen Sie auch die Energieberatung der Verbraucherzentralen und profitieren Sie von unserer Beratungskompetenz. Im persönlichen Gespräch in der Beratungsstelle oder auch bei einer Beratung bei Ihnen zu Hause erhalten Sie wertvolle individuelle Hinweise und Tipps: www.verbraucherzentrale-energieberatung.de

Dr. Johannes Spruth

Welche gesetzlichen Bedingungen muss ich beim Neubau oder der Altbausanierung einhalten?

Neben den allgemeinen Bauvorschriften, die in anderen Ratgebern der Verbraucherzentrale behandelt werden, gibt es Anforderungen an den energetischen Zustand: die Energieeinsparverordnung (EnEV) und das Erneuerbare-Energien-Wärmegesetz (EEWärmeG), die demnächst zu einem Gebäudeenergiegesetz zusammengefasst werden. Wir erläutern die Anforderungen, die für Neubau und Altbausanierung gelten (→ Seite 33), auch an einem Beispiel für eine Neubauplanung. → Seite 133
Für zahlreiche Haustechnikvarianten wird dargestellt, wie sich die gesetzlichen Anforderungen in der Praxis erfüllen lassen, was es kostet und welche Einsparungen Sie erzielen können.
→ Seite 164

Lohnt es sich überhaupt, eine alte Heizungsanlage auszutauschen?

Ja, das lohnt sich ganz häufig. Alte Heizungsanlagen haben hohe Verluste, selbst wenn der Schornsteinfeger bescheinigt, dass die Grenzwerte eingehalten werden. Denn er bestimmt nur den Abgasverlust. Es gibt aber weitere Gründe für unnötig hohe Heizkosten. Manchmal hilft es schon, die Heizungsanlage zu optimieren.
→ Seite 169

In vielen Fällen ist es aber wirtschaftlicher, den Heizkessel auszutauschen und auf einen anderen Energieträger umzusteigen. Dazu müssen Sie zwar erst einmal Geld in die Hand nehmen, sparen das aber durch geringere Energiekosten in kurzer Zeit wieder ein. Anhand von Beispielhäusern zeigen wir, mit welcher Anlagentechnik Sie Ihre alte Öl-, Gas- oder Holzheizung oder den Elektro-Nachtspeicher sinnvoll ersetzen können. Wir haben alles durchgerechnet und nennen Ihnen die Investitions- und Betriebskosten, die Kosteneinsparung und Amortisationszeit für verschiedene Alternativen zu Ihrer alten Heizungsanlage.
→ Seite 172

Was ist beim Fernwärmeanschluss zu beachten?

Haben Sie die Möglichkeit, sich an ein Fernwärmenetz anschließen zu lassen? Die Investitionskosten sind niedrig und es entfallen Kosten für Wartung und Schornsteinfeger. Dagegen können die Energiekosten hoch sein. In jedem Fall sollten Sie eine Vollkostenrechnung im Vergleich mit anderen Alternativen durchführen (lassen). Für die Umweltbilanz ist wichtig, aus welcher Quelle die Fernwärme stammt. Am günstigsten sind industrielle Abwärme oder erneuerbare Energien.

→ Seite 66

Funktioniert eine Wärmepumpe auch im Altbau?

Ja. Eine Wärmepumpe arbeitet zwischen zwei Temperaturen. Die geringsten Stromverbräuche erzielen Sie, wenn der Temperaturunterschied nicht sehr groß ist. Die Wärmequelle (Grundwasser, Erdreich oder Luft) sollte ganzjährig möglichst warm und das Heizsystem mit einer möglichst geringen Temperatur zufrieden sein – optimal ist hier eine Fußbodenheizung. → Seite 72 Aber auch mit herkömmlichen Heizkörpern können Sie ein befriedigendes Ergebnis erzielen, wie unsere Beispiele zeigen.

→ Seite 177, 180, 181, 188, 194, 200, 201

Wie heize ich effektiv mit Holz?

Ganz wichtig ist eine effektive Verbrennung: Dazu gehört die richtige Bedienung des Ofens, die sparsame Verwendung von trockenem Holz (nicht zu viel Holz auflegen) und ein vollständiges Verbrennen. Holz ist eine erneuerbare, CO_2-neutrale Energiequelle: Denn beim Verbrennen wird die vorher von den Bäumen aufgenommene Menge an Kohlendioxid (CO_2) wieder abgegeben. Mehr zur Holzheizung, auch zur komfortablen Heizung mit Pellets:

→ Seite 51

Wie kann ich ein Blockheizkraftwerk (BHKW) wirtschaftlich nutzen?

Ein BHKW erzeugt gleichzeitig Strom und Wärme. Wirtschaftlich sinnvoll kann es nur betrieben werden, wenn auch die Wärme zeitnah in Ihrem Haus genutzt werden kann. Für das Ein- oder Zweifamilienhaus kommen deswegen nur Geräte mit kleiner Leistung in Betracht. Denn größere Blockheizkraftwerke würden zu viel überschüssige Wärme erzeugen. Wird zum Beispiel im Winter mehr Wärme benötigt, muss diese dann aus einer anderen Quelle kommen. Eine ausführliche Beschreibung der Technik und Tipps zum wirtschaftlichen Einsatz finden Sie auf → Seite 59. Und anhand von Beispielhäusern erfahren Sie, wie sich das in der Praxis realisieren lässt.

→ Seite 144, 176, 186, 199

Thermische Solaranlage oder Photovoltaikanlage: Was sollte ich anschaffen?

Beide Techniken haben ihre Berechtigung: Die thermische Solaranlage holt bei gleicher Fläche erheblich mehr Energie vom Dach, dagegen ist der Strom der Photovoltaikanlage die wertvollere Energie. Geht es um die Wassererwärmung, so ist ab einem Vierpersonenhaushalt meistens die thermische Solaranlage vorzuziehen. → Seite 94 Auch das Sonnenhauskonzept (→ Seite 111) benötigt eine große thermische Solaranlage.

Ist Ihr Haushalt kleiner oder wünschen Sie den Betrieb einer Wärmepumpe und möchten sich mit eigenem Strom versorgen? Das geht nur mit einer Photovoltaikanlage. Da die Preise enorm gesunken sind, ist das längerfristig eine sinnvolle Lösung. → Seite 104 Haben Sie genug Platz auf dem Dach? Thermische Solaranlage, Photovoltaikanlage und Wärmepumpe können sich sehr gut ergänzen.
→ Seite 116, 119

Was ist ein Effizienzhaus?

Die bundeseigene Förderbank (KfW) vergibt für Neubau und Altbausanierung günstige Kredite und/oder Zuschüsse. Besonders hoch sind die, wenn ein Effizienzhausstandard erreicht wird – je effizienter, desto höher die Förderung. Der Effizienzhausstandard orientiert sich an den Vorgaben und Berechnungsverfahren für Neubauten. → Seite 33 Im Kapitel „Haustechnik in Neu- und Altbau“ lesen Sie, wie attraktiv das Effizienzhaus insbesondere bei Neubauvorhaben ist.
→ Seite 137

Was bringt meine Wahl der Haustechnik für den Klimaschutz?

Durch den Austausch des Heizkessels und die Wahl des Energieträgers, beispielsweise Holz, können Sie die Kohlendioxid-Belastung durch Ihr Haus erheblich verkleinern. Installieren Sie zusätzlich eine Photovoltaikanlage, so verdrängen Sie dadurch klimabelastenden Kohlestrom. Das kann bis zur Klimaentlastung führen: Dann erzeugt Ihr Haus mehr umweltfreundlichen Strom, als es benötigt.
→ Seite 159, 161, 181

Wie kann ich meine alte Heizungsanlage kostengünstig optimieren?

Da gibt es viele Möglichkeiten: Thermostatventile können ausgetauscht, Rohre gedämmt oder ein hydraulischer Abgleich gemacht werden. → Seite 169 Geht es darum, beim Warmwasser zu sparen? Wir geben Tipps zu Duschgewohnheiten, zum Austausch des Duschkopfes, zu sparsamen Armaturen und zur Optimierung Ihrer Warmwasserversorgung. → Seite 85
Viele Maßnahmen sind preiswert, werden zudem vom Staat gefördert und rechnen sich in kurzer Zeit.
→ Seite 174, 185, 192

Neubau: Die passende Haustechnik finden – und eine der Effizienzhausklassen* erreichen

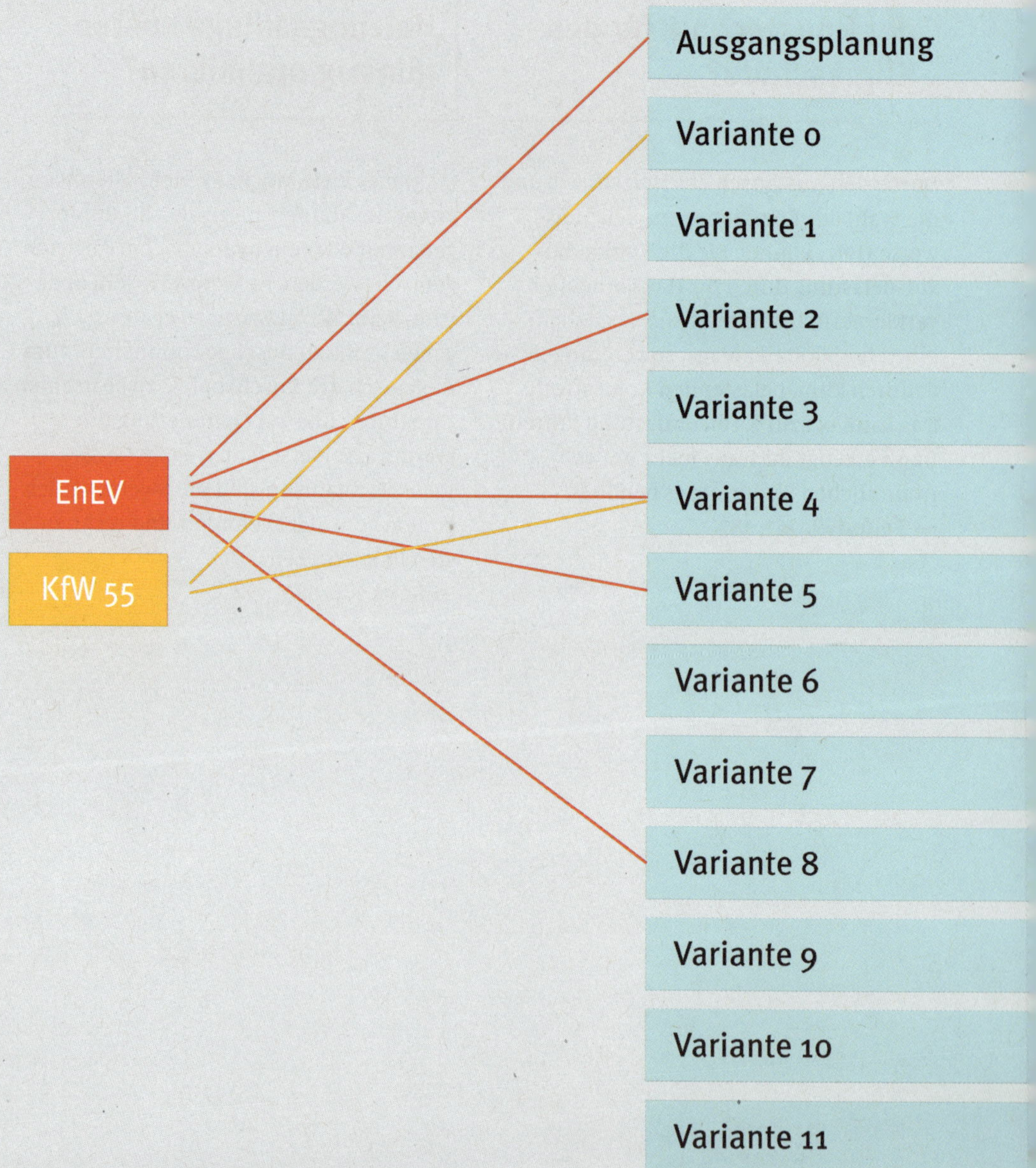

*Zu den Effizienzhausklassen KfW 55, KfW 40 und KfW 40 plus sowie zu Energieeinsparverordnung EnEV → Seite 137

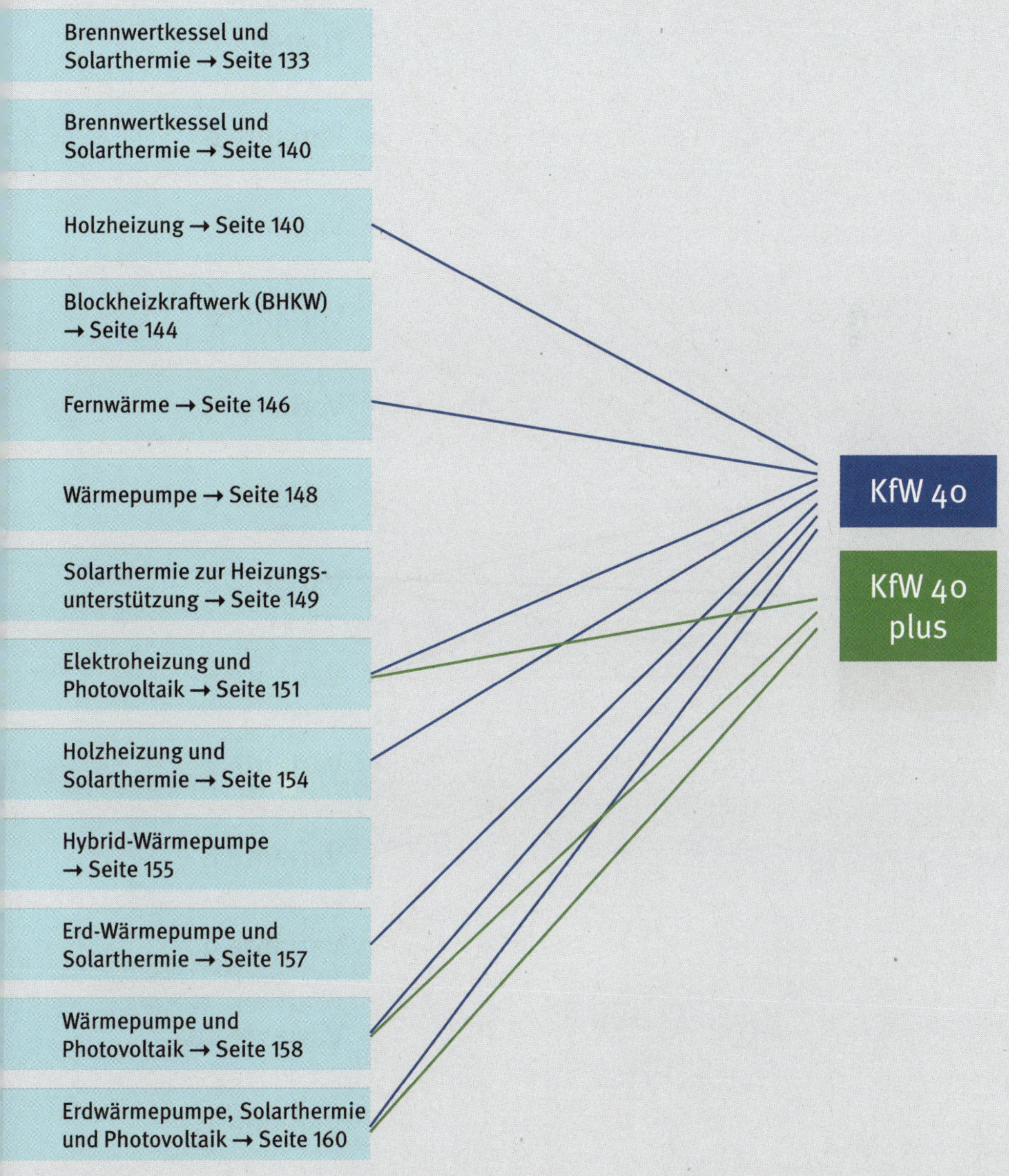
Brennwertkessel und Solarthermie → Seite 133
Brennwertkessel und Solarthermie → Seite 140
Holzheizung → Seite 140
Blockheizkraftwerk (BHKW) → Seite 144
Fernwärme → Seite 146
Wärmepumpe → Seite 148
Solarthermie zur Heizungsunterstützung → Seite 149
Elektroheizung und Photovoltaik → Seite 151
Holzheizung und Solarthermie → Seite 154
Hybrid-Wärmepumpe → Seite 155
Erd-Wärmepumpe und Solarthermie → Seite 157
Wärmepumpe und Photovoltaik → Seite 158
Erdwärmepumpe, Solarthermie und Photovoltaik → Seite 160
KfW 40
KfW 40 plus

Bestandsgebäude: Die passende Haustechni finden, wenn Sie mit Öl, Gas, Holz oder Strom heizen

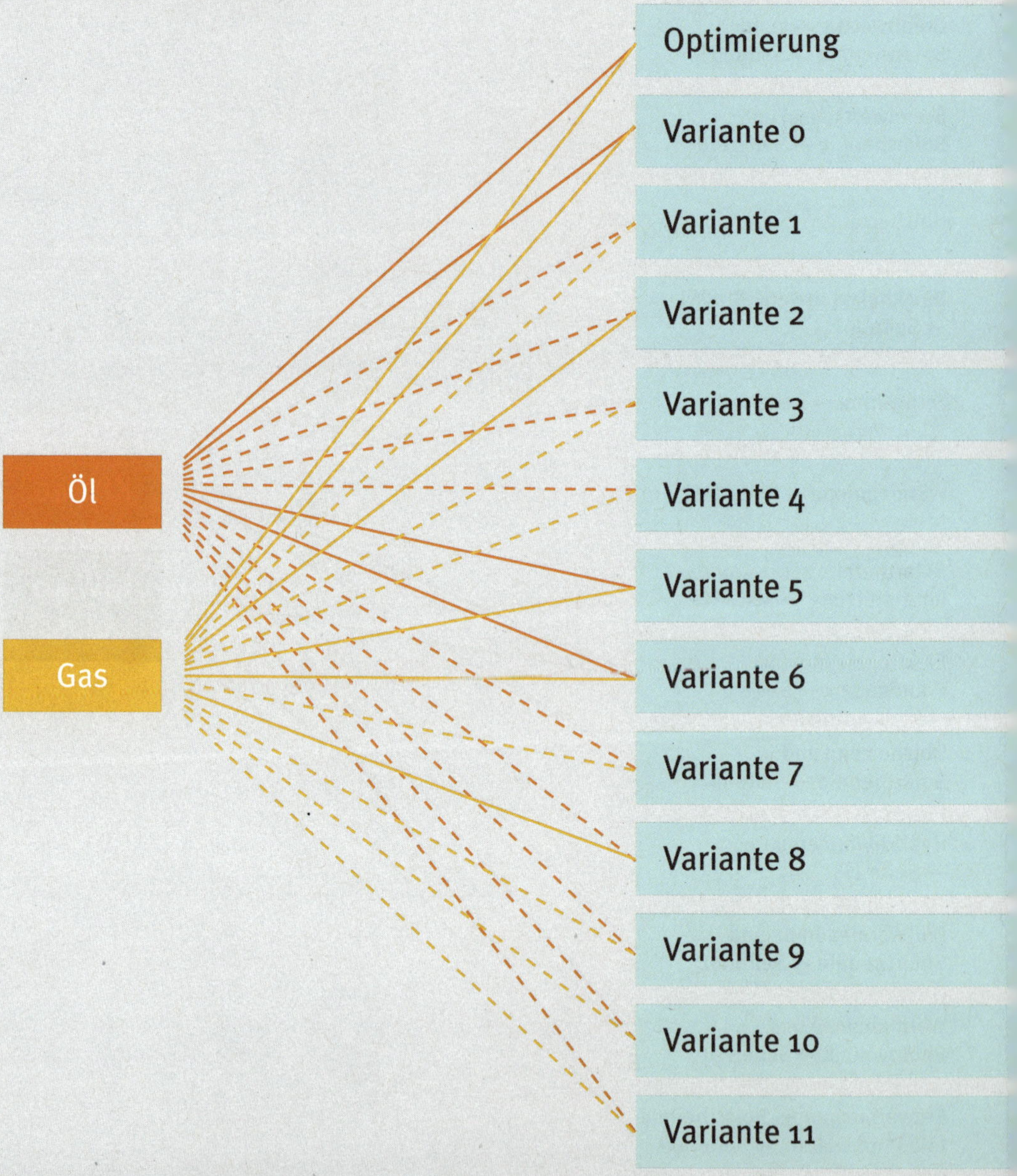

Gestrichelte Linie = der Energieträger wird gewechselt
durchgezogene Linie = der Energieträger wird nicht gewechselt

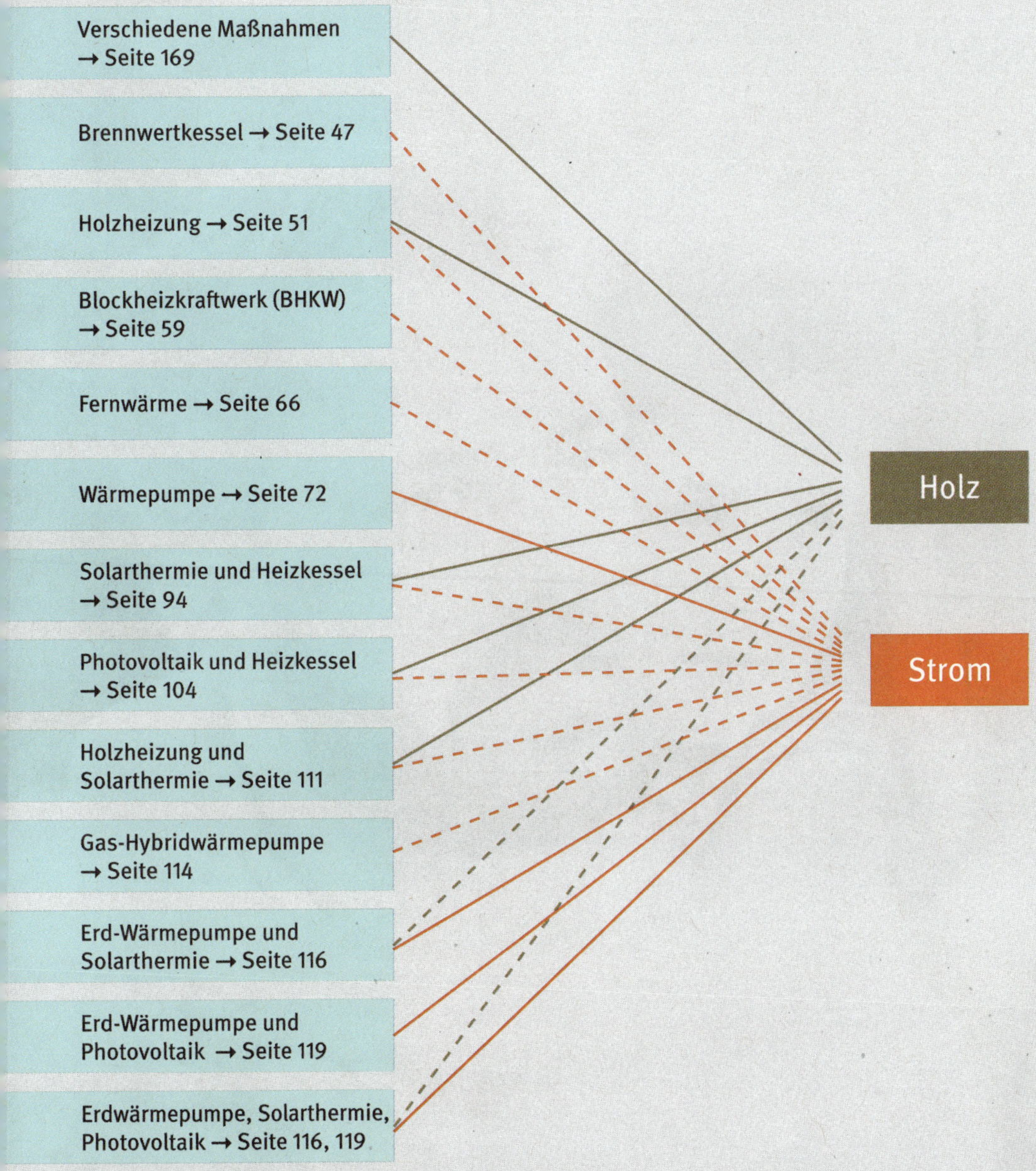
Verschiedene Maßnahmen → Seite 169
Brennwertkessel → Seite 47
Holzheizung → Seite 51
Blockheizkraftwerk (BHKW) → Seite 59
Fernwärme → Seite 66
Wärmepumpe → Seite 72
Solarthermie und Heizkessel → Seite 94
Photovoltaik und Heizkessel → Seite 104
Holzheizung und Solarthermie → Seite 111
Gas-Hybridwärmepumpe → Seite 114
Erd-Wärmepumpe und Solarthermie → Seite 116
Erd-Wärmepumpe und Photovoltaik → Seite 119
Erdwärmepumpe, Solarthermie, Photovoltaik → Seite 116, 119
Holz
Strom

Klimawandel geht uns alle an

Die dramatischen Hurrikan-Meldungen 2017 verdeutlichen es: Klimaschutz ist dringend nötig – und jeder kann etwas dafür tun, zum Beispiel beim Heizen. Hier erfahren Sie Grundlegendes zu den klimatischen Zusammenhängen, zum Gebäudeenergiegesetz und zum eigenen wirtschaftlichen Heizen.

Vermutlich heizen Sie wie die meisten Hausbesitzer in Deutschland mit Öl, Gas oder Strom. Dann nutzen Sie **fossile Energieträger**. Das sind Stoffe, die aus abgestorbenen Pflanzen und Tieren im Verlauf von Jahrmillionen entstanden sind. Die Pflanzen haben von Sonnenlicht und die Tiere wiederum von Pflanzen oder anderen Tieren gelebt. Die von Ihnen jetzt genutzte Energie ist demnach „indirekt" Sonnenenergie, die in sehr langen Zeiträumen angesammelt wurde. Werden fossile Energieträger (Öl, Gas) verbrannt oder wird elektrischer Strom im Kohlekraftwerk erzeugt, entsteht **Kohlendioxid** (CO_2). Seit Beginn der Industrialisierung wird mehr Kohlendioxid freigesetzt, als es in den Pflanzen, insbesondere den Wäldern, aber auch in den Meeren gebunden wird. Dieser Überschuss führt dazu, dass der Kohlendioxidgehalt in der Atmosphäre zunimmt (→ Abb.1). Seit 1958 wird auf dem hawaiianischen Vulkan Mauna Loa monatlich der Kohlendioxidgehalt der Atmosphäre gemessen.

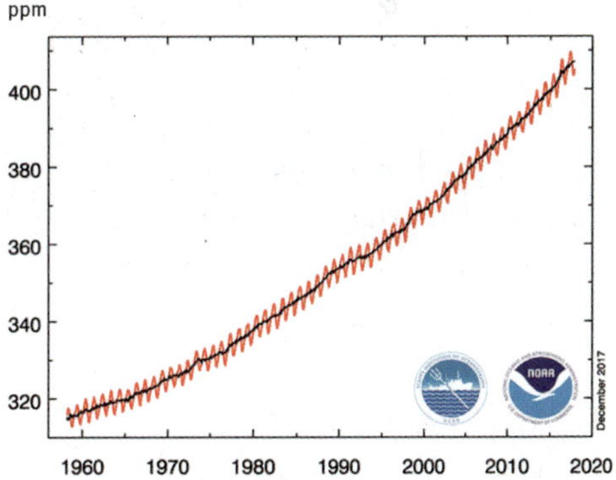

Abb. 1: Die Wellenbewegung entsteht durch die unterschiedlich starke Vegetation während der Jahreszeiten.

Abb.2: Prinzip des Treibhauseffekts.

Deutlich sichtbar ist in Abbildung 1, dass mittlerweile ein Wert oberhalb von 400 ppm erreicht worden ist.

HINTERGRUND

ppm (parts per million)

Das ppm (parts per million) ist ein Maß für das Mischungsverhältnis, die Konzentration, hier von CO_2 in Luft. Wie das Prozent ein Hundertstel bedeutet und das Promille ein Tausendstel, ist das ppm ein Millionstel. 400 ppm wären also ein Verhältnis von 0,04 Prozent CO_2 in Luft. Noch in den 1960er Jahren lag dieser Wert unter 320 ppm (0,032 Prozent).

Der Treibhauseffekt

In einem Treibhaus ergibt sich eine höhere Temperatur als außerhalb, weil das Glas die Sonnenstrahlen durchlässt. Sie erwärmen die Luft. Diese Wärme kann nicht einfach so wieder durch das Glas nach draußen abziehen. Die Raumtemperatur steigt. Das ist der Treibhauseffekt.

In der Atmosphäre geschieht etwas Ähnliches (→ Abb.2): Die Sonnenlichtstrahlung durchdringt die Atmosphäre, trifft auf die Erde und erwärmt sie. Die Erde sendet diese Wärmestrahlung zurück ins All. Doch verschiedene Gase (auch Spurengase genannt, weil sie in kleiner Konzentration in der Luft vorkommen) wie Kohlendioxid, aber auch Methan, Stickoxide, Fluorkohlenwasserstoffe, Lachgas etc. übernehmen die Rolle des Treibhaus-Glases. Sie halten die Wärmestrahlung zurück. Darum werden diese Spurengase auch Treibhausgase genannt.

CO_2 ist das wichtigste Treibhausgas. Die Wirkung der anderen Treibhausgase wird in eine CO_2-Konzentration mit gleicher Wirkung umgerechnet (CO_2-Äquivalente). Je höher die Konzentration des CO_2 und der Äquivalente, desto höher steigt die Durchschnittstemperatur durch den Treibhauseffekt.

HINTERGRUND

Drei Formen der Wärmeübertragung

Wärme wird von einem Körper mit höherer Temperatur auf einen mit niedrigerer Temperatur übertragen.

Wärmeleitung erfolgt durch feste Körper, die unterschiedliche Temperaturen aufweisen.

Beispiel: Sie stellen einen Kochtopf auf die eingeschaltete Herdplatte. Nach einiger Zeit ist der Topf innen heiß geworden. Gute Wärmeleiter sind vor allem Metalle. Schlechte Wärmeleiter sind Wärmedämmstoffe, die mit Gasen gefüllte Poren enthalten, etwa Mineralfasern oder ein dicker Schafwollpullover. Der schlechteste Wärmeleiter ist das Vakuum, der luftleere Raum. Eine Thermoskanne enthält einen doppelwandigen Glasbehälter, der luftleer ist: So bleibt der Kaffee länger heiß.

Wärmeströmung erfolgt in Flüssigkeiten und Gasen.

Beispiel: Warmes Wasser ist leichter als kaltes und steigt deswegen nach oben: Im Badewannenwasser ist es oben am wärmsten. Oder: Warme Luft strömt am Heizkörper nach oben und erwärmt so den Raum (Luftbewegung). Heizkörper, die besonders starke Luftbewegung hervorrufen, werden **Konvektoren** genannt, beispielsweise vor bodentiefen Fenstern in den Boden eingelassene Heizelemente mit einem Luftgitter darüber.

Wärmestrahlung benötigt keine Materie zum Transport. Sie kann auch im Vakuum passieren und breitet sich wie Licht geradlinig aus. Je heißer ein Körper ist, umso höher ist die Frequenz der ausgesandten Strahlung.

Beispiel: Ein Heizkörper in der Wohnung strahlt im Infraroten Bereich (→ Seite 45). Sie müssen ihn sehen können, um die Wärmestrahlung zu empfinden. Glühende Stoffe, beispielsweise eine Kerzenflamme oder die Sonne, strahlen neben der Wärme hauptsächlich sichtbares Licht ab, je heißer, desto weißer das Licht.

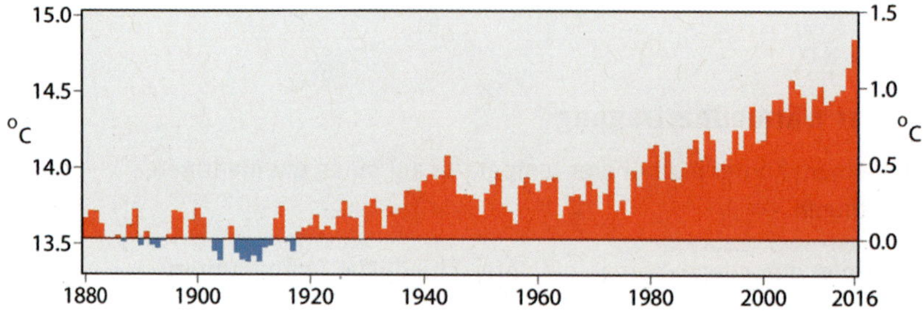

Abb. 3: Anstieg der weltweiten Durchschnittstemperatur während des Industriezeitalters.

Es gab bereits in vorindustrieller Zeit Spurengase, insbesondere CO_2 in der Atmosphäre. Das war ein **natürlicher Treibhauseffekt**, der ein angenehmes Leben auf der Erde erst ermöglichte. Ohne ihn hätten wir eine Welt-Jahresdurchschnittstemperatur von frostigen -18 Grad.

Wie Abbildung 3 zeigt, liegt die Welt-Durchschnittstemperatur vor 1900 bei angenehmen circa 13,5 Grad. Ab 1920 und erst recht ab 1980 steigt die Temperaturkurve bis auf mittlerweile 14,7 Grad. Das entspricht dem Anstieg des CO_2 in der Atmosphäre (→ Abb. Seite 19). Bis auf ganz wenige Klimaskeptiker gehen die Wissenschaftler davon aus, dass dieser **zusätzliche Treibhauseffekt** menschgemacht ist.

Das Klima ist ein sehr komplexes Geschehen. Sicher ist allerdings, dass durch die Spurengase beziehungsweise Treibhausgase heute mehr Energie in der Atmosphäre gespeichert ist als früher. Und: Warme Luft kann mehr Wasserdampf enthalten als kalte. Die Auswirkungen sind aktueller denn je und weltweit zu spüren, beispielsweise die Zunahme von Stürmen und Hochwässern.

Im Klimageschehen gibt es sogenannte Kipp-Punkte, die unbedingt vermieden werden sollten. Wenn beispielsweise der Permafrostboden in Sibirien auftaut und dadurch weitere Treibhausgase freigesetzt werden, steigt die Temperatur. Es taut noch mehr Erdreich auf und noch mehr Treibhausgase werden freigesetzt: Ein weiterer Temperaturanstieg ist die Folge. Klimawissenschaftler vermuten, dass Kipp-Punkte spätestens bei einer weltweiten Erwärmung um zwei Grad erreicht werden.

Pariser Klimaschutz-abkommen

Es hat schon zahlreiche internationale Konferenzen zum Klimaschutz gegeben. Vor Paris fand die wichtigste 1997 in Kyoto statt – mit einem dort beschlossenen Protokoll. Darin verpflichteten sich ausgewählte Industrieländer, den Ausstoß (Emission) von Treibhausgasen zu begrenzen. Das Protokoll trat nach Ratifizierung durch zunächst 55 und später 192 Staaten im Jahr 2005 in Kraft. Weitere Konferenzen brachten keine erfolgversprechende Nachfolgeregelung zustande.

Ende 2015 fand in Paris die 21. UN-Klimakonferenz statt (kurz COP 21). Gleichzeitig gab es das 11. Treffen zum Kyoto-Protokoll (kurz CMP 11). Hauptziel dieser Konferenz war eine Nachfolge-Vereinbarung für das Kyoto-Protokoll.

Die Konferenz in Paris war im Vorfeld gut vorbereitet und wurde von den französischen Gastgebern geschickt geleitet. So kam es zum **Übereinkommen von Paris**. Mittlerweile haben 195 Staaten das Abkommen unterzeichnet, das 2016 in Kraft getreten ist. Diese Staaten haben sich darauf verständigt, Maßnahmen zu ergreifen, um den Temperaturanstieg auf deutlich unter 2 Grad, besser auf 1,5 Grad zu begrenzen. Sie geben dazu Selbstverpflichtungen ab. In regelmäßigen Abständen wird deren Einhaltung und die Einhaltung des 1,5- beziehungsweise maximal 2-Grad-Zieles überprüft. Gegebenenfalls werden weitere Maßnahmen ergriffen. Anders als im Kyoto-Protokoll gibt es nicht nur Emissionsgrenzen für Industrieländer, sondern eine Selbstverpflichtung für alle Länder, den Temperaturanstieg zu begrenzen.

Paris und die Folgen

Es besteht also nachweislich ein Zusammenhang zwischen der Konzentration der Treibhausgase und dem Temperaturanstieg. Klimawissenschaftler haben berechnet, dass die Begrenzung auf 1,5 Grad Erwärmung eine Begrenzung der CO_2-Konzentration auf 420 ppm verlangt. Zusätzlich zum bereits in der Atmosphäre enthaltenen CO_2 dürfen dann vermutlich höchstens noch weitere 280 Gigatonnen CO_2 hinzukommen, um auf der

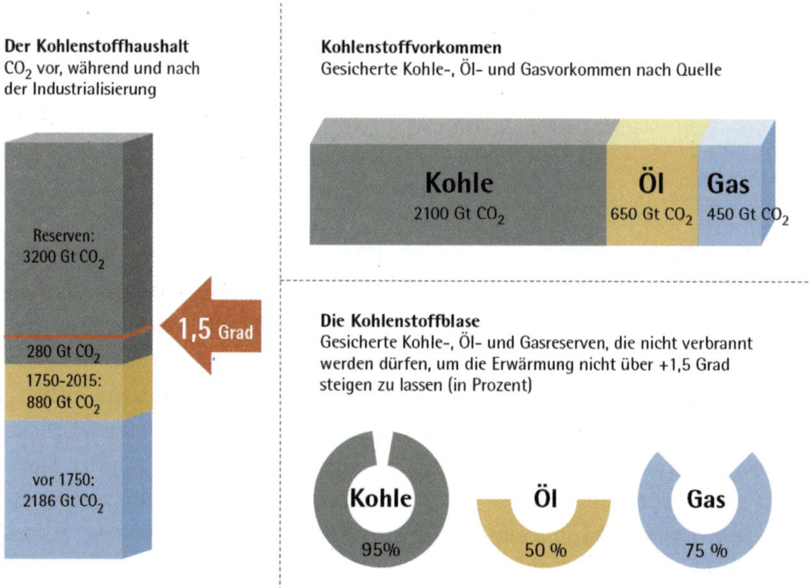

Abb. 5: Energiereserven müssen im Boden bleiben, um die Klimaziele zu erreichen.

sicheren Seite zu sein. Für das 2-Grad-Ziel wären noch knapp 600 Gigatonnen CO_2 erlaubt. Das klingt zunächst nach sehr viel. Jedoch steigt allein durch Verbrennungsprozesse die CO_2-Menge in der Atmosphäre jährlich um 32 Gigatonnen. Die höchstmöglichen 280 Gigatonnen wären in weniger als zehn Jahren erschöpft und das maximale 2-Grad-Ziel würde eher als in 18 Jahren überschritten. Etwas genauer betrachtet: Jährlich werden insgesamt circa 40 Gigatonnen CO_2 in die Atmosphäre geschleudert. Zwar gibt es erfreuliche Prozesse (Pflanzenwachstum, Aufnahme im Meerwasser), die CO_2 binden können. Dadurch werden pro Jahr circa 25 Gigatonnen CO_2 entfernt. Das reicht aber nicht – wie der Badewanneneffekt zeigt: Jede Wanne wird überlaufen, wenn weniger durch den Abfluss wegfließt als durch den Wasserhahn zuläuft.

Wenn die Beschlüsse von Paris ernst genommen werden, muss die Weltwirtschaft spätestens zur Mitte des Jahrhunderts vollständig kohlenstofffrei arbeiten und zu 100 Prozent mit erneuerbaren Energien versorgt werden.

Zwischenfazit: Es gibt kein Problem mit versiegenden Rohstoffquellen. Vielmehr muss ein Großteil der bekannten fossilen Rohstoffe – Kohle, Öl und Gas – bleiben (→ Abb. 5).

Links in der Abbildung 5 sehen Sie, welche Kohledioxidmengen bis 2015 abgegeben wurden, was noch fehlt, um die 1,5 Grad einzuhalten, und welche weitere Menge in allen bekannten Reserven zusammen dann noch enthalten ist. Diese 3.200 Gigatonnen CO_2 dürfen nicht mehr freigesetzt werden. Die

Abbildung zeigt rechts, dass es vor allem Kohlevorräte betrifft; rechts unten sind die Anteile der Energieträger dargestellt, die nicht mehr benutzt werden dürfen: Auch hier überwiegt die Kohle: Nur noch 5 Prozent der bekannten Reserven dürfen verbrannt werden. Diese Rohstoffe liegen zwar noch in der Erde, sie sind jedoch bereits in den Bilanzen der Unternehmen berücksichtigt. Das Klimaabkommen bedeutet demnach für die fossile Wirtschaft eine riesige Investitionsblase, die **Kohlenstoffblase**.

→ **TIPP Nicht in Kohle investieren**
Investieren Sie Ihr Geld nicht in Wertpapiere, die mit der Kohlenstoffwirtschaft zusammenhängen. Es droht massiver Geldverlust. Das „Abziehen" von Geld aus dem fossilen Sektor wird Divestment genannt. Etliche Kommunen haben die Gefahr erkannt, zum Beispiel die westfälische Stadt Münster: Sie hat ihre 22 Millionen Euro Pensionsfonds deinvestiert und schließt auch in Zukunft Investitionen in den fossilen Sektor aus.

Was heißt das nun für Deutschland? Es gibt einen **Klimaschutzplan** der Bundesregierung als Selbstverpflichtung im Sinne des Paris-Abkommens. Dieser Plan gibt Zwischenziele für die Jahre 2020, 2030 und 2040 sowie das Ziel für 2050 mit einer Reduktion der Treibhausgase von 80 Prozent beziehungsweise 95 Prozent vor (→ Abb. 6).

Das klingt zwar ambitioniert, ist jedoch zu wenig, um das 1,5-Grad-Ziel einzuhalten.

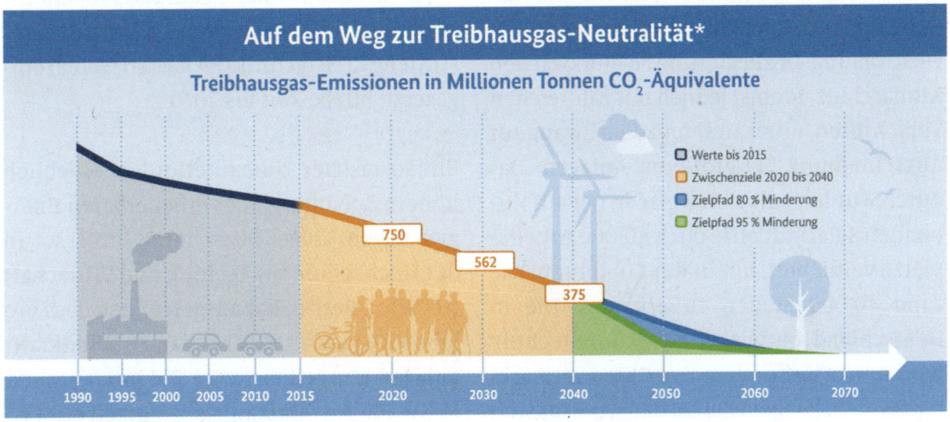

Abb. 6: Ziele des Klimaschutzplans der Bundesregierung (Stand: Sommer 2017).

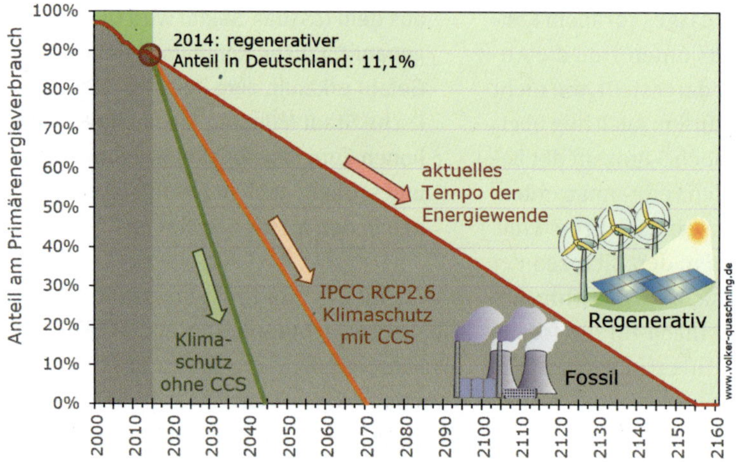

Abb. 7: Der Zubau der erneuerbaren Energien muss viel schneller erfolgen.

Zudem wird vermutlich während der Koalitionsverhandlungen (Stand 2/2018) das erste Ziel für 2020 fallen gelassen. Dies liegt an dem zu geringen Ausbau der erneuerbaren Energien und dem Festhalten an der Kohleverstromung. Die Regierung bejaht zwar den Klimaschutz, bremst jedoch mit zahlreichen Vorschriften, unter anderem dem Zwang zur Ausschreibung bei größeren Anlagen. Dadurch wurden beispielsweise in der aufblühenden Solarindustrie circa 80.000 Arbeitsplätze vernichtet, um in der Kohleindustrie rund 40.000 Stellen zu erhalten. Die in Deutschland entwickelte Zukunftstechnik wird nun insbesondere von China vermarktet. Bei dem jetzigen Zubau dauert es bis weit über das Jahr 2150, bis 100 Prozent erneuerbare Energien erreicht sind (→ Abb. 7). Das ist eindeutig zu langsam, um das Klima zu stabilisieren.

Es wäre ein Umstieg auf 100 Prozent Erneuerbare bis 2045 notwendig. Wird die umstrittene CCS-Technik (→ Kasten rechts) eingesetzt, bliebe Zeit bis 2070.

Ein so rascher Umbau erfordert erheblich höhere Zubauraten der erneuerbaren Energieanlagen. Volker Quaschning, Professor an der Hochschule für Technik und Wirtschaft (HTW) in Berlin, hat ausgerechnet, dass pro Jahr 6,3 Gigawatt (GW) Zubau an Windkraftanlagen (zurzeit circa 5,4 GW pro Jahr) und 15 GW Photovoltaikanlagen (zurzeit etwa 1,5 GW) nötig sind. Dabei wurde berücksichtigt,

HINTERGRUND

CCS keine Alternative

CCS (Carbon Capture and Storage) ist eine Technik, die aus den Abgasen etwa von Kohlekraftwerken das CO_2 abscheiden kann, um es dann auf alle Zeiten zu lagern. Das ist sehr teuer. Das Hauptproblem ist die Endlagerung des CO_2. Wird es in den Untergrund „verpresst", ist nicht gesichert, dass das Grundwasser sauber bleibt. Und die Bürgerproteste nehmen zu. Sicherer wäre es, CO_2 in feste Stoffe zu verwandeln und oberirdisch zu lagern. Doch inzwischen sind die erneuerbaren Energien so preiswert, dass Kohlekraftwerke mit CCS unwirtschaftlich sind.

dass sich der Ausbau der Windkraft verlangsamt und die Photovoltaik deswegen stärker wachsen muss. Weiterhin wird sich nach seiner Rechnung wegen der Sektorkopplung (→ Seite 28) der Stromverbrauch verdoppeln, um auch die Wärme und den Verkehr zu 100 Prozent erneuerbar bereitzustellen.

Techniken, die fossile Energien nutzen, können und sollten in den nächsten Jahren verschwinden. So sollten Kohlekraftwerke bis 2030 ersetzt sein. Gleiches gilt für Ihre Ölheizung: Nach 2030 sollte es keine mehr geben. Bei Gasheizungen gibt es möglicherweise durch die Sektorkopplung eine weitere Daseinsberechtigung (→ Seite 29). Auf den Verkehrssektor geht dieses Buch nur am Rande ein. Nur so viel: Ihr nächstes Auto sollte ein Elektroauto werden. Oder können Sie ganz auf ein Auto verzichten?

Klimaschutz im Alltag
Fritz Reusswig ist Wissenschaftler am Potsdam-Institut für Klimafolgenforschung:

„Verbraucherinnen und Verbraucher können viel tun, um den Klimawandel zu bremsen. (...) Wenn es um das Heizen geht, ist primär der Hausbesitzer oder die Hausbesitzerin gefragt (Dämmung, Wärmeschutz-Verglasung, Heizkessel), aber auch Mieterinnen und Mieter können etwas tun: Das regelmäßige Entlüften der Heizkörper sowie ‚richtiges' Heizen und Lüften leisten einen wertvollen Beitrag. (...) Es gibt viele weitere Möglichkeiten, aber wir sollten auch unsere Politikerinnen und Politiker immer wieder fordern. Denn das klimafreundliche Alltagshandeln der Einzelnen kann kein Ersatz sein für eine wirksame Klimapolitik. Dieser Satz gilt aber auch umgekehrt: Die Politik ist kein Ersatz für das Handeln jedes Einzelnen, das heißt wir alle sind gefragt!"

Sektorkopplung: Strom, Wärme, Straßenverkehr

Sie nutzen Energie in Ihrem Haus in Form von Strom (für Haushaltsgeräte und Beleuchtung) und Wärme (für Heizung und Warmwasser); und im Straßenverkehr für das Auto in Form von klassischen Kraftstoffen. Das sind die wesentlichen **Verbrauchssektoren**, um die es bei der „Sektorkopplung" gehen soll: Strom, Wärme und Verkehr. Sektorkopplung bedeutet, dass Energie aus einem Sektor in den anderen Sektoren eingesetzt wird, zum Beispiel Strom als Kraftstoffersatz für Elektroautos. Doch wie lassen sich für Hausbesitzer Sektoren konkret koppeln? Welche Möglichkeiten eröffnen sich für Neubauten?

Wind und Sonne können nicht jederzeit für die Energiegewinnung genutzt werden: Bei Flaute dreht sich keine Windanlage und in der Nacht wird kein Sonnenstrom produziert. Andererseits gibt es Zeiten mit Überschuss an Wind- und Sonnenstrom. Dieser Unterschied zwischen Angebot und Nachfrage verlangt Speicherkapazitäten. Einerseits ist es möglich, Strom im Stromsektor zu belassen und ihn mithilfe von Batterien zu speichern, wie sie bereits bei zahlreichen Solarstromanlagen in Privathäusern eingebaut werden. Nachteil: Batterien werden zwar immer günstiger. Sie müssen aber immer noch mit Anschaffungskosten von 500 bis 1.000 € pro Kilowattstunde Stromspeicher rechnen. Weiterer Nachteil: Die Batteriespeicher müssen sehr groß werden, wenn bei einem 100 Prozent erneuerbaren Versorgungssystem auch längere Zeiten ohne größeres Sonnen- und Windstromangebot überbrückt werden sollen. Denn schon bei der sogenannten Dunkelflaute im Winter, bei einem bis zu zwei Wochen merklich mangelnden Wind- und Sonnenangebot – und das europaweit –, können auch länderübergreifende Stromnetze nicht helfen. Wir haben jedoch bereits eine bewährte Infrastruktur mit Speichermöglichkeiten für mehrere Monate: das Gasnetz. Überschüssiger Wind- oder Sonnenstrom kann über mehrere Umwandlungsschritte aus Wasser und Kohlendioxid Methan (Hauptbestandteil des Erdgases) erzeugen.

Gibt es nun die Dunkelflaute oder andere Zeiten mit Strommangel, so kann dieses Gas in Gaskraftwerken oder besser in Blockheizkraftwerken (BHKW) zur Stromproduktion genutzt werden. Vorteil dieser Kopplung: Es steht ohne sehr große Investition ein ausreichender Langzeitspeicher zur Verfügung. Die vorhandene Infrastruktur kann weiter verwendet werden. Stromüberschüsse können ohne Speichermöglichkeit nicht genutzt werden, sodass die Verluste bei der Umwandlung

HINTERGRUND

Gasnetze bleiben erhalten

Es ist sehr wahrscheinlich, dass das wertvolle Gasnetz nicht abgeschafft wird und es in Zukunft dank neuer, effektiver Technik Wind- und Sonnengas gibt. Vermutlich wird diese Art von Gas wegen der hohen Umwandlungsverluste erheblich teurer als Erdgas angeboten. Dann ist es nicht mehr wirtschaftlich, direkt mit Gas zu heizen. Es könnte unter Umständen weiterhin sinnvoll sein, ein **Blockheizkraftwerk** (BHKW) mit Motor oder Brennstoffzelle zu betreiben (→ Seite 59). Wahrscheinlich ist jedoch die elektrisch angetriebene Wärmepumpe (→ Seite 72) vorzuziehen.

zu Gas zu verschmerzen sind. Es gibt bereits Versuche, die Umwandlung von Kohlendioxid und Wasserstoff in Erdgas auf natürlichem Wege durch Bakterien zu vollziehen: Entweder in alten Erdgaslagerstätten auf circa 1.000 Meter Tiefe oder in nicht mehr betriebenen Biogasanlagenbehältern.

Überschüssiger Strom kann jedoch auch nahezu verlustfrei direkt in Wärme gewandelt werden. Beispielsweise betreiben die Stadtwerke Lemgo einen großen, elektrisch beheizten Pufferspeicher in ihrem Wärmenetz, der durch überschüssigen Windstrom beheizt wird. Ähnlich können Sie den Überschuss Ihrer Photovoltaikanlage zum Heizen und zur Warmwasserbereitung nutzen (→ Seite 104) und das am effektivsten mit einer Wärmepumpe (→ Seite 72).

Auch der **Verkehrssektor** könnte in Zukunft zu 100 Prozent erneuerbar versorgt werden. Überlegungen zeigen, dass dies bei Pkw, Lkw und Bahn am günstigsten elektrisch erfolgt. Die Batterieentwicklung bei den Pkw schreitet voran. Mittlerweile gibt es Elektroautos mit alltagstauglichen Reichweiten. Für die Langstrecke beim Lkw wird an eine Elektrifizierung von Autobahnen gedacht. Es gibt bereits Versuchsstrecken – sogar in Deutschland.

Das Elektroauto kann noch mehr als fahren: Da es, wie jedes andere Auto, die meiste Zeit eher steht als fährt, könnte seine Batterie am häuslichen Netz angeschlossen und zum Ausgleich von Stromschwankungen genutzt werden. Sie geben lediglich vor, wann Sie wieder eine volle Batterie wünschen, alles andere könnte die Autotechnik automatisch weiterregeln. Auch hierzu gibt es bereits Versuche.

Nach dem Konzept von Volker Quaschning (→ Seite 26) wird der Strom zu 100 Prozent erneuerbar erzeugt – im Wesentlichen mit Wind- und Solaranlagen. Es wird in etwa das Doppelte an Strom gegenüber heute benötigt, da die häusliche Wärme im Wesentlichen durch Wärmepumpen erzeugt und der Verkehr elektrisch versorgt wird.

„Wir sollten künftig nur noch kohlendioxidneutrale Heizungssysteme einbauen."

VOLKER QUASCHNING ist Professor für regenerative Energien an der Hochschule für Technik und Wirtschaft HTW Berlin. Er ist mehrfacher Buchautor, betreibt ein Webportal und einen Youtube-Kanal.

Warum ist es für den Klimaschutz in Deutschland am sinnvollsten, erneuerbare Energien für die Stromproduktion zu nutzen?

VOLKER QUASCHNING: Ohne einen radikalen Umbau unserer Energieversorgung prognostizieren Klimaforscher einen weltweiten Temperaturanstieg um bis zu 5 Grad bis zum Jahr 2100 mit katastrophalen Folgen. Wollen wir das verhindern und unsere versprochenen Klimaschutzziele erreichen, muss die Energieversorgung in Deutschland spätestens 2040 ganz ohne Erdöl, Erdgas und Kohle auskommen. Wir dürfen dann nur noch erneuerbare Energien nutzen. Die mit Abstand größten und kostengünstigsten Potenziale dazu bieten dabei in Deutschland die Windkraft und die Photovoltaik.

Wie könnte der von Ihnen verlangte starke Ausbau der erneuerbaren Stromproduktion beschleunigt werden?

Bei der Energiewende geht es um die Rettung unseres Planeten. Darum brauchen wir ein ganzes Maßnahmenbündel. Bremsende Elemente wie Eigenverbrauchsabgabe auf erneuerbaren Strom, Ausschreibungen oder Förderdeckel müssen abgeschafft und fossile Energien über eine Kohlendioxidabgabe teurer werden.

Sollten sich Verbraucher und Verbraucherinnen noch neue Öl- oder Gaskessel einbauen lassen?

Definitiv nein. Wir sollten künftig nur noch kohlendioxidneutrale Heizungssysteme einbauen. Neue Öl- und Gasheizungen müssen darum früher oder später verboten werden, wie es in einigen skandinavischen Ländern bereits beschlossen wurde.

Und wie sieht es mit Brennstoffzellen von Blockheizkraftwerken aus?

Die Brennstoffzelle ist prinzipiell in Ordnung, wenn sie mit regenerativ erzeugtem Gas betrieben wird.

Andere Konzepte nutzen neben Solarstrom und Windanlagen thermische Solaranlagen, wie bei diesem, in der Abbildung gezeigten, Mehrfamilienhaus in Niedersachsen.

Das **energieautarke** Mehrfamilienhaus besitzt große Solarkollektoren und Photovoltaikmodule, einen Batteriespeicher und einen großen Solarspeicher für warmes Wasser. Überschüsse an Strom und Wärme gehen zunächst in die Hausspeicher sowie in die angeschlossenen Elektroautos und dann an Nachbarhäuser ohne Solaranlagen. Das örtliche Stadtwerk hat Zugang zu den Hausspeichern: Die Batterie kann mit Stromüberschüssen geladen werden, und wenn das nicht reicht, wandelt ein Elektroheizstab im großen Solarspeicher die Überschüsse in Wärme. Davon können das Haus und die Nachbarhäuser im Winter profitieren.

Die Nutzung von thermischen Solaranlagen ist auch in größerem Maßstab denkbar. In Dänemark gibt es zahlreiche Nahwärmenetze mit eingebundenen thermischen Solaranlagen. Besonders effektiv arbeiten diese Kollektoren, wenn es sich um ein **kaltes Nahwärmenetz** handelt (→ Seite 84).

Wind und Sonne sind zwar schlecht planbare Energiequellen, im Verbund können Sie jedoch wie ein herkömmliches Kraftwerk eingesetzt werden.

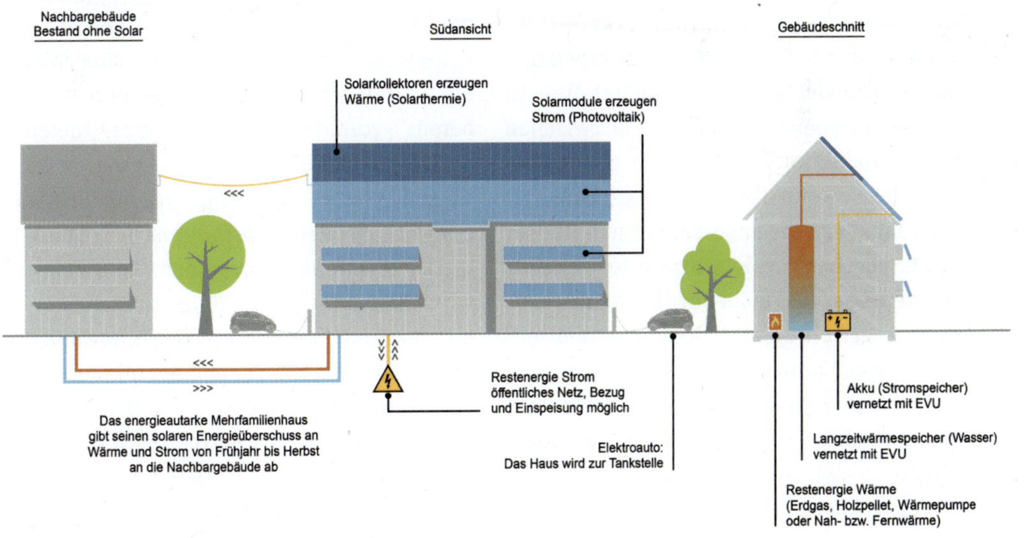

Abb. 8: Das energieautarke Mehrfamilienhaus kann die Nachbarschaft mitversorgen (EVU = Energieversorgungsunternehmen).

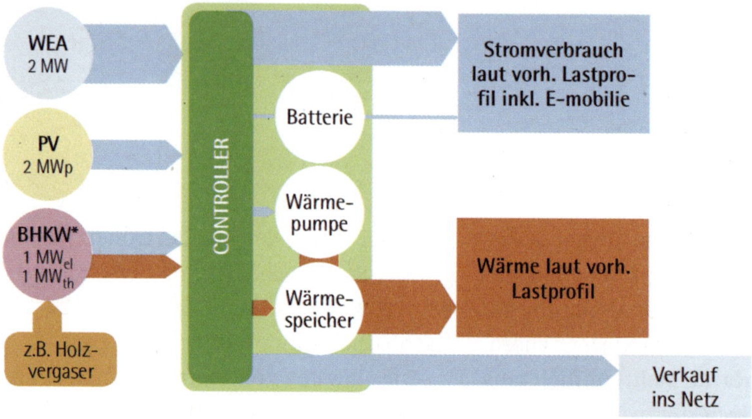

Abb. 9: Beispiel für die Kopplung mehrerer Anlagen zum 100 Prozent erneuerbaren Kombikraftwerk (WEA = Windenergieanlage, PV = Photovoltaikanlage, BHKW = Blockheizkraftwerk).

Abbildung 9 zeigt das Beispiel eines 100 Prozent erneuerbaren Kombikraftwerks: Hier werden vorhandene Wind- und Photovoltaikanlagen mit einem erneuerbar betriebenen Blockheizkraftwerk (etwa mit Holzhackschnitzeln oder Biogas) vernetzt. Wenn die Wärme des Blockheizkraftwerks (BHKW) nicht ausreicht, liefern Wärmepumpen den Rest. Ist zu viel Wärme da, wandert diese in den Wärmespeicher. Unterschiede zwischen Stromproduktion und Bedarf übernimmt die Batterie. So kann der Energieüberschuss eines Hauses an die angeschlossenen Häuser weitergegeben beziehungsweise verkauft werden. Das muss nicht nur das Nachbarhaus sein, sogar eine ganze Gemeinde oder ein Stadtviertel kann so zu 100 Prozent mitversorgt werden. Und bleibt ein Rest übrig, wird der einfach ins allgemeine Stromnetz abgegeben.

Eine solche Sektorkopplung im kleinen Maße kann auch bei Ihnen zu Hause gut funktionieren (→ Seite 162).

Nah- und Fernwärmenetze werden wichtiger

Sie planen einen Neubau oder eine grundlegende Sanierung? Dann wird der Wärmebedarf Ihres Hauses gering sein. Lohnt sich dann noch eine eigene Heizungsanlage? Möglicherweise wird gerade in Ihrem Baugebiet ein Wärmeversorgungsnetz geplant oder ist bereits vorhanden? Wärmenetze bieten die Möglichkeit, industrielle Abwärme zu nutzen, Kraft-Wärme-Kopplung mit BHKW (→ Seite 59) oder große thermische Solaranlagen (→ Seite 94) einzubinden. Das Bundeswirtschaftsministerium unterstützt die Vorplanung und Durchführung von innovativen Wärmenetzen 4.0. Diese müssen mindestens zur Hälfte Wärme aus erneuerbaren Energien oder Industrieabwärme nutzen. (→ www.bafa.de, weiter „Energie", „Energieeffizienz", „Wärmenetze 4.0") Auch Bürgerenergiegemeinschaften sind förderfähig. Im Wärmenetz muss ein Speicher vorhanden sein, um einen möglichst langzeitigen Betrieb mit erneuerbarer Energie und Sektorkopplung zu ermöglichen. Sie planen den Einbau einer Wärmepumpe? Dann wäre es für Sie interessant, ob in Ihrer Umgebung ein kaltes Nahwärmenetz zu Verfügung steht (→ Seite 84). Sie sparen sich die eigene Wärmequellenanlage und Ihre Wärmepumpe erreicht eine gute Jahresarbeitszahl (→ Seite 74).

Es gibt seit Langem in Industriegebieten Fernwärmenetze, die die industrielle Abwärme nutzen. Diese Netze sind alt und haben oft hohe Verluste. Die neuen Wärmenetze 4.0 sind wesentlich effektiver. Es gibt bereits zahlreiche Orte und Quartiere mit Bürgerenergiegemeinschaften, die gemeinsam ein Wärmenetz mit den zugehörigen Erzeugungsanlagen betreiben, beispielsweise in Bio-Energiedörfern. So wird eine zu 100 Prozent erneuerbare Energieversorgung auf Nachbarschaftsebene möglich (→ Seite 31 das autarke Mehrfamilienhaus).

Gebäudeenergiegesetz: Forderungen an Neu- und Altbau

Wenn Sie neu bauen oder Ihr Haus umfassend sanieren wollen, müssen Sie sich an Bauvorschriften halten. Seit den 1970er Jahren gibt es zudem energetische Vorgaben. Aktuell gelten diese drei Vorschriften:

- → Energieeinsparverordnung (EnEV)
- → Erneuerbare-Energien-Wärmegesetz (EEWärmeG)
- → Energieeinsparungsgesetz (EnEG)

Geplant waren eine Zusammenfassung dieser Gesetze zum Gebäudeenergiegesetz (GEG) und die Verabschiedung im Februar 2017. Jedoch gab es am Referentenentwurf so viel Kritik aus den beteiligten Fachverbänden, dass er zurückgezogen wurde. Eine erneute Verabschiedung ist erst für die nächste Legislaturperiode zu erwarten. Es gelten demnach weiterhin die drei Vorschriften nebeneinander.

Neubau

Beim Neubau müssen Sie die Vorgaben der EnEV und des EEWärmeG einhalten. Die EnEV verlangt einen Mindeststandard im baulichen Wärmeschutz und außerdem eine Beschränkung des **Primärenergiebedarfs** (→ Kasten, Seite 34). Ihr geplantes Haus wird mit einem **Referenzgebäude** verglichen. Das

Referenzgebäude entspricht von der Lage und allen Ausmaßen Ihrem Haus. Allerdings sind der Wärmeschutz und die Haustechnik vorgegeben. Für dieses Referenzgebäude werden der mittlere Wärmeschutz und die unter Normbedingungen benötigte Primärenergie für Heizung und Warmwasser berechnet (→ Beispielgebäude Neubau Meier Seite 133). Um unterschiedlich große Gebäude vergleichen zu können, werden diese Werte auf die Gebäudenutzfläche bezogen. Die Gebäudenutzfläche unterscheidet sich von der Wohnfläche und errechnet sich aus dem beheizten Volumen.

HINTERGRUND

Primärenergie, Primärenergiefaktor, Primärenergiebedarf

Primärenergie ist die im Haus benötigte Energie samt allen Verlusten und zusätzlichen Energieeinsätzen, die auf dem Weg von der Rohstoffgewinnung bis zur Ihrem Haus entstehen („Vorkette"). Beispiel Erdgas: Es wird durch lange Pipelines befördert. Dafür sind Pumpen nötig, die Strom brauchen. Außerdem gibt es auf dem langen Weg Leckagen, durch die Gas verloren geht. Diese Vorkette wird in der EnEV pauschal mit 10 Prozent angesetzt – der **Primärenergiefaktor** ist 1,1.

Komplizierter ist es beim Strom. Der kommt zwar noch zum großen Teil aus Kraftwerken mit hohen Verlusten (hoher Primärenergiefaktor), aber zunehmend aus erneuerbaren Quellen (Primärenergiefaktor 0). Mit jeder EnEV-Neufassung wurde der Primärenergiefaktor für Strom kleiner, seit 2016 ist er auf 1,8 festgesetzt.

Beispiel: Ihr Haus soll in Zukunft mit einer Elektro-Direktheizung versorgt werden. Wird für Ihren Neubau ein Strombedarf von beispielsweise 7.200 Kilowattstunden jährlich errechnet, so wäre der **Primärenergiebedarf** 7.200 x 1,8 = 12.960 Kilowattstunden. Hat Ihr Haus eine Gebäudenutzfläche von 150 Quadratmetern, so wäre der spezifische Primärenergiebedarf 12.960 / 150 = 86,4 Kilowattstunden pro Quadratmeter jährlich.

Entscheiden Sie sich für eine Wärmepumpe (→ Seite 72), benötigen Sie viel weniger Strom, beispielsweise 2.000 Kilowattstunden jährlich. Ihr Primärenergieverbrauch beträgt dann 2.000 x 1,8 = 3.600 Kilowattstunden jährlich und der spezifische Primärenergiebedarf nur noch 3.600 / 150 = 24 Kilowattstunden pro Quadratmeter jährlich.

Ihr Neubau muss nun mindestens den mittleren Wärmeschutz des Referenzgebäudes erfüllen und darf höchstens 75 Prozent des Primärenergiebedarfs haben – ebenfalls bezogen auf das Referenzgebäude. Das ist mit herkömmlicher Haustechnik ohne Nutzung erneuerbarer Energien nur bei sehr gutem Wärmeschutz möglich.

Nun gilt aber ebenfalls das **EEWärmeG**. Das verlangt, dass Ihr Neubau mindestens 15 Prozent seiner Wärme durch erneuerbare Energien gewinnt oder im baulichen Wärmeschutz erheblich besser ist, als es die EnEV fordert. Sie können sich an Vorgaben des EEWärmeG für die einzelnen Techniken halten, beispielsweise eine Mindestfläche an Solarkollektoren einbauen oder von einem Experten errechnen lassen, welcher Anteil an erneuerbarer Energie genutzt wird. Das EEWärmeG kennt keine Photovoltaik – solche Anlagen werden zur Erfüllung der Anforderungen nicht anerkannt. Vermutlich wird sich das mit dem neuen Gebäudeenergiegesetz ändern. Im Teil 3 dieses Buches erfahren Sie, wie EnEV und EEWärmeG eingehalten werden können.

§ RECHT

EEWärmeG: Ausnahme

Das EEWärmeG gilt bundesweit nur für den Neubau. Ausnahme ist Baden-Württemberg: Dort müssen entsprechende Vorgaben auch bei der Altbausanierung eingehalten werden.

Altbau

In ganz wenigen Fällen müssen Sie den energetischen Zustand Ihres Altbaus verbessern. Es gibt solche Nachrüstvorschriften für eine sehr schlecht gedämmte oberste Geschossdecke zum unbeheizten Dach und für über 30 Jahre alte Standard-Heizkessel sowie unzureichend gedämmte Heizungsrohre im unbeheizten Bereich. Wohnen Sie in Ihrem Ein- oder Zweifamilienhaus bereits seit dem 1. Februar 2002? Dann müssen Sie sich an diese Vorschrift nicht halten. Sind Sie später eingezogen, haben Sie seit Eigentümerwechsel zwei Jahre Zeit für die Nachrüstung. Für alle Häuser mit mindestens drei Wohnungen gibt es nur eine Ausnahme: Sie bleiben verschont, wenn die Maßnahme völlig unwirtschaftlich ist.

Wie sieht es nun aus, wenn Sie Ihr Haus modernisieren wollen? Dann greifen Vorschriften der EnEV, wenn Sie mehr als 10 Prozent einer Gebäudefläche verändern. Einen kleinen Putzschaden dürfen Sie einfach ausbessern. Erneuern Sie jedoch bei einer schlecht gedämmten Wand mehr als 10 Prozent des Putzes, so müssen Sie diesen Teil der Wand wärmedämmen und einen Mindestdämmwert erzielen (→ Seite 43). Auch Ihre Haustechnik muss Mindeststandards einhalten. So ist beispielsweise eine automatische Heizungsregelung zwingend erforderlich.

Erweitern Sie Ihr Gebäude wesentlich, so wird Ihr Anbau wie ein Neubau behandelt. Soll Ihr Haus grundlegend saniert werden, so wird es mit dem Referenzgebäude (→ Seite 33) verglichen, wie beim Neubau. Es darf allerdings um 40 Prozent schlechter als das Referenzgebäude sein.

Nach einer EU-Richtlinie muss in Zukunft auch der Altbestand zunehmend mit erneuerbarer Energie versorgt werden. Zudem sieht die EU-Gebäuderichtlinie die Einführung von klimaneutralen Gebäuden vor. Insofern steht die nächste Überarbeitung von EnEV und EEWärmeG mit der Vereinigung im Gebäudeenergiegesetz an.

Energieausweis

Wenn Sie ein Haus verkaufen oder eine Wohnung vermieten wollen, müssen Sie einen Energieausweis besitzen, der die energetische Qualität Ihres Hauses darlegt. Einige Daten daraus müssen Sie bereits in der Immobilienanzeige angeben. So kann ein künftiger Käufer oder Mieter möglichst energiesparende Häuser und Wohnungen suchen. Sie kennen eine ähnliche Energiekennzeichnung bei Haushaltsgroßgeräten. Auch zu einem Neubau gehört ein Energieausweis. Die zu einem Energieausweis gehörenden Modernisierungsempfehlungen sind nicht verpflichtend, sondern dienen Ihnen als Anregung.

Grundsätzlich gibt es zwei Arten von Energieausweisen, den **Bedarfsausweis** und den **Verbrauchsausweis**. In beiden Fällen ist der entscheidende Wert die Endenergie und nicht die Primärenergie, wie beim Nachweisverfahren für den Neubau. **Endenergie** ist in diesem Fall jede eingekaufte Energieform, sei es Strom, Gas, Öl, Kohle, Holz, die von außen über die Gebäudegrenze kommt, um im Haus Heizung und Warmwasserbereitung zu betreiben. Kostenlose erneuerbare Energien wie Sonne und Umgebungswärme werden nicht berücksichtigt.

→ **TIPP Einstufung aufwerten**

Die Einstufung im Energieausweis ist umso besser, je mehr kostenlose (selbst erzeugte) erneuerbare Energie Ihr Haus bezieht und je geringer der Wärmebedarf ist. Lassen Sie zum Beispiel eine thermische Solaranlage oder eine Wärmepumpe einbauen oder verbessern Sie den baulichen Wärmeschutz, so wird Ihr Haus in eine günstigere Klasse eingestuft. Dagegen kann beim Einbau einer Holzheizung der Endenergiebedarf ansteigen, wenn der Holzkessel einen schlechteren Wirkungsgrad hat als Ihr derzeitiger Wärmeerzeuger. Primärenergiebedarf und

CO_2-Belastung sinken zwar stark, aber das wird bei der Einstufung in die Klassen nicht berücksichtigt.

Die Ausstellung eines **Bedarfsausweises** ist für alle Neu- und Altbauten möglich. Nach dem gleichen Verfahren wie für den Nachweis bei einem Neubau wird unter festgelegten Normnutzungsbedingungen ein fiktiver Verbrauch errechnet.

Energieverbrauchsausweise sind nur zulässig für Gebäude mit mehr als vier Wohneinheiten oder Gebäude, für die der Bauantrag nach dem 1. November 1977 gestellt worden ist oder die entsprechend energetisch nachgerüstet wurden. Es müssen die Verbrauchsdaten für das gesamte Gebäude lückenlos über drei Jahre vorliegen. Dann wird nach Witterungs- und gegebenenfalls Leerstandskorrektur ein Endenergieverbrauch errechnet.

Alle Energieausweise gelten für zehn Jahre. Es wird immer das gesamte Gebäude und nicht eine einzelne Wohnung dokumentiert. Bei gemischter Nutzung gibt es einen Energieausweis für das Wohngebäude und einen für das Nichtwohngebäude, beispielsweise Ladenlokale. Alle Energieausweise müssen der in der EnEV vorgegebenen Form entsprechen. Energieausweise ausstellen dürfen nur spezielle, in der EnEV genannte Experten. (Es gibt keine vollständige Liste der möglichen Aussteller. Einen guten Überblick geben www.energie-effizienz-experten.de und www.zukunft-haus.info.) Jeder Energieausweis erhält eine Registriernummer. So können die zuständigen Behörden leichter Stichprobenkontrollen durchführen.

→ **TIPP Ausweis online**
Den kompletten Energieausweis gibt es im Netz als Download: www.verbraucherzentrale.nrw/energieausweis.

Hier das Wichtigste zu den ersten beiden Seiten: Die erste Seite enthält die Angaben zum Gebäude und der Haustechnik. Hier ist auch die Gebäudenutzfläche angegeben, auf die sich die Energieverbräuche beziehen.

Die Seite zwei enthält die Ergebnisse für den Energiebedarfsausweis. Neben dem Endenergiebedarf mit zugehöriger Klasse finden Sie hier den Primärenergiebedarf und die CO_2-Emissionen. Dokumentiert sind weiterhin die Anforderungswerte der EnEV für Neubau beziehungsweise umfassende energetische Modernisierung abgeleitet vom Referenzgebäude und die tatsächlich erreichten Werte. Dies ist der Nachweis für Neubauten oder bestimmte Förderprogramme der KfW.

→ **TIPP KfW-Zuschüsse für Effizienzhäuser**
Die Förderbank für Bundesprogramme KfW gibt Zuschüsse oder Tilgungszuschüsse für Effizienzhäuser bei Neu- und Altbauten. Diese Effizienzhäuser

orientieren sich an den Anforderungen der EnEV und beziehen sich auf die Werte des Referenzgebäudes für den Primärenergiebedarf. Die Zahl am Effizienzhausnamen gibt den prozentualen Wert an. Beispiel: Ein KfW-„Effizienzhaus 55“ darf nur 55 Prozent des Primärenergiebedarfs des entsprechenden Referenzgebäudes haben. Für die Antragstellung benötigen Sie einen Energie-Effizienzexperten. Näheres unter www.KfW.de, dann das entsprechende Vorhaben auf dem Reiter „Privatpersonen“ anklicken.

EU-Heizungslabel: Aus für ineffektive Kessel

Wenn Sie ein neues energiesparendes Haushaltsgroßgerät kaufen wollen, orientieren Sie sich vor dem Kauf an seinem EU-Label. Seit Herbst 2015 gibt es auch für Heiz- und Warmwassergeräte ein EU-Label. Es ähnelt zwar dem für Kühlschränke, Backöfen, Waschmaschinen etc., ist aber leider nicht annähernd so hilfreich. Es gibt einen ganzen Zoo von Labeln, je nachdem um welches Heiz- oder Warmwasser- oder Kombigerät es sich handelt. Heizung und Warmwasserbereitung werden getrennt bewertet. Da Heizungsanlagen aus mehreren Komponenten zusammengestellt werden können, gibt es außerdem ein Paketlabel für Verbundanlagen. Eine besonders gute Regelung oder eine zusätzliche solarthermische Anlage verbessert die Einstufung. Die Labels für Heizkessel, Wärmepumpen, Blockheizkraftwerke (BHKW), Holzheizungen mit oder ohne Warmwasserbereitung enthalten spezifische Angaben. Nur die Einteilung der Effizienzklassen ist einheitlich. Das nützt Ihnen allerdings wenig beim Vergleich verschiedener Technologien, denn die Kosten der Energieträger sind sehr unterschiedlich – eine „A+“-Wärmepumpe kann höhere Energiekosten verursachen als ein „A“-Brennwertkessel. Leider kann das Label auch nicht angeben, wie gut die jeweilige Heiztechnik zu Ihrem Haus passt, und erst recht nicht, wie sorgfältig Planung und Einbau sind. **Merke: Dies Label kann allenfalls eine grobe Orientierung liefern. Sie benötigen unbedingt eine zusätzliche Beratung (www.verbraucherzentrale.nrw/heizungslabel).**

Neben dieser Kennzeichnung gibt es eine Verordnung der EU (813/2013), die auf der **Öko-Design-Richtlinie** beruht: Es sollen allmählich die schlechteren, in diesem Fall die energiefressenden Geräte aus dem Markt ge-

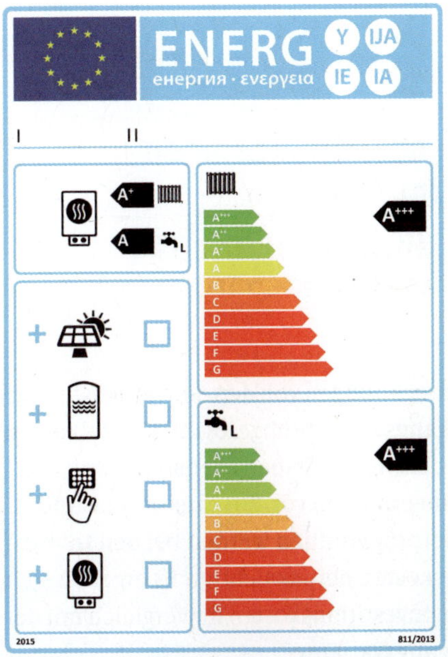

Abb. 10: Beispiel eines EU-Heizungslabels.

drängt werden. Deswegen gibt es Anforderungen an die „Jahreszeitbedingte Raumheizungs-Energieeffizienz", auf der die Klasseneinteilung beruht. Diese wird aus dem Wirkungsgrad des Wärmeerzeugers ermittelt, jedoch unter anderem mit dem Hilfsenergieverbrauch und der Güte der Temperaturregelung korrigiert. Für jede Wärmeerzeugerart gibt es eigene Vorschriften, so wird bei einem BHKW berücksichtigt, dass es effektiv Strom erzeugt. Die Anforderungen für Öl- und Gasgeräte können überwiegend Brennwertkessel (→ Seite 47) erfüllen. Es gibt eine Ausnahme für kleine Gasthermen in Mehrfamilienhäusern, die an einem gemeinsamen Schornstein angeschlossen sind. Wenn Sie dort nur ein Gerät austauschen wollen, so kann dies kein Brennwertgerät sein, da eine solche Mischbelegung des Schornsteins nicht möglich ist. Der Gesetzgeber will Sie aber nicht zwingen, gleichzeitig alle Thermen zu ersetzen und hat deswegen hier eine Ausnahme zugelassen: Sie dürfen ein Niedertemperatur-Gerät einbauen. In allen anderen Fällen kann es nur ein Brennwertgerät sein, auch wenn Sie das in den meisten Fällen zur Sanierung der Abgasanlage zwingt.

Bei Wärmepumpen, Elektro-Heizkesseln und BHKW gibt es ebenfalls Anforderungen an eine Mindesteffizienz. Diese wurden ab dem 26. September 2017 verschärft. Ab 2018 gelten zusätzliche Anforderungen für den Stickoxidausstoß..

Wirtschaftlichkeit: Billig ist nicht das Beste

Im dritten Teil dieses Buches finden Sie Abschätzungen für Modellhäuser, die Ihnen zeigen sollen, wie die im Teil zwei beschriebenen Techniken zu bewerten sind. Die Wirtschaftlichkeit einer Maßnahme können Sie dort durch Amortisationszeiten einschätzen:

$$\text{Amortisationszeit} = \frac{\text{Investitionskosten im Vergleich}}{\text{jährliche Betriebskosteneinsparung}}$$

Wann erhalten Sie das Geld, das für die Anschaffung eines Produkts ausgegeben wurde, durch Gewinne zurück? Bei den Neubauvarianten wird zum Vergleich die Haustechnik der Ausgangsplanung, welche gerade die EnEV einhält, herangezogen: Gas-Brennwertkessel mit thermischer Solaranlage und Lüftungsanlage.

Im Altbau wird es schwieriger; denn dort wird mit Öl, Gas, Holz oder Strom geheizt. Sie finden für jede Ausgangslage ein eigenes Kapitel. Im Ist-Zustand ist eine etwa 25 Jahre alte Anlage mit herkömmlicher Technik vorhanden. Preissteigerungen werden nicht berücksichtigt; denn – frei nach Karl Valentin – Prognosen sind besonders schwierig, insbesondere wenn es sich um die Zukunft handelt. (Zur Entwicklung von Energiepreisen: → www.verbraucherzentrale.nrw/entwicklung-energiepreise) Die Abschätzungen im Teil 3 dieses Ratgebers erfolgen mit den derzeitigen Energiepreisen im Bundesdurchschnitt.

Und so haben wir gerechnet: Sie kaufen eine Anlage, etwa eine Wärmepumpe (→ Seite 72), und haben damit die Möglichkeit, kostenlose Energie aus der Umwelt zu nutzen. Jedoch benötigen Sie dafür Strom und die Anlage muss ab und zu gewartet werden. Diese Verbrauchs- und Wartungskosten werden als jährliche Betriebskosten in den Beispielrechnungen von den Betriebskosten der Ausgangsvariante abgezogen. Kapitalkosten (Kreditzinsen) bleiben ebenso wie Preissteigerungen außen vor. Zuschüsse aus Bundesförderprogrammen werden bei den Investitionskosten berücksichtigt. Es ergeben sich dann Investitionskosten im Vergleich mit der Ausgangsvariante.

→ TIPP Surftipp
Einen Wirtschaftlichkeitsvergleich mit Berücksichtigung der Kapitalkosten finden Sie unter www.verbraucherzentrale.nrw/heizsystemvergleich

Eine Anlage sollte sich wenigstens innerhalb ihrer Lebensdauer amortisieren, das heißt, die Lebensdauer muss größer als die Amortisationszeit sein. Typische Lebensdauern liegen zwischen 20 und 30 Jahren. Nach der Amortisationszeit verdient die Anlage nur noch für Sie.

Hier kommt es nun auf die Anlagenqualität an: Kaufen Sie ein Schnäppchen, das allerdings nur 15 Jahre hält, so ist dies insgesamt gesehen unwirtschaftlicher als ein Qualitätsgerät mit 20 Jahren Lebensdauer, das 20 Prozent teurer ist. **Merke: Gutes darf ruhig etwas teurer sein!**

Wenn Sie außerdem durch die höhere Investition eine größere Energieeinsparung erzielen, so verkürzt sich die Amortisationszeit und die Wirtschaftlichkeit steigt.

→ **TIPP Sparen Sie nicht verkehrt!**
Natürlich ist es nicht falsch, auf den Kaufpreis zu achten. Die Kosten für das preisgünstigste Gerät können jedoch herausgeworfenes Geld sein, wenn das Gerät nicht die gewünschte Einsparung erzielt oder schon bald Reparaturkosten verursacht. Wichtig ist eine gute Planung und Ausführung. Daran sollten Sie auf keinen Fall sparen. Lassen Sie sich vor der Entscheidung unabhängig beraten, etwa bei der Verbraucherzentrale (www.verbraucherzentrale-energieberatung.de). Fragen Sie die Handwerksbetriebe nach Referenzen, falls möglich besichtigen Sie eine solche Anlage und fragen Sie die Besitzer nach ihren Erfahrungen.

Gut kombinieren

Claudia Kemfert leitet die Abteilung Energie, Verkehr, Umwelt am Deutschen Institut für Wirtschaftsforschung DIW Berlin und ist Professorin für Energieökonomie und Nachhaltigkeit an der Hertie School of Governance. Sie ist Expertin für Energieforschung und Klimaschutz.

„Ein gut gedämmtes und energiesparendes Gebäude sollte mit wenig selbst erzeugter Wärme auskommen. Und die restliche, selbst erzeugte Wärme sollte aus erneuerbaren Energien kommen. Wenn kein Öko-Nah- oder Fernwärmenetz zur Verfügung steht, können Solarthermie, Erd-Wärmepumpen, oder Holz/Pellets individuell eingesetzt werden. Wichtig ist die Kombination aus Effizienz und erneuerbarer Energie."

Bei vielen Gegenständen des täglichen Lebens fragen Sie nicht nach Wirtschaftlichkeit. Da sind andere Gründe viel wichtiger für Ihre Kaufentscheidung. Beispielsweise werden Sie ein neues Auto nicht nur nach dem Kraftstoffverbrauch beurteilen. Sie legen vermutlich mindestens so viel Wert auf Fahreigenschaften, Sicherheit und Komfort.

Für die Auswahl Ihrer neuen Haustechnik gibt es neben der Wirtschaftlichkeit weitere Entscheidungsgründe. Im Teil 3 dieses Buches (ab Seite 133) werden Sie deswegen bei den einzelnen Varianten auch eine Einschätzung der CO_2-Einsparung, Angaben zum Autarkiegrad sowie eine Tabelle mit Vor- und Nachteilen finden.

HINTERGRUND

Unabhängig – was Autarkiegrade bedeuten

Jedes Haus benötigt Strom und Wärme. Das „gewöhnliche“ Haus bezieht die dafür benötigten Energieträger von Anbietern außerhalb des Grundstückes (zum Beispiel Öl, Gas, Strom). Das vollständig energieautarke Haus bezieht alle Energie vom eigenen Grundstück (etwa durch Sonne, Wind, Biomasse). Der Autarkiegrad gibt an, wie viel der benötigten Energie (Strom, Wärme) aus Energiequellen stammt, die auf dem eigenen Grundstück liegen im Verhältnis zur gesamten benötigten Energie für Strom und Wärme im Ausgangszustand. Der Autarkiegrad kann sich auch nur auf die Wärme oder den Strom beziehen.

Behaglichkeit: Das Haus warm einpacken

Sie möchten es in Ihrer Wohnung auch im kältesten Winter behaglich haben. Nötig ist dafür eine gut funktionierende Heizungsanlage. Für ein wirklich kuscheliges Wohlfühlen reicht das aber nicht. Es darf nicht ziehen, und die Oberflächentemperaturen um Sie herum sollten nicht stark voneinander abweichen. Grund: Der menschliche Körper tauscht mit seiner Umgebung insbesondere Wärmestrahlung aus (→ Seite 21). Haben Sie nun auf der einen Seite eine warme Innenwand und auf der anderen Seite die kühle Oberfläche eines älteren Fensters, so empfinden Sie diesen Temperaturunterschied als unangenehmen Zug. Kommt noch ein echter, kühler Luftzug durch ein undichtes Fenster hinzu, wird es ganz ungemütlich. Teilweise kann zwar ein kaltes Fenster durch den Warmluftschleier des davorstehenden Heizkörpers verdeckt werden, aber vor einem gut dämmenden Fenster mit Wärmeschutzverglasung lebt es sich angenehmer.

In Abbildung 11 sehen Sie auf der rechten Seite ein Behaglichkeitsdiagramm. Dargestellt ist ein Bereich, den Sie als behaglich empfinden in Abhängigkeit von der Lufttemperatur und der Temperatur der umgebenden Oberflächen. Auf der linken Seite sehen Sie drei Bei-

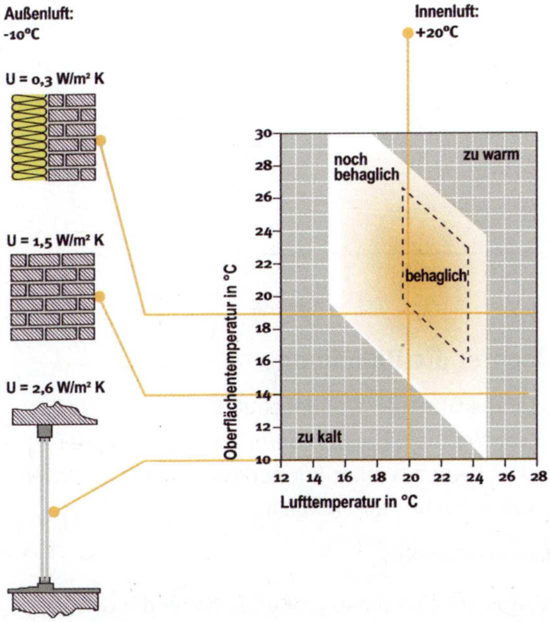

Abb. 11: Das Behaglichkeitsdiagramm zeigt: Ein guter Wärmeschutz ist wichtig für behagliche Raumtemperaturen.

spiele mit Angabe des U-Wertes (→ Seite 44) und der sich daraus ergebenden Oberflächentemperatur.

Die gedämmte Wand oben hat eine Oberflächentemperatur von etwa 19 Grad. Dann wird bereits bei einer Lufttemperatur von 20 Grad die Grenze zur Behaglichkeit erreicht. Die ungedämmte Wand in der Mitte ist mit 14 Grad wesentlich kälter. Das innere, wirkliche Behaglichkeitsfeld ist gar nicht mehr erreichbar. Noch behaglich wird es ab einer Lufttemperatur von 20,5 Grad. Noch ungünstiger ist es beim Fenster unten mit Isolierverglasung und einer Oberflächentemperatur von lediglich 10 Grad. Hier ist der gerade noch behagliche Bereich mit einer Lufttemperatur von 24,5 Grad zu erreichen.

Bauteile mit gutem Wärmeschutz verringern demnach doppelt die Wärmeverluste: Der U-Wert ist niedrig und außerdem benötigen Sie geringere Raumtemperaturen, was die Temperaturdifferenz verkleinert. **Wichtig: Für ein behagliches Wohnen ist neben der Güte des Heizsystems der bauliche Wärmeschutz entscheidend!**

Die Energieeinsparverordnung (→ Seite 35) verlangt Mindest-U-Werte, wenn Bauteile saniert werden: Für Außenwände und Dach sind es 0,24 W/m²K, bei Kellerbauteilen 0,3 W/m²K. Und ein Fenster darf höchstens 1,3 W/m²K erreichen, was nur mit Wärmeschutzverglasung möglich ist. Nach Blick auf das Behaglichkeitsdiagramm würden Sie vermuten, dass es sich mit so schlechtem U-Wert für ein Fenster nicht behaglich leben lässt. Die Oberflächentemperatur der Wärmeschutzverglasung ist jedoch erheblich höher, als aufgrund des U-Wertes zu erwarten. Wärme-

HINTERGRUND

Je höher der U-Wert, desto schlechter die Dämmung

Der U-Wert (früher k-Wert) ist ein Maß für die Güte des Wärmeschutzes durch ein Bauteil. Er gibt den Wärmestrom aufgrund von Wärmeleitung (→ Seite 21) in Watt an, der durch einen Quadratmeter dieses Bauteils fließt bei einer Temperaturdifferenz zwischen innen und außen von einem Grad (= physikalische Einheit Kelvin).

Einheit: Watt pro Quadratmeter und Kelvin (W/m^2K).

Der Wärmestrom und damit die Wärmeverluste sind umso größer, je höher der U-Wert, je größer das Bauteil und je größer die Temperaturdifferenz ist. Der jährliche Wärmeverlust pro Quadratmeter Bauteil in Kilowattstunden bei normaler Beheizung ist ungefähr 52 x U-Wert.

Dann gilt für die Beispiele in der Abbildung 11 (Circawerte):

Gedämmte Wand:	52 x 0,3 =	16 Kilowattstunden/m² jährlich.
Ungedämmte Wand:	52 x 1,5 =	78 Kilowattstunden/m² jährlich.
Isolierverglastes Fenster:	52 x 2,6 =	135 Kilowattstunden/m² jährlich.

schutzverglasung ist eine Zwei- oder Dreifach-Verglasung mit metallischer Bedampfung auf der Innenseite der Scheibe. Diese reflektiert die Wärmestrahlung in den Raum und erzielt dadurch eine Oberflächentemperatur, die nur wenig unterhalb der Lufttemperatur liegt.

In Abbildung 12 sehen Sie sinnvolle Dämmstärken, die mindestens die oben angegebenen U-Werte erzielen und so ein behagliches Wohngefühl schaffen. Angenehmer Nebeneffekt: Sie benötigen nach der Wärmedämmung erheblich weniger Heizenergie und belasten die Umwelt durch wesentlich weniger CO_2. Weiterhin ist es nun möglich, die Heizung in einem niedrigeren Temperaturbereich zu fahren. Dadurch werden zukunftsfähige Heizanlagen wie die solarthermische Heizung oder Wärmepumpe wesentlich effektiver. Sie kommen mit kleineren Anlagen aus, was Ihren Geldbeutel entlastet.

Weil Sie mit Ihrer Umgebung im Wesentlichen Wärmestrahlung austauschen, empfinden Sie ein Heizsystem mit hohem Wärmestrahlungsanteil als besonders angenehm. Das erklärt die Beliebtheit von Öfen jeglicher Art. Auch die elektrische Infrarot-Strahlungs-

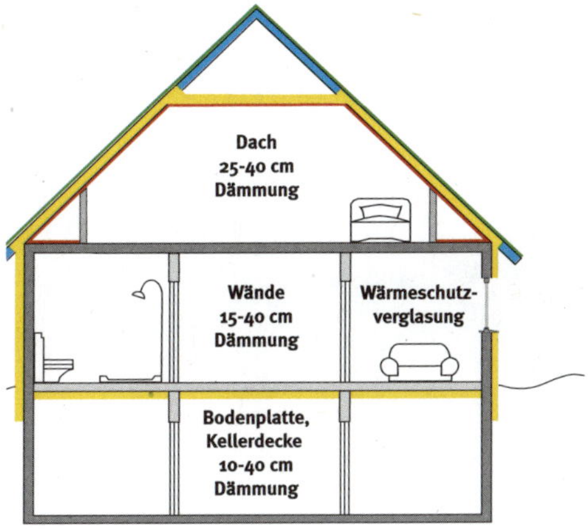

Abb. 12: Dämmstärken für ein behagliches Wohnen.

heizung wirbt damit (→ Seite 71). Einen hohen Anteil an Wärmestrahlung gibt es ebenfalls bei großflächiger Wärmeabgabe durch eine mit niedriger Temperatur betriebene Fußboden- oder Wandflächenheizung.

Wie Sie in Abbildung 13 sehen können, nimmt der Wärmestrahlungsanteil bei Heizkörpern zu, wenn sie großzügig ausgelegt werden. Sie wälzen dann weniger die Luft um. Angenehmer Nebeneffekt: Die benötigte Vorlauftemperatur wird geringer.

→ TIPP Planen Sie ganzheitlich

Bei der Planung einer neuen Heizungsanlage sollten Sie ganzheitlich denken und den baulichen Wärmeschutz im Auge behalten. Lassen Sie einen Energieberater Ihr Haus begutachten. Er wird Ihnen Tipps geben, wie Sie Wärmeverluste verringern können, was das in etwa kostet und bringt und wie die nötige Heizungsanlage geplant werden könnte. Einzelne Maßnahmen oder auch Maßnahmenbündel können von der bundeseigenen Förderbank KfW durch Zuschüsse oder günstige Darlehen mit Tilgungszuschuss gefördert werden. Die Antragstellung kann nur über einen anerkannten Energieberater erfolgen (www.energie-effizienz-experten.de). Die KfW verlangt niedrigere U-Werte als die EnEV. Ob sich dieser Zusatzaufwand und die Kosten für den Energie-Effizienz-Experten lohnen, kann bei einer Energieberatung der Verbraucherzentrale vorgeklärt werden: www.verbraucherzentrale-energieberatung.de

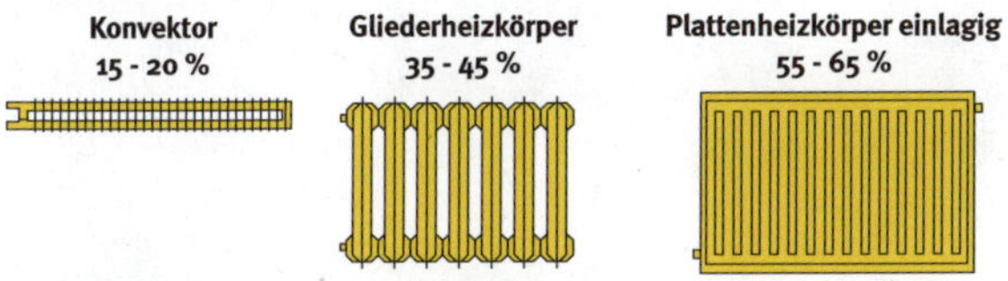

Abb. 13: Je größer der Heizkörper, desto höher ist der Wärmestrahlungsanteil.

Anlagentechniken und Co.

Jede Anlage für die Heizung oder Warmwasserbereitung – auch Brauchwasserbereitung, exakter Trinkwasser-Erwärmung genannt –, ist besonders. Wir beschreiben sie kurz, nennen Kosten und Fördermittel. Viele Geräte und Funktionsweisen lassen sich sogar koppeln. Das optimiert oft die Wirkung, senkt Kosten und die Klimabelastung. Und Sie erfahren, was richtiges Lüften und Lüftungsanlagen bringen und wie das Smart-Home das Leben zu Hause erleichtern kann.

Brennwertkessel für Gas und Öl

Brennwertkessel sind inzwischen zur Standardtechnik avanciert: Man kann damit sparsamer heizen und Kosten senken. Und sie erfüllen die Mindestanforderungen der Ökodesign-Richtlinie der EU. Die alten sogenannten Heizwertkessel können da nicht mithalten – sie sind auch nahezu komplett vom Markt verschwunden. Ist Ihr „gieriger" Heizwertkessel defekt, muss er durch einen Brennwertkessel ausgetauscht werden. Eine Ausnahme gibt es für alte Etagenheizungen in Mehrfamilienhäusern: Dort darf der Hausbesitzer einen Niedertemperaturkessel einbauen lassen (→ Seite 39) und Sie dürfen Ihren alten Heizwertkessel reparieren lassen.

→ **TIPP Heiz-Check**
Lassen Sie einen Heiz-Check in der nächsten Heizperiode durchführen. Mehr dazu finden Sie auf Seite 170.

Der Brennwertkessel enthält einen vergrößerten **Wärmetauscher**, der die Abgase mithilfe des kalt von den Heizkörpern zurück-

HINTERGRUND

Heizwert und Brennwert

Öl und Gas bestehen hauptsächlich aus Kohlenstoff und Wasserstoff. Die allgemein nutzbare Energie dieser Brennstoffe heißt **Heizwert**. Bei der Verbrennung entstehen Abgase, die Kohlendioxid und auch Wasserdampf enthalten. Und in diesem Wasserdampf steckt viel Energie. Alte Heizkessel konnten diese zusätzliche Energie nicht nutzen. Brennwertgeräte können es.

Wird zusätzlich die im Abgas enthaltene Wärme des Wasserdampfes genutzt, so erhält man den **Brennwert**. Je höher der Anteil des Wasserstoffs im Brennstoff ist, umso mehr Wasserdampf entsteht und umso größer ist der Unterschied zwischen Brennwert und Heizwert. Bei Erdgas liegt der Brennwert um elf Prozent, bei Heizöl um sechs Prozent über dem Heizwert.

Früher wurden die Wirkungsgrade von Heizkesseln auf den Heizwert bezogen, was zu so skurrilen Angaben wie zum Beispiel 104 Prozent Wirkungsgrad für einen Brennwertkessel führte. In Bezug auf den Brennwert liegt dieser Wirkungsgrad jedoch bei knapp 94 Prozent. Nach neuen Bestimmungen werden Wirkungsgrade grundsätzlich auf den Brennwert bezogen. Und Ökodesign- sowie Label-Richtlinien für Wärmeerzeuger führen eine jahreszeitbedingte Raumheizungs-Energieeffizienz ein. Dabei wird für fossile Brennstoffe grundsätzlich der obere Heizwert (= Brennwert) als Bezug verwendet. Bei Verbrennungsgeräten kann kein Wert über 100 Prozent erreicht werden. Auch bei der Holzverbrennung (→ Seite 51) entsteht Wasserdampf, dessen Wärme in Brennwertkesseln genutzt wird.

kommenden Heizungswassers unter die Kondensationstemperatur des Wasserdampfes abkühlt. Die Verdampfungswärme erwärmt dann wieder das Heizungswasser. So erreicht ein Brennwertgerät eine um etwa zehn Prozent bessere Ausnutzung des Brennstoffes. Dieser Brennwerteffekt lässt sich allerdings nur dann erzielen, wenn das Wasser von den Heizkörpern tatsächlich gut abgekühlt zum Kessel kommt. Viele Brennwertkessel arbeiten nicht optimal, wie der bundesweite Brennwertcheck der Verbraucherzentralen gezeigt hat. Zu kleine Heizkörper und ein fehlender Abgleich des Heizungssystems (→ Seite 169) können die Kondensation behindern.

Die entstandenen kalten Abgase verlassen den Schornstein nicht freiwillig, sie benöti-

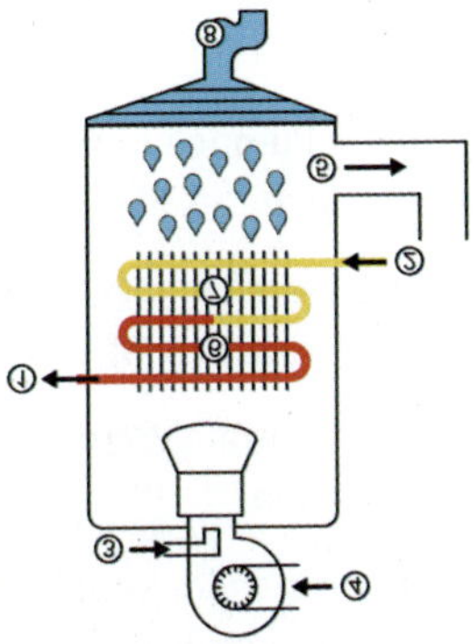

Abb. 1: Brennwertkessel mit den Komponenten: 1: Vorlauf, 2: Rücklauf, 3: Brennstoff, 4: Zuluft zum Gebläsebrenner, 5: Abgas, 6 + 7: Wärmetauscher, 8: Kondensatablauf.

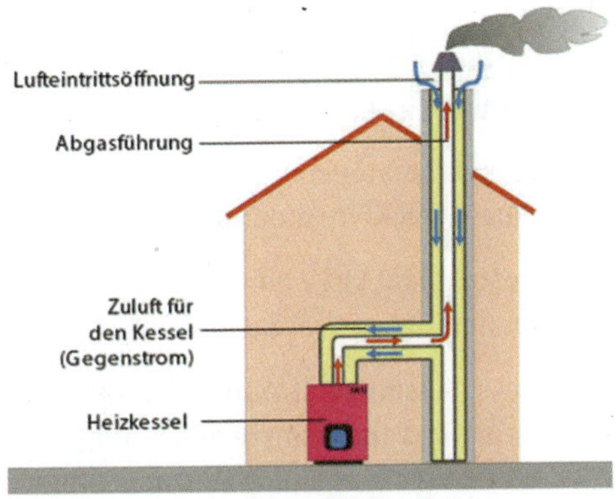

Abb. 2: Zuführung der Verbrennungsluft von außen mit Luft-Abgas-System.

gen ein Gebläse, beispielsweise in Form eines Gebläsebrenners. Weil sie damit „unter Druck" geraten, muss die Abgasanlage – das sind die feuchteunempfindlichen, gasdichten und säurebeständigen Rohre vom Brennwertgerät durch den Schornstein – auch druckdicht sein. Zur kostengünstigen Schornsteinsanierung werden wegen der kühlen Abgase spezielle Kunststoffrohre genutzt. Vorteilhaft ist es, wenn die Verbrennungsluft von außen kommt und das Gerät somit raumluftunabhängig betrieben wird. Auf diese Weise wird die oben angesaugte Verbrennungsluft vorerwärmt. Hierbei wird ungefähr die Hälfte des gesamten Brennwertnutzens erzielt.

Das Kondensat im Brennwertkessel muss abgeleitet werden. Es darf bei kleineren Anlagen unbehandelt in die Abwasserkanalisation gelangen. Bei Öl-Brennwertkesseln allerdings nur, wenn schwefelarmes Heizöl eingesetzt wird, was mit Plaketten an der Tankanlage gekennzeichnet ist.

€ FINANZEN

Kosten für Brennwertkessel

Gas-Brennwertkessel einschließlich Schornsteinsanierung und Kondensatablauf, aber ohne Gasanschluss: 6.000 bis 8.000 €.
Öl-Brennwertkessel: 8.000 bis 10.000 €.

Sie benötigen unbedingt einen Energieberater, um die KfW-Förderung zu beantragen, den Sie auch bezahlen müssen. Es verbleiben vom Zuschuss vermutlich 300 bis 500 €.

CHECKLISTE

Brennwertkessel (Gas, Öl)

- ☐ Energieberater kontaktieren, insbesondere wenn KfW-Förderung geplant.
- ☐ Besteht laut EnEV eine Austauschpflicht für den Heizkessel (→ Seite 35)?
- ☐ Kesselleistung auf Wärmebedarf des Gebäudes abstimmen, ggf. Wärmebedarfsberechung durch Heizungsbauer oder Energieberater durchführen lassen.
- ☐ Ist die Vorlauftemperatur des Heizungssystems niedrig (höchstens 70 Grad im kältesten Winter – besser niedriger)? Eventuell größere Heizkörper einbauen oder die Wärmedämmung des Gebäudes verbessern.
- ☐ Moderne Gas-Brennwertkessel verfügen über leistungsvariable Brenner (modulierend). Der Modulationsbereich sollte eine möglichst niedrige untere Grenze haben.
- ☐ Ist die Einleitung des Kondensates problemlos möglich? Wird eine Hebeanlage benötigt? Ist eine Neutralisation notwendig?
- ☐ Bei Öl-Brennwertkessel: Wurde die Tankanlage überprüft? Muss schwefelarmes Heizöl verwendet werden? Wurde die entsprechende Plakette angebracht?
- ☐ Hocheffiziente Pumpe einbauen (Energieeffizienzindex EEI $<$ 0,23).
- ☐ Alle im kalten Bereich liegenden Rohre und Armaturen sorgfältig dämmen lassen.
- ☐ Möglichst auf zentrale Warmwasserversorgung umstellen.
- ☐ Überprüfen, ob sich im Rahmen der Sanierung eine thermische Solaranlage einbauen ließe – eventuell nur vorsorglich einen Solarspeicher einbauen lassen (→ Seite 98).
- ☐ Prüfen, ob Kaminsanierung oder Abgasleitung erforderlich und im Angebot enthalten ist.
- ☐ Möglichst raumluftunabhängigen Betrieb vorsehen, d.h., die Verbrennungsluft wird von außen zugeführt, zum Beispiel durch ein Luft-Abgas-System (→ Abb. 2, Seite 49).
- ☐ Hydraulischen Abgleich (→ Seite 169) durchführen lassen.
- ☐ Lassen Sie sich in die Kesselbedienung einweisen. Fordern Sie eine gut verständliche Bedienungs- und Wartungsanleitung.
- ☐ Die zentrale Regelung der Heizungsanlage sollte gut zugänglich, gut lesbar sowie verständlich und der Wärmeerzeuger gut erreichbar sein.

→ **TIPP Technik kombinieren:** Überlegen Sie, ob für Ihre Brennwerttechnik die Kombination mit einer thermischen Solaranlage (→ Seite 94) möglich ist.

Wer seine alte Heizungsanlage mithilfe von Brennwerttechnik sanieren und zugleich umwelttechnisch optimieren möchte, wird von der Kreditanstalt für Wiederaufbau (KfW, www.kfw.de) mit Zuschüssen oder Krediten gefördert. Sie benötigen zur Antragstellung einen anerkannten Energieberater (www.energie-effizienz-experten.de).

Ob sich für Ihre Heizungssanierung dieser Aufwand lohnt, erfahren Sie beispielsweise bei der Energieberatung der Verbraucherzentrale: www.verbraucherzentrale-energieberatung.de.

Wenn es um die Nutzung erneuerbarer Wärme (Umweltwärme, thermische Solaranlage, Biomasse) geht, ist das Förderprogramm der BAFA (www.bafa.de) zielführender.

Holzheizungen

Für die Nutzung im Ein- und Zweifamilienhaus kommt beim Einsatz von Biomasse insbesondere das Heizen mit Holz in Betracht. Wird nicht mehr Holz gebraucht, als in der gleichen Zeit nachwachsen kann, so ist das eine nachhaltige Nutzung, ohne die Nachteile fossiler Energien wie Gas und Öl (→ Seite 19). Denn Bäume nehmen aus der Atmosphäre dieselbe Menge an Kohlendioxid auf, die sie bei der anschließenden Verbrennung wieder freisetzen – die Verbrennung ist kohlendioxidneutral. Bäume im Wald sterben irgendwann, verrotten und geben dabei ebenso das gespeicherte Kohlendioxid wieder ab. Holz ist eine Form von gespeicherter Sonnenenergie, mit der Sie bei richtiger Handhabung bedenkenlos im Winter heizen können.

Am günstigsten ist Holz aus dem Wald direkt vom Förster. Doch das kostet Zeit und Arbeit. „Holz heizt zweimal, einmal beim Hacken und dann im Ofen." Die Kosten liegen ab 30 € aufwärts pro Raummeter.

Tipp: Achten Sie bitte beim Holzpreis auf die Bezugsmenge: Raummeter (rm) oder Schüttraummeter (Srm) unterscheiden sich erheblich (1 Srm = 0,6 rm). Übrigens: Beim Holzkauf zahlen Sie nur die ermäßigte Mehrwertsteuer von sieben Prozent. Die daraus erzeugte Heizenergie kostet etwa 1,5 bis 2,0 Cent pro Kilowattstunde. Für fertig aufbereitetes Scheitholz müssen Sie um die 60 bis 100 € pro Raummeter rechnen und kommen auf einen Energiepreis von 3,0 bis 5,6 Cent pro Kilowattstunde. Wichtig ist, dass Sie das

Holz erst verheizen, wenn es gut getrocknet ist (→ Checkliste Seite 56). Dadurch können Sie den Heizwert gegenüber waldfeuchtem Holz in etwa verdoppeln.

Vollautomatisch, so wie Sie es von Öl- oder Gasheizungen kennen, heizen Sie mit **Holzpellets**. Pellets werden aus Sägewerksresten unter hohem Druck gepresst und durch das holzeigene Bindemittel Lignin ohne weitere Zusätze zusammengehalten. Sie haben eine genormte Zusammensetzung, brennen mit sehr geringem Rückstand und haben einen Energieinhalt von fast fünf Kilowattstunden pro Kilogramm Pellet. Beim Preis von 250 bis 300 € pro Tonne beträgt der Energiepreis zwischen 5,0 und 6,0 Cent pro Kilowattstunde.

Auch die Pelletpreise sind gestiegen, allerdings wesentlich gleichmäßiger und geringer als die Preise für Heizöl und Gas (→ www.depv.de, weiter „Marktdaten"). Der Heizölpreis unterliegt sehr starken Schwankungen. Derzeit liegt der Pelletpreis wieder unter dem Ölpreis (Stand 1/2018). Anfang 2016 war Öl günstiger als Pellets. Pellets waren bislang immer erheblich günstiger als Erdgas. Wie sich die Preise künftig ändern werden, bleibt ungewiss.

→ **TIPP Eine wichtige Norm für Pellets**
Normen für Holzpellets gibt es einige. Für die Feuerung im Ein- oder Zweifamilienhaus sollten Sie Pellets nach Norm ENplus A1 einsetzen. Diese Zertifizierung sichert Ihnen eine gute Qualität bis zu Ihnen nach Hause ins Pelletlager. Sie erzielen so ein optimales Verbrennungsergebnis (www.depv.de, weiter „Holzpellets", „Zertifizierung").

Holzöfen

Bei der Holzverbrennung laufen mit steigender Verbrennungstemperatur mehrere Vorgänge nacheinander ab: Trocknung, Zersetzung, Vergasung, Teilverbrennung und vollständige Verbrennung. Ist der Prozess in Gang gesetzt, ist er nicht mehr ohne Weiteres zu stoppen. Das heißt, wenn Sie brennendem Holz, das bereits etwa 270 Grad erreicht hat, schon die Luftzufuhr sperren, sorgen sie für eine unvollständige Verbrennung. Die setzt zahlreiche Schadstoffe frei und der Gestank verärgert die Nachbarn. Außerdem wird die im Holz enthaltene Energie nur zum Teil genutzt. Eine vollständige Verbrennung sollte das Ziel sein, bei der außer einem kleinen Ascherest nichts übrig bleibt. Holzverbrennung lässt sich nicht durch Luftzufuhr regeln, sondern nur durch die Menge an Holz, die Sie nachlegen. Das funktioniert besonders gut, wenn das Holz nur in kleinen Mengen zugeführt wird, wie bei einer Pelletfeuerung.

In jedem Fall braucht Holzfeuerung einen Wärmespeicher. Bei Kaminöfen ohne Anbin-

€ FINANZEN

Förderung nutzen

Holzheizungen werden vom Bundeswirtschaftsministerium gefördert, sofern sie ins Heizungssystem eingebunden sind. → Seite 176.

dung ans Heizsystem geht das nur mit der Masse des Ofens, beispielsweise einem Specksteinofen. Andere Kaminöfen haben einen eingebauten Wärmetauscher – eine Wassertasche (Wasserwärmeübertrager). Das Holz liegt im Ofen auf einem Rost und für die ersten Schritte der Holzverbrennung wird sogenannte **Primärluft** (→ Abb. 3, Seite 54) von unten zugeführt. Die entstehenden Vergasungsprodukte werden dann mit der **Sekundärluft** (→ Abb. 3, Seite 54) vermischt und vollständig verbrannt. Die heißen Flammen und das Rauchgas erhitzen die Wassertasche. Das warme Wasser kann in der Heizungsanlage genutzt werden.

Da der Kaminofen möglichst nur mit voller Leistung brennen soll, die Heizung jedoch meistens keine volle Leistung benötigt, ist ein **Pufferspeicher** (→ Seite 61) zur Entkopplung von Wärmeproduktion und Wärmeverbrauch nötig. Bei **Scheitholz-Anlagen** sind das mindestens 55 Liter Pufferspeichervolumen pro Kilowatt Wärmeleistung. Handelt es sich um einen Kaminofen mit Pelletfeuerung, so verringert sich das benötigte Volumen auf 30 Liter pro Kilowatt. Ein solcher Pelletofen hat einen Vorratsbehälter, den Sie alle paar Tage mit Sackware nachfüllen können. Oder der Vorratsbehälter wird elektrisch durch ein Gebläse automatisch aus einem Lagerbehälter nachgefüllt. Alle Kaminöfen geben einen Teil der Wärmeproduktion in den Aufstellraum ab. Bei reinen Luftöfen ist das kein Problem – die sind im Sommer ausgeschaltet. Wird die Warmwasserproduktion jedoch durch den Kaminofen mit Wassertasche übernommen, so kann das im Sommer sehr unangenehm werden; denn der Ofen muss brennen, wenn Sie Warmwasser benötigen. Sie sollten in diesem Fall eine Solaranlage einbauen lassen (→ Seite 94).

→ **TIPP Luftklappen schließen**

Kommt die Verbrennungsluft für den Kaminofen aus dem Aufstellraum? Dann schließen Sie während der Heizperiode die Luftklappen in den Betriebspausen des Ofens! Sonst entweicht durch natürlichen Zug Wärme aus der Wohnung in den Schornstein und Kaltluft strömt nach. Das kann zu unangenehmen Zugerscheinungen und erheblichem Mehrverbrauch führen. Überprüfen Sie auch die Dichtheit dieser Klappen mit einer Kerze. Wenn es draußen windet, darf die Kerzenflamme in der Nähe der geschlossenen Luftklappen nicht flackern.

Bei der Neuinstallation eines Kaminofens sollten Sie ein Modell wählen, das sich seine Verbrennungsluft über ein separates Rohr von außen holt. Dies ist insbesondere bei wärmegedämmten Häusern wichtig.

Holzkessel

Ein Kaminofen allein ist in der Regel zu schwach, um ein ganzes Haus ausreichend zu heizen. Dann benötigen Sie einen **Holzvergaserkessel** (Abb. 3). Hier legen Sie Holzscheite in den Füllschacht. Automatisch geregelte Gebläse sorgen für die nötige Luft zur vollständigen Verbrennung. Die heißen Abgase geben ihre Wärme an den Wärmeübertrager und damit an das Heizsystem, das einen Pufferspeicher haben muss (→ Seite 53). Typische Wirkungsgrade moderner Scheitholzvergaserkessel liegen bei über 90 Prozent. Für einen **Holzpelletkessel** (Abb. 4) benötigen Sie ein Pelletlager und eine automatische Pelletzuführung. Bei der hier gezeigten Anlage erfolgt die Zufüh-

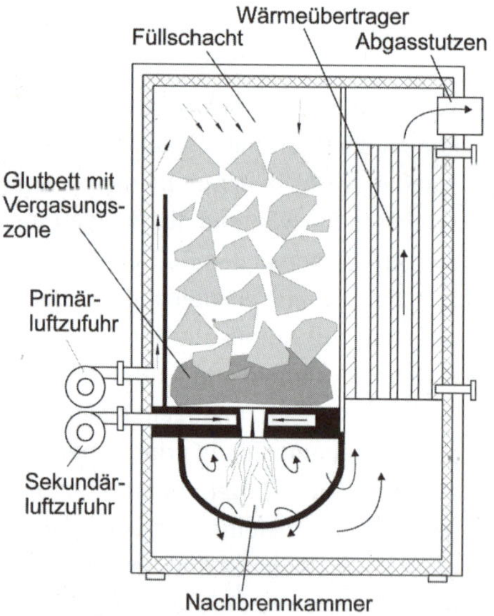

Abb. 3: Scheitholzvergaserkessel.

Abb. 4: Feuerungsanlage für Holzpellets. Der gelbe Zylinder in der Mitte enthält das Gebläse.

rung durch ein Gebläse. Die Schlauchlänge kann, je nach Standort, bis zu 25 Meter überbrücken. Das Gebläse läuft nur kurze Zeit, bis der Vorratsbehälter am Kessel mit Pellets gefüllt ist.

→ TIPP Denken Sie an den Lärm
Überlegen Sie gut den Aufstellungsort, Pelletgebläse sind laut.

Der Kessel (im Vordergrund der Abb. 4) holt sich die Pellets je nach Leistungsanforderung mithilfe einer Förderschnecke aus dem Vorratsbehälter. Ganz hinten im Bild ist der Pufferspeicher zu erkennen. Es gibt Pelletkessel, die sich selbsttätig reinigen, sodass Sie lediglich ein paar Mal im Jahr den Aschenkasten entleeren müssen. Aber auch die nicht so komfortablen gewährleisten durch die genau auf die zugeführte Pelletmenge abgestimmte Luftzufuhr eine vollständige Verbrennung. Die optimale Ausnutzung der in den Pellets steckenden Energie erzielen Sie durch Pelletkessel mit Brennwertnutzung (zum Brennwert → Seite 48).

Als **Pelletlager** können ungenutzte Kellerräume (etwa der alte Öllagerraum) umgebaut werden. Meist werden Schrägböden eingebaut und eine Förderschnecke befördert die Pellets nach draußen bis zum Anfang des Gebläseschlauchs – manche sogar bis zum Pelletkessel. Schnecken arbeiten sehr leise. Es gibt auch Lösungen ohne Schrägböden mit oberer Austragung durch einen „Maulwurf". (Surftipp zu Lagermöglichkeiten: www.depv.de, weiter „Holzpellets", „Pelletlagerung". Dort finden Sie auch eine ausführliche Broschüre mit Sicherheitshinweisen.) Pellets müssen trocken gelagert werden. Überprüfen Sie, ob Ihr gewünschter Lagerraum geeignet ist. Sind die Kellerwände feucht, kann es sinnvoll sein, einen Sacksilo aufzustellen.

Abb. 5: Sacksilo für Holzpellets.

Die benötigte Größe des Pelletlagers berechnen Sie mit einer Faustformel: Pro Kilowatt Heizleistung brauchen Sie gut einen halben Kubikmeter Raum einschließlich des benötigten Luftraums durch Einbau der Schrägböden und oberhalb der Pellets.

CHECKLISTE

Richtiges Heizen mit Holz im Kaminofen

- ☐ Ausschließlich gut getrocknetes Holz nutzen – erkennbar an deutlichen Rissen im Querschnitt. Das Trocknen kann bis zu drei Jahre dauern.
- ☐ Die Wärmeleistung des Ofens lässt sich nur durch die Holzmenge regeln, nicht durch Drosselung der Luftzufuhr, deswegen sparsam Holz auflegen.
- ☐ Maximal zwei nicht sehr große Scheite auflegen (Gewicht zwischen 0,7 und 1,0 Kilogramm). Größere Scheite brauchen zu lange, um auf Zündtemperatur zu kommen, und viel unverbranntes Gas verlässt ungenutzt den Schornstein. Das Gas gibt nur Wärme ab, wenn eine Flamme flackert.
- ☐ Rechtzeitig nachlegen, solange noch eine Flamme sichtbar ist.
- ☐ Möglichst nur mit Volllast heizen und die überschüssige Wärme in den Pufferspeicher oder die Speichermasse des Ofens bringen.
- ☐ Im Frühling und Herbst kann ein im Wohnbereich aufgestellter Ofen zur Überhitzung führen. In solchen Fällen ist die Zentralheizung sinnvoller.
- ☐ Immer die Bedienungsanleitung beachten.
- ☐ Keinesfalls große Mengen Holz auflegen. Nicht mit geschlossener Klappe ohne Luftzufuhr kokeln lassen, um das erneute Anzünden zu umgehen. Zum Gluthalten eignen sich eventuell Holzbriketts.
- ☐ Leider führen in einigen Städten Kaminöfen in der Heizzeit zu unzulässig hohen Feinstaubbelastungen. Das kann in Zukunft durchaus zu Verbrennungsverboten führen, wie zum Beispiel in Stuttgart. Zumindest aber zu Auflagen, die den Ofenbetrieb nur mit Staubfilter zulassen.
- ☐ Beim Neukauf: Werden die Emissionsvorgaben des Gesetzgebers eingehalten?
- ☐ Der zuständige Schornsteinfeger berät Sie kostenlos einmalig im Rahmen der nächsten Feuerstättenschau zum Heizen mit Holz.

→ **TIPP Schornsteinfeger befragen**
Bevor Sie einen Ofen oder Kessel einbauen lassen, fragen Sie Ihren zuständigen Schornsteinfeger: Kann der vorhandene Schornstein dafür genutzt werden? Erfüllt der Ofen oder Kessel auch künftig die Abgasvorschriften? Wie erfolgt die Verbrennungsluftversorgung? Denn schließlich muss er die Anlage später abnehmen. Sie erfahren auch, wie oft der Schornstein gekehrt werden muss und welche Messungen anfallen.

Kosten für Holzheizung

Kaminofen mit Wassertasche:
5.000 bis 8.000 €. Keine Förderung.
Pelletofen mit Wassertasche:
6.000 bis 10.000 €. Im Altbau BAFA-Zuschuss 2.000 €.
Scheitholzvergaserkessel:
8.000 bis 12.000 €. Im Fall einer Kesselerneuerung BAFA-Zuschuss 3.000 € einschließlich Bonusförderung.
Pelletkessel einschließlich Pelletlager:
14.000 bis 18.000 €.Bei Kesselerneuerung BAFA-Zuschuss 4.800 € einschließlich Bonusförderung.

✓ CHECKLISTE

Heizen mit Holz

- ☐ Im Rahmen einer Energieberatung vor Ort können die Details besprochen werden.
- ☐ Gibt es günstige Quellen für Scheitholz?
- ☐ Ist ausreichend Platz zur trockenen Lagerung vorhanden?
- ☐ Wird hoher Komfort gewünscht?
- ☐ Prüfen, wo der Lagerplatz für Scheitholz oder Pellets eingerichtet werden kann.
- ☐ Ist der Raum trocken?
- ☐ Soll ein Kellerraum umgebaut werden?
- ☐ Richtlinien und Sicherheitshinweise für Pelletlager beachten.
- ☐ Belüftete Deckel für Ein- und Ausblasöffnung verwenden.
- ☐ Prüfen, wie der Transport der Pellets vom Lager zum Kessel erfolgen soll – Schnecke oder Sauggebläse?
- ☐ Kessel oder Kaminofen?

Fortsetzung Checkliste →

CHECKLISTE (FORTSETZUNG)

- ☐ Mit oder ohne Wassertasche?
- ☐ Zuluft von außen?
- ☐ Überhitzungsgefahr im Wohnraum?
- ☐ Prüfen lassen, ob der Schornstein geeignet ist. Eventuell muss ein Rohr eingezogen werden.
- ☐ Bei der Vorplanung: Schornsteinfeger kontaktieren (→ Tipp Seite 57).
- ☐ Möglichst mit einer Solaranlage für Warmwasser kombinieren.
- ☐ Einen Pufferspeicher einbauen lassen.
- ☐ Besteht laut Energieeinsparverordnung eine Austauschpflicht für den Heizkessel?
- ☐ Kesselleistung auf den Wärmebedarf des Gebäudes abstimmen, möglichst Wärmebedarfsberechnung durchführen lassen.
- ☐ Hocheffiziente Pumpe einbauen (Energieeffizienzindex EEI ‹ 0,23).
- ☐ Möglichst auf zentrale Warmwasserversorgung umstellen.
- ☐ Hydraulischen Abgleich durchführen lassen (→ Seite 169).
- ☐ Lassen Sie sich in die Bedienung einweisen und fordern Sie eine gut verständliche Bedienungs- und Wartungsanleitung.
- ☐ Die zentrale Regelung der Heizungsanlage sollte gut zugänglich, gut lesbar und verständlich und der Wärmeerzeuger gut erreichbar sein.
- ☐ Förderbestimmungen beachten und Anträge stellen.
- ☐ Im Vorfeld in den Listen des BAFA überprüfen, ob die ausgewählte Anlage förderfähig ist (www.bafa.de, weiter „Energie“, „Heizen mit erneuerbaren Energien“, „Biomasse“, runterscrollen bis Listen).
- ☐ Kaminöfen wurden 2011 von der Stiftung Warentest geprüft. Nur zwei schnitten mit „gut“ ab (www.test.de, Suche „Kaminöfen“).
- ☐ Öfen mit Wassertasche erfordern üblicherweise einen Wasser- und Abwasseranschluss für die Notkühlung.

Blockheizkraftwerk: Die stromerzeugende Heizung

In üblichen Großkraftwerken wird zum Beispiel Kohle verbrannt, um Wasser zu erhitzen und zum Dampfen zu bringen. Der Dampf setzt Turbinen in Gang, und die bringen einen Generator in Bewegung. Der wandelt die Bewegungsenergie in elektrischen Strom um (vergleichbar mit einem Dynamo, der die Fahrradlampe zum Leuchten bringt). Ein Großteil der Wärme des heißen Dampfes (30 bis 50 Prozent) bleibt oft ungenutzt und wird über die Kühltürme rausgepustet. Wird diese Wärme stattdessen zu Heizzwecken (Fernwärme oder Nahwärme) genutzt, so nennt sich das Kraft-Wärme-Kopplung (KWK).

Was zahlreiche Stadtwerke mit Großanlagen machen – Heizkraftwerken für die Fernwärmeversorgung –, können auch Sie in Ihrem Heizkeller tun: Gleichzeitig Strom und Wärme nutzen. Solche Anlagen werden **Blockheizkraftwerk** (BHKW) genannt. BHKW gibt es seit vielen Jahren im Bereich größerer Objekte: Bei Mehrfamilienhäusern, Krankenhäusern, Schulgebäuden etc. haben sie sich bewährt. Seit einigen Jahren werden sie auch im kleineren Leistungsbereich angeboten und ihr Einsatz im Ein- und Zweifamilienhaus beworben. Und auch für Ihr Haus kann eine passende BHKW-Anlage effektiv und kostensparend sein.

Es gibt BHKW, bei denen ein Motor einen Stromgenerator antreibt. Die im Motor entstehende Abwärme von Kühlkreislauf und Abgas wird gesammelt und über Wärmetauscher dem Heizsystem oder der Warmwasserbereitung zur Verfügung gestellt: Dies ist nachweislich der entscheidende Effizienzvorteil eines BHKW gegenüber einem konventionellen Kraftwerk.

Neuerdings gibt es Anlagen mit Brennstoffzelle. (→ Kasten Seite 60) Auch hier wird die bei der Stromerzeugung entstehende Wärme genutzt. Bei der Brennstoffzelle entsteht allerdings pro Einheit Strom erheblich weniger Wärme als beim Motor-BHKW.

So funktioniert ein BHKW

Das BHKW ist immer eine Wärmekraftmaschine, das heißt, ein Brennstoff (meist Gas, seltener Öl oder Holz) wird eingesetzt, um daraus Strom und Wärme zu gewinnen.

Ein BHKW kann zur „Stromautarkie"(→ Seite 42) beitragen und als Notstromaggregat bei Netzausfall dienen.

Ein BHKW liefert immer gleichzeitig Strom und Wärme. Sie benötigen jedoch nur ausnahmsweise gleichzeitig mit dem Ein-

HINTERGRUND

Blockheizkraftwerke – BHKW

Die Bezeichnung der BHKW ist nicht starr festgelegt. Das BHKW-Forum e.V. (www.bhkw-infothek.de) schlägt folgende Aufteilung vor:

Mini-BHKW haben elektrische Leistungen von 20 bis 50 Kilowatt und sind für das Ein- und Zweifamilienhaus viel zu groß.

Mikro-BHKW liegen im Leistungsbereich von 2,5 bis zu 20 Kilowatt elektrisch.

Nano-BHKW haben elektrische Leistungen unter 2,5 Kilowatt.

Die BHKW im größeren Leistungsbereich werden durch **Verbrennungsmotoren** angetrieben – meist auf Gasbetrieb umgerüstete Benzinmotoren oder für Ölbetrieb geeignete Dieselmotoren. Im kleineren Leistungsbereich kommen oft **Stirlingmaschinen** zum Einsatz. Dies sind hermetisch gekapselte Einheiten mit außenliegendem Brenner. BHKW, die durch Pellets befeuert werden, sind nach umfangreichen Feldtests jetzt wieder erhältlich. Frühere Modelle sind wegen zahlreicher Probleme vom Markt verschwunden.

Zunehmend kommen im kleinen Leistungsbereich Brennstoffzellen auf den Markt. Bei einer **Brennstoffzelle** bewegt sich nichts. Der Brennstoff – Wasserstoff, meist aus Gas abgespalten – wird in die Brennstoffzelle geleitet und dort entsteht bei der Umwandlung in Wasser direkt elektrischer Strom.

Ein BHKW wird charakterisiert durch die **elektrische Leistung**, die der Generator zur Verfügung stellen kann, und die **thermische Leistung**, die ins Heizsystem abgegeben wird. Für eine Einschätzung der Wirtschaftlichkeit ist es außerdem nötig, einen Wert für den **Wirkungsgrad** beziehungsweise die **benötigte Anschlussleistung** zu erhalten, um die benötigte Brennstoffmenge einzuschätzen. Typische Wirkungsgrade liegen zwischen 85 und 95 Prozent, das heißt, es treten Verluste zwischen 5 und 15 Prozent auf.

Wärmegeführte Betriebsweise: Das BHKW wird so gesteuert, dass es anspringt, sobald Wärme benötigt wird, unabhängig vom Strombedarf des Hauses.

Stromgeführte Betriebsweise: Das BHKW läuft an, sobald es im Haushalt einen Strombedarf gibt. Allerdings muss auch die Wärme abgenommen werden können.

Zur Entkoppelung von Strom- und Wärmebedarf ist ein **Pufferspeicher** (→ Seite 61) nötig.

Ein **modulierendes** BHKW kann seine Leistungsabgabe dem Bedarf anpassen und erzielt damit eine bessere Abdeckung des Strombedarfs.

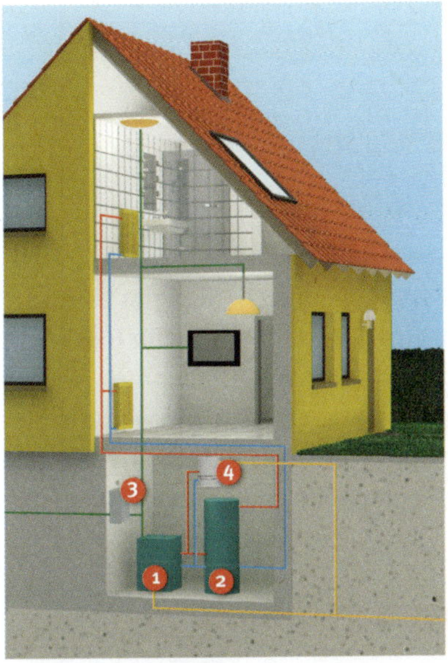

Abb. 6: Die wichtigsten Komponenten einer BHKW-Anlage.
Das Kaltwasser kommt von der Heizung, das Warmwasser fließt zur Heizung.

schalten des Elektroherds auch Heizungs- oder Warmwasserwärme. Um die Stromproduktion aufrechtzuerhalten, wenn nicht gleichzeitig die Wärme abgenommen wird, kommt ein Wärmespeicher zum Einsatz. Ein mit Heizungswasser gefüllter, gut gedämmter Tank dient als Pufferspeicher. Wird dieser mit 60 Liter pro Kilowatt thermischer BHKW-Leistung ausgeführt (diese Auslegung verlangt das Förderprogramm des BAFA → Seite 62), kann er die Wärme von ein bis zwei Stunden BHKW-Betrieb zwischenspeichern und so den Strom- und Wärmebedarf entkoppeln.

Zu einer BHKW-Anlage (Abb. 6) gehört meistens noch ein Spitzenlastkessel, der für die wenigen Stunden im Winter mit maximaler Heizleistung einspringen kann. Das BHKW kann dann etwas kleiner dimensioniert werden. In Nano-BHKW (stromerzeugenden Heizungen, → Seite 60) ist der Spitzenkessel oft bereits eingebaut.

Das BHKW bleibt so lange in Betrieb, wie das Haus die produzierte Wärme abnehmen kann. Das ist von Monat zu Monat unterschiedlich, denn im Winter wird viel mehr Wärme benötigt als im Sommer, wenn die Wärme hauptsächlich zur Warmwasserbereitung gebraucht wird. Dann muss das BHKW Pausen einlegen und die Deckung des eigenen Strombedarfs nimmt ab.

Es gibt BHKW, die ihre Leistungsabgabe an den Bedarf anpassen können – sie modulieren. Eine solche Maschine produziert weniger Überschussstrom und deckt auch den Stromverbrauch zwischen den Spitzenzeiten. Zum wirtschaftlichen Betrieb eines BHKW ist es notwendig, einen möglichst großen Anteil des produzierten Stroms im eigenen Haushalt zu verbrauchen und möglichst wenig ins Netz einzuspeisen. Dies ist bei einem nicht modulierenden BHKW kaum zu vermeiden. Ein modulierendes BHKW kann jedoch so gesteuert werden, dass möglichst keine Netzeinspeisung erfolgt. Für den ins Netz eingespeisten Strom erhalten Sie nämlich einschließlich des Zuschlags durch das KWKG 2016 **(Kraft-Wärme-Kopplungs-Gesetz, KWKG →** rechte Spalte) lediglich circa 12 Cent pro Kilowattstunde. (Dieser Wert ist abhängig vom jeweiligen Börsen-Strompreis und kann schwanken.) Dagegen ist der im eigenen Haushalt genutzte Strom einschließlich Zuschlag circa 33 Cent pro kWh wert (Stand 1/2018). Im Trend für Ein- und Zweifamilienhäuser sind Heizungen, die mit einer Brennstoffzelle mit weniger als 1 KWel ausgestattet sind. Die Anlagen sind dafür konzipiert, ganzjährig betrieben zu werden und die anfallende Wärme für die Brauchwasserbereitung einzusetzen.

→ TIPP Planung ist das A & O

Ein BHKW muss sorgfältig geplant werden. Die Wirtschaftlichkeit hängt sehr von den Bedingungen in Ihrem Haus ab. Sie sollten sich in jedem Fall mehrere Angebote von BHKW-erfahrenen Planern und Heizungsbauern einholen und auch nur solche beauftragen. Einen interaktiven Heizsystem-Wirtschaftlichkeitsvergleich bietet die Verbraucherzentrale NRW: www.verbraucherzentrale.nrw/heizsystemvergleich. Hier gibt es zudem einen Marktüberblick für BHKW: www.verbraucherzentrale.nrw/bhkw-marktuebersicht. Ein weiterer Surftipp: www.bhkw-infothek.de, weiter „Modelle und Anbieter“

Das wird gefördert

BHKW werden mit Zuschüssen gefördert: vom BAFA (www.bafa.de, weiterklicken zu „Energie“ und dann „Kraft-Wärme-Kopplung“) und von einigen Bundesländern (www.foerderdatenbank.de, weiterklicken zu „Förderrecherche“, dort im Assistenten die gesuchten Begriffe eingeben). Außerdem gibt es die Förderprogramme der KfW mit günstigem Kredit oder gegebenenfalls Zuschuss (www.kfw.de, weiterklicken „Privatpersonen“, dort das entsprechende Programm auswählen). Die Vergütung nach KWKG wird mit elektronischem Vordruck des BAFA beim Netzbetreiber beantragt (www.bafa.de, weiterklicken „Energie“, weiter „Kraft-Wärme-Kopplung“). **Besonders hoch werden zurzeit BHKW mit Brennstoffzelle gefördert** (www.kfw.de/433). Die KWKG-Vergütung wird nur für 60.000 Volllaststunden gezahlt. Bei Anlagen bis zu 2 kW elektrischer Leistung können Sie sich die gesamte Vergütung pauschal direkt auszahlen lassen, das heißt: 60.000 Stunden x 4 ct/kWh = 2.400 €/kWel.

Eine **Volllaststunde** ergibt sich aus der produzierten Strommenge geteilt durch die maximale elektrische Leistung des BHKW.

Beispiel: Ein BHKW mit Brennstoffzelle mit 0,7 kWel kann bei 5.000 Volllaststunden im Jahr 3.500 kWh Strom erzeugen. Ganz viel davon kann selbst verbraucht werden.

Außerdem gibt es auf Antrag eine Erstattung der Energiesteuer (www.zoll.de, weiterklicken „Service", dann „Formulare und Merkblätter", dort im Suchfeld „KWK" eingeben, dann „Anmeldung einer Anlage". Die steuerlichen Aspekte werden in einer Broschüre der ASUE dargelegt (www.asue.de, im Suchfeld „Leitfaden" eingeben, runterscrollen).

Kosten für BHKW

Die angegebenen Kosten sind übliche Werte (Stand 1/2018) für typische BHKW. Einen Marktüberblick finden Sie unter www.verbraucherzentrale.nrw/bhkw-marktuebersicht. Vergleichen Sie die Kosten in der Liste mit Ihrem konkret eingeholten Angebot. Abweichungen von mehreren Tausend Euro sind zu erwarten. Im Kapitel 3 (→ Seite 142) finden Sie Hinweise, wie Sie die Wirtschaftlichkeit auf Ihren Angebotspreis umrechnen können.

BHKW mit Verbrennungsmotor, nicht modulierend, typisches Modell: 5,5 Kilowatt elektrisch, 12,8 Kilowatt thermisch, Wirkungsgrad 90 Prozent. Vermutlich kein Spitzenkessel notwendig, da die thermische Leistung in den meisten Fällen selbst im kältesten Winter ausreicht. Investitionskosten samt allen Nebenkosten circa 25.000 €. Davon abgezogen werden die Kosten für einen ansonsten nötigen Brennwertkessel von circa 6.000 € und die Bundesförderung von zurzeit 2.950 €, sodass Mehrkosten von circa 16.000 € verbleiben.

BHKW mit Verbrennungsmotor, modulierend, zum Beispiel: drei Kilowatt elektrisch, acht Kilowatt thermisch, Wirkungsgrad 90 Prozent. In den meisten Fällen Spitzenkessel notwendig. Investitionskosten samt aller Nebenkosten circa 23.000 €. Davon abgezogen werden die Kosten für einen ansonsten nötigen Brennwertkessel von circa 6.000 € und die Bundesförderung von zurzeit 2.500 €. Es bleiben Kosten von circa 14.500 €.

BHKW mit Brennstoffzelle, modulierend, zum Beispiel: 0,7 Kilowatt elektrisch, ein Kilowatt thermisch, Wirkungsgrad 85 Prozent. Spitzenkessel notwendig. Investitionskosten samt allen Nebenkosten circa 28.000 €. Davon abgezogen werden die Kosten für einen ansonsten nötigen Brennwertkessel von circa 6.000 € und die Bundesförderung von zurzeit 8.850 €. Die Mehrkosten betragen circa 13.000 €.

BHKW mit Brennstoffzelle, als Beistellgerät, zum Beispiel: 1,5 Kilowatt elektrisch, 0,6 bis 0,7 Kilowatt thermisch, Wirkungsgrad circa 85 Prozent. Spitzenkessel notwendig.

Investitionskosten samt allen Nebenkosten circa 25.000 €. Davon abgezogen wird die Bundesförderung von zurzeit 10.000 € (maximal 40 Prozent). Die Mehrkosten betragen circa 15.000 €.

Leasingverträge

Einige Elektrizitätsversorgungsunternehmen bieten für **Brennstoffzellen** Leasingverträge an: Sie zahlen eine feste monatliche Gebühr, können den produzierten Strom selbst nutzen oder einspeisen und erhalten dafür die Vergütung nach **KWKG**. Die Wärme geht in die Heizung und Warmwasserbereitung. Vorteil: Sie tragen keine Wartungskosten und kein Risiko. Nachteil: Vermutlich ist es auf längere Sicht gesehen günstiger, selbst zu investieren. Eine Vergleichsrechnung kann Ihnen der Energieberater machen.

CHECKLISTE

Blockheizkraftwerke

- ☐ Sorgfältig planen und berechnen lassen. Es ist nicht möglich, ohne die Bestimmung von Lastgängen und genauere Berechnungen einen verlässlichen Wert für die Eigenstromnutzung anzugeben.
- ☐ Wirtschaftlichkeitsprogose und Vergleichsangebote einholen und mit Heizsystemvergleich (→ Tipp Seite 62) prüfen.
- ☐ Ist der Wärmeverbrauch ausreichend hoch?
- ☐ Zentrale Warmwasserversorgung vorhanden?
- ☐ Möglichst nicht BHKW und Solarwärme kombinieren – das vermindert die Stromproduktion im Sommer.
- ☐ Ändert sich der Wärmeverbrauch durch Wärmedämmung oder weniger Personen künftig nennenswert? Dann würde das BHKW unwirtschaftlicher.
- ☐ Thermische Leistung des BHKW auf den Wärmeverbrauch des Gebäudes abstimmen, ggf. Wärmebedarfsberechnung durchführen lassen.
- ☐ Ist ein Spitzenkessel nötig? Ist dieser bereits im BHKW eingebaut?
- ☐ Ist der Stromverbrauch ausreichend hoch?

Fortsetzung Checkliste →

CHECKLISTE (FORTSETZUNG)

- ☐ Soll das BHKW vor allem als Kraftwerk dienen und ist die Wärmeerzeugung nebensächlich? Dann könnte ein BHKW mit Brennstoffzelle als Beistellgerät (→ Seite 63) infrage kommen.
- ☐ Soll erzeugter Strom an Mieter oder Wohnungseigentümer verkauft werden?
- ☐ Wer wird die jährlichen Abrechnungen erstellen: Stromrechnungen an die Nutzer, Energiesteuererstattung beim Zollamt, Heizkostenabrechnung?
- ☐ Für die Eigenstromdeckung sind modulierende BHKW vorteilhaft. Der Modulationsbereich sollte eine möglichst niedrige untere Grenze haben.
- ☐ Ist ein geeigneter Platz zum Aufstellen von BHKW, Pufferspeicher, gegebenenfalls Spitzenkessel vorhanden?
- ☐ Kann das BHKW durch die Türen transportiert werden?
- ☐ Ist der Schallschutz geklärt? Es kann insbesondere zu Problemen kommen, wenn ein Schlafbereich an den Aufstellraum angrenzt. BHKW mit Brennstoffzelle sind leise.
- ☐ Hocheffiziente Pumpe einbauen (Energieeffizienzindex EEI ‹ 0,23).
- ☐ Rohre und Armaturen im unbeheizten Bereich sorgfältig dämmen lassen.
- ☐ Ausreichend dimensionierten Pufferspeicher einbauen (mindestens 60 Liter pro kW thermisch).
- ☐ Inzwischen gibt es nach dem KWKG und der Marktstammdaten-Verordnung Meldepflichten, denen Sie als Betreiber unbedingt nachkommen müssen.
- ☐ Hydraulischen Abgleich durchführen lassen (→ Seite 169).
- ☐ Ist eine Kaminsanierung oder Abgasleitung erforderlich und im Angebot enthalten?
- ☐ Wurden Förderanträge gestellt? Werden die Förderbedingungen eingehalten? Antragstellung muss vor Auftragserteilung erfolgen. Informieren Sie sich im Internet über die aktuellen Bedingungen – diese ändern sich häufig (www.verbraucherzentrale.nrw/foerderprogramme).
- ☐ Lassen Sie sich in die Bedienung einweisen und fordern Sie eine gut verständliche Bedienungs- und Wartungsanleitung.
- ☐ Zentrale Regelung sollte gut zugängig, gut lesbar und verständlich und das BHKW gut erreichbar sein.

Fernwärmeübergabestation

Fernwärme wird in einem großen Heizwerk oder Heizkraftwerk erzeugt und über lange Fernwärmeleitungen in die angeschlossenen Häuser geleitet. Im Haus befindet sich dann ein **Wärmetauscher** – eine Übergabestation. Diese Wärmelieferung bezahlen Sie direkt beim Versorger – oft ist es ein Stadtwerk. Die Kosten setzen sich zusammen aus dem Arbeitspreis pro Kilowattstunde multipliziert mit der entnommenen Wärmemenge und einem Grundpreis abhängig von der bestellten Wärmeleistung. Diese Kosten enthalten neben dem Brennstoffpreis die Investitions- und Verwaltungskosten sowie einen Unternehmergewinn. Dafür ersparen Sie sich aber andere Kosten: Sie benötigen keinen Schornstein und müssen demnach kein Geld für Schornsteinfeger-, Reparatur- und Wartungsarbeiten ausgeben. Für die **Kosten und die Umweltbilanz** ist es entscheidend, wie die Wärme für das Fernwärmenetz gewonnen wird und welche Verluste bis zu Ihrem Haus anfallen. Bei gut gedämmten, nicht sehr weitläufigen Netzen betragen die Verluste nur wenige Prozent, während sie bei ungünstigen Bedingungen bis über die Hälfte erreichen können. Gut für das Klima ist es, wenn die Fernwärme aus industrieller Abwärme, aus effektiver Kraft-Wärme-Kopplung (KWK) mit einem BHKW, oder aus erneuerbaren Ener-

HINTERGRUND

Nahwärme

Sie wird in unmittelbarer Nähe zum versorgten Haus erzeugt. So kann beispielsweise ein kleineres BHKW eine Reihenhauszeile versorgen. Die Wärmeleitungen können dann von Keller zu Keller verlegt werden. Das BHKW kann der Gemeinschaft der Hauseigentümer gehören. Es kann aber auch von einem Dritten (etwa einem Stadtwerk) zur Verfügung gestellt werden. Meistens wird an den Versorger – wie bei der Fernwärme – ein Arbeits- und ein Grundpreis gezahlt. Da der Versorger eine Gewinnspanne einkalkuliert, sind die Kosten meistens erheblich höher, als wenn Sie mit Ihren Nachbarn selbst die Versorgung in Eigenregie organisieren und übernehmen. Eine Nahwärmeversorgung mehrerer Objekte kann für den Einsatz eines BHKW vorteilhafter sein als die Einzelversorgung der Häuser. Dies sollten Sie durch ein Ingenieurbüro überprüfen lassen.

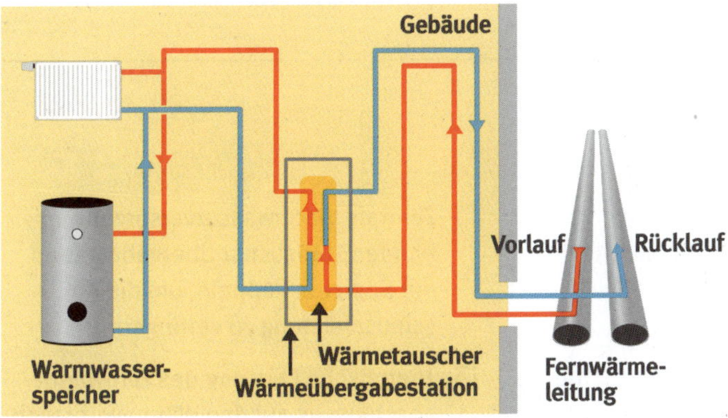

Abb. 7: Fernwärmeübergabestation mit Plattenwärmetauscher.

giequellen wie Holzhackschnitzelheizwerken, Groß-Wärmepumpen oder thermischen Solaranlagen stammt. Ungünstig ist ein Heizwerk ohne Kraft-Wärme-Kopplung, das mit Gas, Öl oder Kohle befeuert wird.

→ TIPP Holen Sie sich ein Zertifikat
Lassen Sie sich von Ihrem Fernwärmeanbieter ein Zertifikat aushändigen, worin die Quelle der Fernwärme steht. Auch der Primärenergiefaktor sollte darin genannt werden. Denn er wird beispielsweise für die Nachweise nach der Energieeinsparverordnung (EnEV) bei Neubau oder Sanierung benötigt. Sein Wert sollte möglichst weit unter 1 liegen.

Die Fernwärmeübergabestation (Tauscher) in Ihrem Haus hat die Aufgabe, die gelieferte Fernwärme aufzunehmen, die Menge zu messen und die Wärmeentnahme des Hauses zu begrenzen, wenn die im Liefervertrag festgelegte bestellte Leistung überschritten würde. Die Trennung der Netze erfolgt mit einem Plattenwärmetauscher – mit dünnen Platten, die abwechselnd von der Fernwärme und dem Heizungswasser durchflossen werden (Mitte der Abbildung 7). Von rechts kommen die Fernwärmeleitungen – dort ist zur Messung ein Wärmemengenzähler eingebaut – und links liegen die Anschlüsse ans Hausnetz für die Heizkörper, eine mögliche Fußbodenheizung und einen Warmwasserspeicher. Die nötigen Regelungen und Umwälzpumpen sind in dieser Übergabestation eingebaut. Achten Sie auf Hocheffizienzpumpen.

→ TIPP Optimale Übergabestation wählen
Es gibt Übergabestationen mit einem weiteren Wärmetauscher zum Erwärmen des Brauchwassers im Durchfluss (Frischwasserstation → Seite 97). Dann müssen Sie allerdings eine Anschlussleistung von vielen Kilowatt (kW) dazubuchen und teuer über den Grundpreis bezahlen – bis zu 40 € pro kW jährlich. Ein Speicher kommt mit wenigen kW aus. Sie sparen mit Speicher statt Frischwasserstation 400 bis 600 € pro Jahr. Achten Sie darauf bei der Auswahl der Übergabestation.

CHECKLISTE

Fernwärmeübergabestation

- ☐ Sorgfältig planen und berechnen lassen. Beim Wirtschaftlichkeitsvergleich hilft der interaktive Heizsystemvergleich (→ Seite 62).
- ☐ Gibt es einen Anschluss- und Benutzungszwang?
- ☐ Machen Sie einen Vergleich mit anderen Heizsystemen. Betrachten Sie dabei die Vollkosten, das heißt, Investitionskosten, Verbrauchskosten, Wartungskosten, Schornsteinfegerkosten im Vergleich zu den Kosten der Fernwärme mit Grund- und Arbeitspreis, Anschlusskosten und Kosten der Übergabestation.
- ☐ Gibt es im Fernwärmevertrag Einschränkungen, wenn Sie weitere Energieträger nutzen wollen? Hinweise zu Fernwärmeverträgen unter www.energieverbraucher.de, in die Suche „Fernwärmevertrag" eingeben.
- ☐ Gibt es im Fernwärmevertrag eine Möglichkeit, nachträglich die Anschlussleistung zu verändern, wenn Sie beispielsweise Ihr Haus dämmen?
- ☐ Wie wird die Fernwärme bereitgestellt? Kommt sie aus effektiver Kraft-Wärme-kopplung, aus Abwärme oder erneuerbaren Energien?
- ☐ Verlangen Sie eine zertifizierte Angabe zum Primärenergie- und Kohlendioxidfaktor.
- ☐ Zentrale Warmwasserversorgung vorhanden? Möglichst Übergabestation mit Speicher koppeln, um die Anschlussleistung zu verringern.
- ☐ Thermische Leistung des Fernwärmeanschlusses auf den Wärmeverbrauch des Gebäudes abstimmen, ggf. Wärmebedarfsberechnung durchführen lassen, sonst zahlen Sie möglicherweise einen zu hohen Grundpreis.
- ☐ Hocheffiziente Pumpe einbauen (Energieeffizienzindex EEI ‹ 0,23).
- ☐ Rohre und Armaturen im unbeheizten Bereich sorgfältig dämmen lassen.
- ☐ Hydraulischen Abgleich durchführen lassen (→ Seite 169).
- ☐ Wurden Förderanträge gestellt? Werden die Förderbedingungen eingehalten? Antragstellung muss vor Auftragserteilung erfolgen. Informieren Sie sich im Internet über die aktuellen Bedingungen – diese ändern sich häufig (www.verbraucherzentrale.nrw/foerderprogramme).
- ☐ Lassen Sie sich in die Bedienung einweisen und fordern Sie eine gut verständliche Bedienungs- und Wartungsanleitung.
- ☐ Die zentrale Regelung sollte gut zugänglich, gut lesbar und verständlich und die Übergabestation gut erreichbar sein.

€ FINANZEN

Kosten Fernwärmeübergabestation

Einschließlich der Kosten für den Fernwärmeanschluss müssen Sie mit 3.000 bis 8.000 € rechnen. Die Investitionskosten können demnach niedriger oder in etwa gleich wie ein Gas-Brennwertgerät (→ Seite 47) liegen. Die Investition in eine Abgasleitung von 1.000 bis 2.000 € und ähnliche Kosten für den Gasanschluss entfallen, ebenso Schornsteinfeger- und Wartungskosten von 100 bis 300 € jährlich. Für die Vollkosten ist entscheidend, welchen Arbeits- und Grundpreis Ihr Versorger verlangt und wie Preissteigerungen angerechnet werden. Problematisch ist es, dass Sie an Ihren Versorger gebunden sind und Fernwärmeverträge bisweilen Klauseln enthalten, die Ihnen den Einsatz von zusätzlichen erneuerbaren Energiequellen wie Holzöfen, Wärmepumpen oder thermischen Solaranlagen zum Ersatz von Fernwärme verbieten. Die maximale Laufzeit von Fernwärmeverträgen darf nicht mehr als zehn Jahre betragen.

Elektroheizungen

Elektroheizungen wurden in den 1960er und 1970er Jahren von den Elektrizitätsversorgungsunternehmen stark beworben, insbesondere in Form der Elektro-Nachtspeicherheizung. Die Kraftwerksbetreiber wollten so die „Verbrauchsdelle" in der Nacht ausgleichen: Nachtstrom (NT-Tarifstrom) wurde überaus günstig angeboten, was dazu führte, dass ganze Stadtteile mit Nachtspeicherheizungen versehen wurden. Mittlerweile gibt es keine „Dellen" mehr und die NT-Tarife sind für Haushalte stark angestiegen (in den letzten zehn Jahren von circa 11 auf 21 Cent pro Kilowattstunde). Der NT-Tarif ist damit immer noch etwas günstiger als normaler Haushaltsstrom (auch HT- Hoch-Tarif) mit circa 29 Cent pro Kilowattstunde.

Strom in Wärme umwandeln? Bis vor einigen Jahren war ein solcher Vorschlag völlig tabu. Es gab sogar in der Energieeinsparverordnung eine Vorschrift, alte Elektro-Speicherheizungen auszutauschen. Nun kommt aber immer mehr erneuerbar erzeugter Strom in die Netze und das Undenkbare wird denkbar. Mittlerweile kommen einige wissenschaftliche Studien zu dem Ergebnis, dass eine Energiewende ohne Stromeinsatz für Wärmezwecke nicht möglich ist. Zwar kann Strom momentan nicht in größeren Mengen gespeichert werden, doch große Wärmespeicher sind bereits vorhanden und problemlos nachzurüsten. Ein Wärmespeicher für eine Kilowattstunde kostet etwa 50 bis 100 € in der Anschaffung, ein Batteriespeicher dagegen mehr als das Zehnfache. Und erneuerbare Energien sind nicht zu steuern: Die Sonne scheint und der Wind weht, ohne sich nach dem Bedarf im Netz zu richten. Da liegt es doch nahe, überschüssigen Strom in Wärme zu wandeln. Strom ist eine „edle" Energieform – Heizen mit Strom ist wie Butterschneiden mit der Motorsäge. Es gibt jedoch die Möglichkeit, mithilfe von Wärmepumpen den Strom zum Heizen effektiver einzusetzen (→ Seite 72). Wärmepumpen nutzen Umweltwärme mit niedriger Temperatur und bringen diese unter Stromeinsatz auf ein höheres Temperaturniveau.

Einige Firmen versuchen, neben Speicherheizungen auch Elektro-Direktheizungen zum Beispiel in Form von Elektroradiatoren oder Heizplatten anzubieten. Sie begründen dies mit geringen Investitions- und Verbrauchskosten. Derzeit gelangen verstärkt Infrarot-Strahlungsheizungen auf den Markt.

Untersuchungen im Auftrag der Verbraucherzentrale NRW haben gezeigt, dass bei gleichem Wohnkomfort die Elektroheizung gegenüber einer Gas-Zentralheizung nur eine geringe Energieeinsparung bewirkt. Sie müssen aber mit wesentlich höheren Kosten durch den teuren Haushaltsstrom rechnen.

Wenn bisweilen von günstigem Heizen mit Strom berichtet wird, liegt das insbesondere am geänderten Heizverhalten der Verbraucher: Sie wissen, dass Elektroheizungen teuer sind, und setzen sie nur sparsam ein.

Derzeit versuchen Anbieter ein Comeback der Elektroheizung in Verbindung mit einer Photovoltaikanlage (→ Seite 104). Allerdings liefert diese während der Heizperiode nur wenig Strom, sodass Sie die Elektroheizung letztendlich doch zum großen Teil mit teurem Netzstrom betreiben müssen.

→ TIPP Hier erhalten Sie Zuschüsse

Planen Sie die Umrüstung Ihrer Elektroheizung auf eine Zentralheizung? Wollen Sie Ihre Elektroheizung behalten, aber Ihr Gebäude wärmetechnisch verbessern? Dann können Sie einen Zuschuss (www.kfw.de/430) oder günstigen Kredit mit Tilgungszuschuss (www.kfw.de/152) von der bundeseigenen Förderbank KfW erhalten. Dazu müssen Sie einen Energieberater beauftragen (www.energie-effizienz-experten.de). Auch für die Baubegleitung gibt es einen finanziellen Zuschuss (www.kfw.de/431).

€ FINANZEN

Formen der Elektroheizung und Investitionskosten

Speicherheizung mit Speicheröfen: In den zu beheizenden Räumen werden Speicheröfen aufgestellt, die einen Starkstromanschluss benötigen. Diese Öfen enthalten einen gut gedämmten Speicherkern, der von den darin befindlichen Heizstäben auf mehrere Hundert Grad erhitzt wird. Die Wärmeabgabe erfolgt zum größten Teil über ein Gebläse im Ofen, das kalte Luft durch den heißen Speicherkern bläst. Bei guter Wärmedämmung gibt ein solcher Ofen nur wenig Wärme durch Wärmestrahlung an die Umgebung ab: Es handelt sich im Wesentlichen um eine Luftheizung. Die Aufladung des Ofens erfolgt in den Freigabezeiten, die das Elektrizitätsversorgungsunternehmen vorgibt, meist in der Nacht. Kosten pro Speicherofen zwischen 500 und 1.000 €. Zusätzliche Kosten für Elektroinstallation, allerdings keine Kosten für einen Schornstein und Wartungsarbeiten. Es gibt die Möglichkeit, dass jeder Ofen seine Aufladung selber steuert oder – und das ist besser – für alle Öfen erfolgt eine außentemperaturabhängige zentrale Aufladesteuerung. Ändern sich die Wetterverhältnisse kann allerdings die Aufladung zu gering sein, sodass mit teurem Tagstrom nachgeheizt werden muss.

Speicherheizung mit Fußbodenheizung: Ein System, das ab und zu in Altbauten genutzt wird (Blockspeicherheizung). Eine normale, wassergeführte Fußbodenheizung wird aus großen, gut gedämmten Pufferspeichern mit warmem Wasser versorgt. Die Heizstäbe in den Speichern nutzen NT-Strom (Nachtstrom).

Fußbodenheizung mit Elektro-Heizmatten: Im Estrich werden Heizmatten verlegt, die über eine Steuerung mit Strom versorgt werden. Dieses System wurde gerne wegen der geringen Investitionskosten eingebaut. Die Speicherwirkung ist allerdings geringer als beim Speicherofen, sodass zusätzliche Freigabezeiten tagsüber notwendig sind. Dadurch kann der Tarif ungünstiger werden. Preis für die Heizmatte pro Quadratmeter 50 bis 200 €, dazu kommen die Anschluss- und Verlegekosten.

Elektro-Direktheizung mit Heizkörpern: Ölgefüllte Radiatoren mit Elektro-Heizeinsatz oder verkachelte Kästen mit Speicherkern. Wenn Sie nicht frieren wollen, benötigen alle diese Geräte viel Strom aus der Steckdose. Kosten pro Heizkörper 100 bis 300 €.

Infrarot-Strahlungsheizung: Stark beworben werden Infrarot-Strahlungsheizungen mit dem Argument der natürlichen Wärmeabgabe – wie bei der Sonne. Richtig ist, dass ein hoher Wärmestrahlungsanteil als angenehm empfunden wird und dadurch die Raumlufttemperatur eventuell etwas verringert werden kann (→ Seite 42). Dennoch ist die Einsparung gegenüber einem Heizkörper bei gleichen Behaglichkeitsanforderungen gering. Kosten pro Heizplatte für eine normale Raumgröße zwischen 100 und 300 €.

CHECKLISTE

Elektroheizung

- ☐ Der Neueinbau einer Elektroheizung ist nur bei sehr geringem Wärmebedarf überlegenswert.
- ☐ Enthalten Ihre Nachtspeicheröfen noch Asbest? Fragen Sie Ihren Energieversorger. Dort gibt es entsprechende Listen mit Hinweisen zur ungefährlichen Demontage und Entsorgung.
- ☐ Gibt es bei Ihrer Speicherheizung eine zentrale Aufladesteuerung? Eventuell nachrüsten lassen. Ist diese richtig eingestellt? Bedienungsanleitung oder Elektrofachkräfte können helfen.
- ☐ Ist die Umrüstung auf eine Zentralheizung mit Heizkörpern vorgesehen?
- ☐ Haben Sie eine Elektro-Fußbodenheizung mit Speichertanks? Hier ist eine Umrüstung besonders einfach, beispielsweise mit Brennwertkessel oder Wärmepumpe.
- ☐ Wollen Sie Ihre Speicherheizung behalten? Dann sollten Sie im Rahmen einer Energieberatung vor Ort überprüfen lassen, ob es sinnvolle Wärmedämmmaßnahmen gibt. (Gebäude-Check unter www.verbraucherzentrale-energieberatung.de)
- ☐ Fragen Sie nach möglichen zusätzlichen Förderungen Ihres Bundeslandes, Ihrer Kommune oder Ihres Energieversorgers.
- ☐ Fördermittel müssen meist vor Maßnahmenbeginn beantragt werden.

Wärmepumpen

Sie besitzen bereits eine Luft-Luft-Wärmepumpe – eingebaut in Ihrem Kühlschrank. Eine Wärmepumpe bewegt Wärme in eine Richtung, in die sie das freiwillig nicht tut. Wärme strömt nämlich immer von warm zu kalt. Im Kühlschrank wird das Innere kalt gehalten, geschützt vor der äußeren Wärme. Dafür ist Strom nötig. Schalten Sie im Urlaub den Kühlschrank aus, so strömt selbst bei geschlossener Tür Wärme von außen hinein und er wird so warm wie die Umgebung.

Wenn Sie den Regler auf „kälter" stellen, benötigen Sie mehr Strom. Ebenso, wenn der Kühlschrank direkt neben dem Herd oder an einem sehr warmen Ort steht. Die eindringende Wärme muss von der Wärmepumpe aus dem Kühlschrankinneren transportiert werden. Durch ein Rohrregister wird sie an der Rückseite des Kühlschranks abgegeben. Die Wärmepumpe arbeitet zwischen einer **Wärmequelle** – dem Kühlschrankinneren – und einer sogenannten **Wärmesenke** – der Küchenluft. Eine Brauchwasser- oder Heizungswärmepumpe macht nichts anderes: Hier ist die Wärmequelle die Umgebung: Grundwasser, Erdreich oder Außenluft. Wär-

Abb. 8: Erdwärmepumpenanlage mit Wärmepumpe (rechts) und Pufferspeicher (links).

mesenke, dort wo die Wärme abgegeben wird, ist ein Brauchwasserspeicher und/oder eine Heizungsanlage. Wärmequelle und Wärmesenke werden meist durch Rohrleitungen mit der Wärmepumpe verbunden.

Es gibt zwei Zahlen, um die Effektivität von Wärmepumpenanlagen zu bewerten: **Leistungszahl** und **Arbeitszahl**. Die **Leistungszahl** (auch **COP** – Coefficient of Performance) bezieht sich auf einen speziellen Arbeitspunkt mit einer bestimmten Quellen- und Senkentemperatur. Sie wird auf dem Prüfstand unter definierten Bedingungen gemessen. Dieser Wert bezieht sich nur auf die Wärmepumpe und nicht auf die Anlage, in die sie eingebaut wird. Diesen Wert finden Sie auch in den Produktbeschreibungen der Hersteller: Es wird gemessen, welche Wärmeleistung die Wärmepumpe im Verhältnis zur momentanen elektrischen Leistung hat.

$$\textbf{Leistungszahl} = \frac{\textbf{abgegebene Wärmeleistung}}{\textbf{aufgenommene elektrische Leistung}}$$

HINTERGRUND

Wärmepumpen und ihre Arbeitsmedien

Wärmepumpen werden nach den Medien bezeichnet, zwischen denen sie arbeiten: Wasser, Sole oder Luft. Mit Sole ist ein Wasser-Frostschutzmittel-Gemisch gemeint, das genutzt wird, um Erdwärme zu gewinnen. Wärmesenke ist meistens Wasser, seltener Luft, da die meisten Heizungsanlagen Warmwasserheizungen sind. Die Arbeitsmedien werden mit Buchstaben abgekürzt, die dem Englischen entstammen: W – Wasser, Grundwasser (Water), B – Sole (Brine), A – Luft (Air). Bei der Bezeichnung von Arbeitspunkten werden zu diesen Buchstaben die entsprechenden Temperaturen angegeben. Zum Beispiel heißt A2W35 der Arbeitspunkt einer Luft-Wasser-Wärmepumpe mit 2 Grad Außenlufttemperatur und 35 Grad Temperatur der Warmwasserheizung.

Zur Leistungszahl muss angegeben werden, für welchen Arbeitspunkt sie gilt.

Für Sie ist es enorm wichtig zu wissen, wie effektiv die in Ihre Heizungsanlage eingebaute Wärmepumpe arbeitet. Es kommt also nicht auf die Effektivität bei einer bestimmten Temperatur an, sondern auf sämtliche Zustände, die während einer Zeitspanne auftreten. Die **Arbeitszahl** (AZ) gibt das Verhältnis von während dieser Zeit erzeugter Wärme und eingesetztem Strom in dieser Zeitspanne an.

$$\text{Arbeitszahl} = \frac{\text{abgegebene Wärmeenergie}}{\text{aufgenommene elektrische Energie}}$$

Besonders wichtig ist die Arbeitszahl während eines Jahres, die **Jahresarbeitszahl (JAZ)**. So kann die Effektivität einer Wärmepumpenanlage bewertet werden. Mit Einführung des Ökodesigns für Wärmeerzeuger werden alle Wärmepumpen bei vier unterschiedlichen Temperaturen auf dem Prüfstand gemessen. Daraus wird für das EU-Heizungslabel eine jahreszeitbedingte Raumheizungs-Energieeffizienz ermittelt – unter Berücksichtigung der benötigten Hilfsenergie (→ Seite 38). Strom wird auch heutzutage noch zum größten Teil in Großkraftwerken mit mäßigem Wirkungsgrad produziert. Vereinfacht entsteht aus drei Teilen Wärme ein Teil Strom. Wenn dann Ihre Wärmepumpe wieder aus einem Teil Strom drei Teile Wärme macht, gibt es in der gesamten Kette wenigstens keinen Verlust. Das heißt, die JAZ muss mindestens „3" sein, um eine Wärmepumpe als „energieeffizient" bezeichnen zu können. Die Bundesförderung gilt im Marktanreizprogramm nur für besonders energieeffiziente Wärmepumpenanlagen. Luft/Wasser-Wärmepumpenanlagen müssen eine JAZ von mindestens 3,5 und Wasser/Wasser und Sole/Wasser-Anlagen sogar von mindestens 3,8 erreichen. Die JAZ kann natürlich noch nicht gemessen werden, weil der Förderantrag vor Auftragsvergabe gestellt werden muss. Daher gibt das BAFA eine Liste förderfähiger Wärmepumpen mit vielen Zusatzangaben heraus. (www.bafa.de, dann weiterklicken „Energie", „Heizen mit erneuerbaren Energien", „Wärmepumpen")

Eine Wärmepumpenanlage besteht aus zahlreichen Komponenten: der Wärmepumpe, einer Pumpe für die Sole bei Erdwärmepumpenanlagen, einem Elektroheizstab für Notfälle und Ladepumpen für Trinkwasser- und gegebenenfalls Pufferspeicher.

HINTERGRUND

Wärmepumpen mit Invertertechnik

Es gibt Wärmepumpen, die mit Invertertechnik arbeiten. Die ermöglicht es, die Wärmepumpe in Ihrer Leistung zu regeln. Vorteil: Bei geringerer Wärmeanforderung des Hauses kann eine solche Wärmepumpe mit geringerer Leistung weiterlaufen, während eine ohne Inverter abschalten müsste. Weiterer Vorteil: Eine Wärmepumpe mit Inverter kann mehr Strom aus einer Photovoltaikanlage nutzen (→ Seite 119).

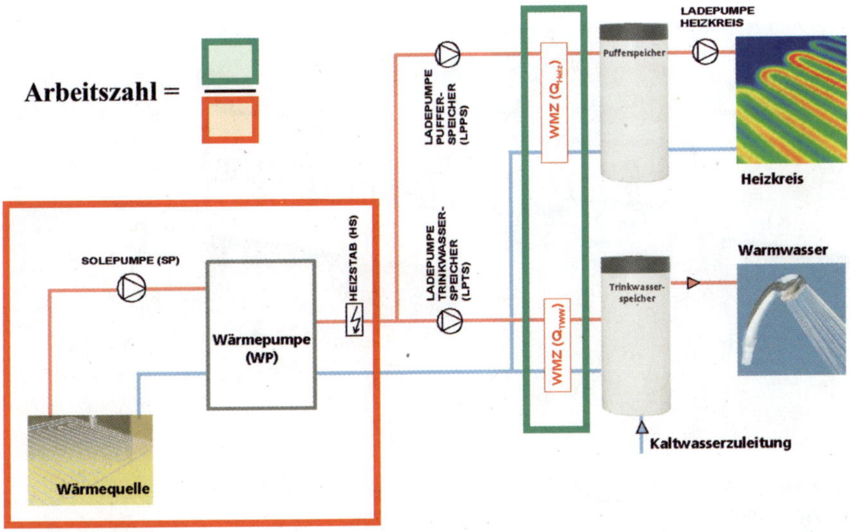

Abb. 9: Schematische Darstellung einer Wärmepumpenanlage mit eingezeichneten Bilanzgrenzen.

Alles, was dann noch kommt, etwa die Heizungsumwälzpumpe, wird in jeder anderen Heizungsanlage auch benötigt. Die Arbeitszahl kann nun auf verschiedene Systemgrenzen bezogen werden, das heißt, es werden mehr oder weniger elektrische Verbraucher berücksichtigt. Je weniger es sind, umso höher kann eine JAZ angegeben werden. Für einen sinnvollen Vergleich mit einem herkömmlichen Heizsystem müssen in jedem Fall die Wärmepumpe, die Quellenpumpe und der Heizstab mitgemessen werden (in der Abbildung 9 der dicke rote Rahmen). Die Ladepumpen würde ein Heizkessel ebenfalls benötigen.

Wärmequellen für Wärmepumpen

Eine Wärmepumpe arbeitet besonders effektiv, wenn sie ganzjährig eine Wärmequelle mit relativ hoher Temperatur nutzen kann und die Heizseite möglichst kleine Temperaturen liefern muss. Eine solche Wärmequelle sind das **Grundwasser** und das **Erdreich**. Für beide Nutzungen brauchen Sie eine Genehmigung der Unteren Wasserbehörde. Geologische Landesämter können Sie bei der Beurteilung der Ergiebigkeit der Wärmequelle unterstützen.

Für die **Nutzung des Grundwassers** benötigen Sie zwei Brunnen. Im Saugbrunnen wird aus einer bestimmten Tiefe das Wasser gewonnen und zum Wärmetauscher der Wärmepumpe gepumpt und beim Schluckbrunnen muss es genau in diesen Grundwasserleiter zurückgeführt werden. Dabei ist die Fließrichtung des Grundwassers vom Saug- zum Schluckbrunnen zu beachten, um einen thermischen Kurzschluss zu vermeiden. Wichtig ist die chemische Zusammensetzung des Grundwassers; denn Eisen und Mangan können dazu führen, dass Stoffe ausfallen und

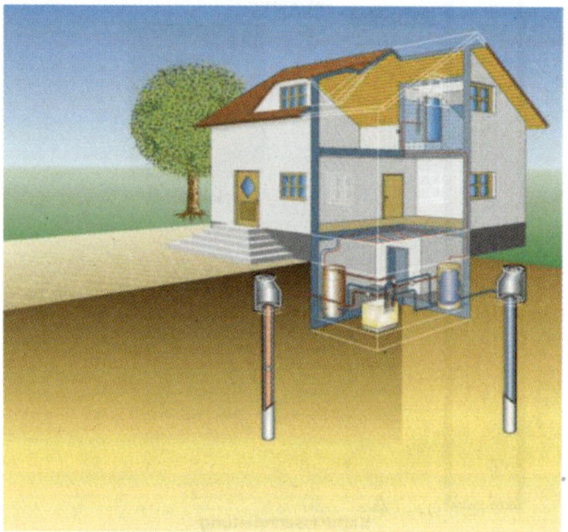

Abb. 10: Wasser-Wasser-Wärmepumpe mit zwei Grundwasserbrunnen.

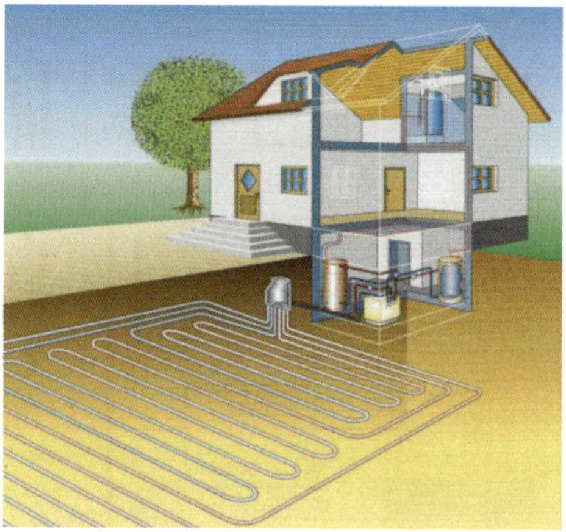

Abb. 11: Sole-Wasser-Wärmepumpe mit Erdkollektor.

die Poren am Schluckbrunnen verstopfen – bekannt als Verockerung.

In diesem Fall müsste ein neuer Brunnen gebohrt werden, was die Anlage häufig unwirtschaftlich macht. Die Grundwasserleitungen müssen ausreichend dimensioniert und die Grundwasserpumpe möglichst leistungsarm gewählt werden, sonst geht das auf Kosten der Jahresarbeitszahl.

Fazit: Eine Grundwasser-Wärmepumpenanlage kann prinzipiell die höchsten Jahresarbeitszahlen von etwa 5 erreichen, sie ist aber nicht überall zu realisieren und benötigt eine genaue Untersuchung und Planung.

Erdwärmenutzung ist an vielen Stellen möglich. Es gibt allerdings einige Gesteinsformationen, die instabil sind und durch eine Bohrung ins Rutschen geraten können. Daher empfiehlt es sich, nur mit speziell zertifizierten Bohrunternehmen zu arbeiten. Erkundigen Sie sich bei Ihrer Unteren Wasserbehörde.

Erdwärme kann mit flachen **Erdkollektoren** gewonnen werden. Dafür können lange Rohrleitungen in frostfreier Tiefe von etwa 1,5 bis 2 Metern verlegt werden. Auch Erdsonden sind möglich. Sie werden durch Rohre vertikal in Bohrlöcher bis 100 Meter Tiefe (gelegentlich sogar bis 200 Meter Tiefe) eingebracht.

Für Altbauten kommen eher Sondenbohrungen in Betracht: Erdkollektoren sind großflächig und könnten den gesamten Garten zerstören. Eine Sonde ist zwar teuer, hat aber eine lange Lebensdauer. Reicht eine Sonde für die benötigte Heizleistung nicht aus, so werden mehrere Sonden parallel angeschlossen. Häufig werden die Wärmequellen zu knapp bemessen, um Kosten zu sparen. Doch zu sparen hieße Sparen am falschen Ende. Denn sind die Wärmequellen zu klein, so kühlt sich das Erdreich in jedem Jahr stärker ab. Die Jahresarbeitszahl wird schlechter, die Heizleistung geringer – das Haus wird nicht mehr warm. Dann bleibt Ihnen nur, eine weitere Sonde zu bohren oder mithilfe eines Sonnenkollektors die Erde zu erwärmen. In jedem

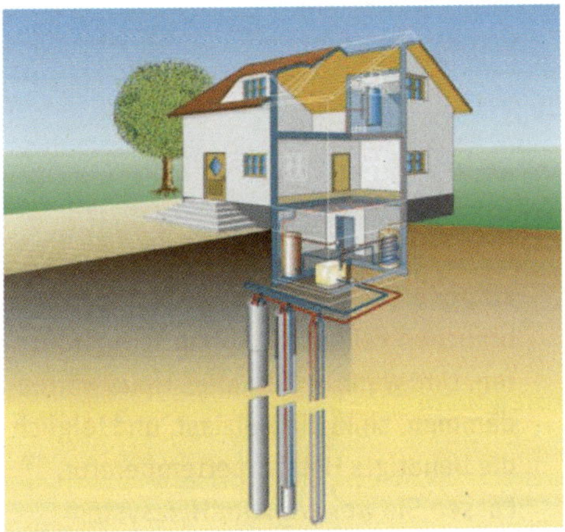

Abb. 12: Sole-Wasser-Wärmepumpe mit Erdsonde.

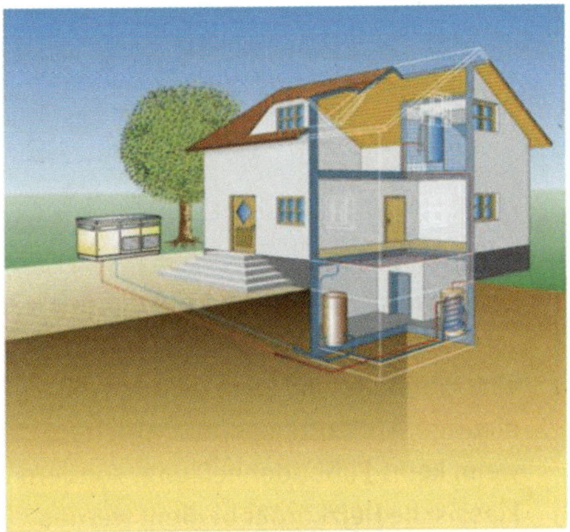

Abb. 13: Luft-Wasser-Wärmepumpe in Split-Ausführung.

Fall haben Sie Zusatzkosten, die vermeidbar waren. Zur Regeneration der Sonden mit Sonnenwärme → Seite 116.

Als dritte Möglichkeit kommen **Grabenkollektoren** in Betracht. Ein Graben von etwa drei Meter Tiefe und unten etwa 1,2, oben etwa 2,5 Meter Breite wird ausgehoben. Darin werden parallel im frostfreien Bereich viele Leitungen verlegt und der Graben wieder mit Erde gefüllt. Die Wärmeentzugsleistung ist erheblich größer als diejenige eines Erdkollektors, sodass weniger Grundstücksfläche beeinträchtigt wird. Der Grabenkollektor ist deutlich kostengünstiger als eine Erdsonde (zu den Möglichkeiten der Erdwärmenutzung https://um.baden-wuerttemberg.de, im Suchfeld „Erdwärme" eingeben).

Im Winter kühlt die Umgebung um Erdkollektor oder Erdsonde durch den Betrieb der Wärmepumpe aus. Je nach Beschaffenheit des Untergrunds kann Wärme mehr oder weniger schnell nachfließen. Bei einem Erdkollektor wird die Regeneration im Sommer durch die Sonneneinstrahlung auf die Erde unterstützt. Wärme kann umso besser nachfließen, je nasser die Erde ist. Die Fläche über einem Erdkollektor darf deswegen nicht versiegelt werden.

Erdsonden und Erdkollektoren können Sie zweifach nutzen: fürs Heizen im Winter und zur Kühlung Ihres Hauses im Sommer. Entscheidend für die Jahresarbeitszahl ist die Vorlauftemperatur der Heizung. Mindestens 55 Grad benötigen Sie bei einer Heizungsanlage mit normal ausgelegten Heizkörpern. Dadurch sinkt die Jahresarbeitszahl. Besser ist eine Fußbodenheizung mit höchstens 35 Grad. Ungünstig ist ein großer Anteil Warmwasserbereitung, die hohe Temperaturen benötigt.

Fazit: Eine Erdwärme-Anlage kann prinzipiell hohe Jahresarbeitszahlen von etwa 4 erreichen. Sie ist auf vielen Grundstücken möglich. Erdkollektoren und insbesondere Erdsonden sind teuer, aber lange haltbar. Hier bedarf es einer sehr genauen Untersuchung und Planung.

→ TIPP Wärmepumpe und Heizkörper – das geht

Eine Wärmepumpe kann oft auch mit niedriger Vorlauftemperatur arbeiten, wenn keine Fußbodenheizung, sondern klassische Heizkörper bedient werden müssen. Gerade im Altbau sind die Heizkörper oft sehr großzügig ausgelegt und brauchen keine sehr hohen Temperaturen. Und wenn Sie Ihr altes Haus wärmedämmen, sinkt die Heizlast, und folglich die benötigte Heizkörpertemperatur. Lassen Sie weiterhin Ihr Heizsystem hydraulisch abgleichen (→ Seite 169). Diese Maßnahme ist übrigens eine Fördervoraussetzung. Wenn nur wenige Räume keine Fußbodenheizung besitzen, können Sie dort die Heizkörper gegen großflächige austauschen, die dann mit niedriger Vorlauftemperatur auskommen. Es gibt auch Spezialheizkörper (Wärmepumpenheizkörper) mit eingebauten Ventilatoren, um für die kältesten Tage trotz niedriger Vorlauftemperatur die Heizleistung zu erhöhen. Für die kältesten Tage könnte ebenso eine Zusatzheizung helfen, zum Beispiel ein Kaminofen.

HINTERGRUND

Wärmepumpen-Betriebsweise

Erdwärmepumpen können ganzjährig als einziger Wärmeerzeuger arbeiten. Eine solche Anlage wird **monovalent** genannt. Luft-Wärmepumpen benötigen oft im kalten Winter einen zweiten Wärmeerzeuger – dann ist es eine **bivalente** Anlage. Das kann zum Beispiel Ihr alter Heizkessel sein, der im kältesten Winter ausschließlich die Wärmeversorgung übernimmt. Die Wärmepumpe ist dann ausgeschaltet – **bivalent alternativ**. Es ist auch denkbar, dass im Winter Heizkessel und Wärmepumpe sich die Arbeit teilen – **bivalent parallel**. Ab einer bestimmten Temperatur wird der Heizkessel zugeschaltet – **Bivalenzpunkt**. Zahlreiche Luft-Wasser-Wärmepumpen haben einen Elektroheizstab im Speicher eingebaut, der die Rolle des zweiten Wärmeerzeugers übernimmt – **monoenergetisch**.

Erdwärmenutzung ist teuer und nicht immer möglich. Deswegen hat sich die **Nutzung der Außenluft** immer mehr durchgesetzt. Allerdings handelt es sich hier um eine ungünstigere Wärmequelle; denn, wenn Sie heizen müssen (etwa im Winter), ist es draußen besonders kalt. Luft-Wasser-Wärmepumpen können im Haus oder im Außenbereich aufgestellt werden. Sie haben große Ventilatoren, um große Luftmengen zu bewegen. Das ist nicht ohne Geräusch möglich – insbesondere

Abb. 14: Außeneinheit einer Luft-Wärmepumpe.

bei Außenaufstellung. Die Lärmbelästigung kann dann zu Unmut in der Nachbarschaft führen. Wände können Schall reflektieren, Hecken den Schall mindern. Oft ist es sinnvoll, eine längere Leitung zum Haus in Kauf zu nehmen. Auch gibt es Split-Anlagen: Dann enthält die Außeneinheit nur Ventilator und Verdampfer. Von dort führen dünne Kältemittelleitungen ins Haus zum Kompressor und Verflüssiger. Sie haben nur minimale Wärmeverluste der Rohrleitungen und das Kompressorgeräusch bleibt im Haus. Weil Lüftergeräusche schon zu Nachbarschaftsstreitigkeiten geführt haben, wurde diesem Thema ein besonderer Planungsleitfaden gewidmet (www.waermepumpe.de, dann Reiter „Verband", weiter „Publikationen", „Fachpublikationen", hier runterscrollen bis „4 Leitfaden Schall").

Einige Hersteller von Sole-Wasser-Wärmepumpen bieten spezielle Absorber außerhalb des Erdreichs an: als Energiezaun oder Energiewand. Die Absorberrohre werden dabei in Form eines Zaungeflechts geführt oder in eine Betonwand eingegossen. Vorteil: Sie müssen keine größeren Erdarbeiten und aufwendige Sondenbohrungen durchführen und erhalten eine Wärmequelle, die zusätzlich zur Außenlufttemperatur die darauf fallende Sonnenwärme und ein wenig die von unten kommende Erdwärme nutzen kann. Die Jahresarbeitszahl liegt zwischen Erd- und Luft-Wärmepumpenanlagen.

Fazit: Eine gut geplante und ausgeführte Luftwärme-Anlage kann prinzipiell Jahresarbeitszahlen von etwa 3 bis knapp 4 errei-

HINTERGRUND

Gasbetriebene Wärmepumpen

Es gibt Wärmepumpen, die nicht durch Strom, sondern durch Gas angetrieben werden. (Wie bei Gas-Kühlschränken aus dem Campingbereich.) Die Gasflamme betreibt einen „thermischen Verdichter" in einer Sole-Wasser-Wärmepumpe. Bei einer Gas-Wärmepumpe kommt die meiste Wärme von der Gasflamme und nur etwa 25 bis 30 Prozent zusätzlich aus der Umwelt. Für gleiche Heizleistung wird deswegen eine erheblich kleinere Erdsonde im Vergleich zur Elektro-Wärmepumpe benötigt.

HINTERGRUND

Wärmepumpen: Neues aus der Forschung

Ein besonders interessanter Feldtest wurde vom Fraunhofer-Institut ISE durchgeführt (www.wp-monitor.de, dann „Ergebnisse“). Ausgewählte Anlagen wurden über mehrere Jahre vermessen und Arbeitszahlen ermittelt. Es gab etliche Anlagen, die nicht überzeugen konnten, viele Anlagen im Mittelfeld und einige Anlagen mit Spitzenwerten auch bei Luft/Wasser-Wärmepumpenanlagen.

Das zeigt, dass Wärmepumpenanlagen kein Produkt „von der Stange“ sind, sondern gut geplant und ausgeführt und in ein passendes Heizsystem eingebaut werden müssen. Einzelne Beispielobjekte mit ihren Messdaten finden Sie auf der Seite des Bundesverbandes Wärmepumpe: www.waermepumpe.de, dann Reiter „Presse“, „Referenzobjekte“.

chen, wenn die Vorlauftemperatur niedrig ist, beispielsweise bei einer Fußbodenheizung. Der Schallschutz muss unbedingt in der Planung berücksichtigt werden.

→ TIPP Langsamer Takten

Wärmepumpen benötigen einen Speicher, um häufiges Takten (an-aus-an-aus) zu vermeiden. Das würde sonst die Lebensdauer und Effektivität der Wärmepumpe verringern. Sie benötigen den Speicher zudem, um Ausschaltzeiten des Elektrizitätsversorgers zu überbrücken, die Sie in Kauf nehmen müssen, um einen günstigeren Strompreis zu erzielen. Eine Fußbodenheizung bietet im Allgemeinen ausreichend Speichermöglichkeit. Ansonsten benötigen Sie einen zusätzlichen Pufferspeicher für die Anlage in einer Größe von 100 bis 500 Litern. Aus Komfortgründen kann auch bei einer Fußbodenheizung und einem Wärmepumpentarif mit Ausschaltzeiten ein Pufferspeicher sinnvoll sein.

Fördergelder

Neben der Bundesförderung (Näheres unter www.bafa.de, dann „Energie“, „Heizen mit erneuerbarer Energie“, „Wärmepumpen“) gibt es Förderprogramme der Länder und eventuell der Kommunen. Fragen Sie bei Ihrer Kommune nach oder schauen Sie für Landes- und Bundesförderprogramme ins Internet: www.foerderdatenbank.de.

Kosten von Wärmepumpenanlagen

Wärmepumpen für die reine Brauchwassererwärmung: Brauchwasserspeicher von etwa 250 bis 300 Liter Inhalt mit aufgesetzter Luft-Wasser-Wärmepumpe, die ihre Wärme entweder aus dem Aufstellraum gewinnt oder durch einen Schlauch und Mauerdurchbrüche aus der Außenluft. Zur Überbrückung der kältesten Tage ist ein Elektroheizstab eingebaut. Oft gibt es Anschlussmöglichkeiten für eine thermische Solaranlage. Geräuschpegel beachten. Kosten einschließlich Aufstellung 2.000 bis 3.000 €.

Heizungswärmepumpen: Für die Wärmepumpe sollten Sie 8.000 bis 12.000 € einkalkulieren. Zusätzlich Kosten für den Erdkollektor von 2.000 bis 5.000 € (Quadratmeterpreis einschließlich Erdarbeiten zwischen 10 bis 20 €) oder für die Erdsonde von 45 bis 55 € pro Meter Sondenlänge. Wenn die Anlage die Förderkriterien einhält, kann der Zuschuss enorm sein (→ Seite 80).

Erdkollektor oder Erdwärmesonde: Die Kosten hängen von der Größe ab. Neben der benötigten Heizleistung ist die Untergrundbeschaffenheit entscheidend – je feuchter, desto besser. Vereinfacht kann aus einem Quadratmeter Erdkollektor etwa 25 Watt Heizleistung bezogen werden und aus einem Meter Sondenlänge 50 Watt. Auch der in der Wärmepumpe eingesetzte Strom wird zu Wärme. Bei einer Jahresarbeitszahl von 4 müssen 75 Prozent der Wärme aus dem Erdreich kommen. Beispiel: Sie benötigen eine Heizleistung von zehn Kilowatt (kW). Dann müssen 75 Prozent, das heißt 7,5 kW, aus der Erde kommen. Beim Erdkollektor benötigen Sie mindestens eine Fläche von 7,5 kW / 0,025 kW/m² = 300 Quadratmeter: Das kostet 3.000 bis 6.000 €. Die Erdwärmesonde muss eine Länge von mindestens 7,5 kW / 0,05 kW/m = 150 Meter haben und kostet 6.700 bis 8.300 €.

CHECKLISTE

Wärmepumpen

- ☐ Welche Wärmequelle?
- ☐ Elektro- oder Gas-Wärmepumpe?
- ☐ Grundwassernutzung möglich? (Genehmigung!)
- ☐ Grundwasserqualität gut? (Möglichst kein Mangan oder Eisen.)
- ☐ Ergiebigkeit des Brunnens ausreichend?
- ☐ Hocheffiziente Grundwasserpumpe einbauen und möglichst kleiner Strömungswiderstand durch ausreichend dimensionierte Leitungen.
- ☐ Bei Luft-Wasser-Wärmepumpe: Kann der Standort zu Lärmbelästigung führen? Bei dem Beispiel mit 10 kW Heizleistung müssen mehr als 5.000 Kubikmeter Luft pro Stunde durch die Außeneinheit gepustet werden!

Fortsetzung Checkliste, Seite 83 →

„Wichtig ist eine gute Planung und Ausführung der Wärmepumpenanlage."

SVEN KERSTEN leitet den Wärmepumpen-Marktplatz NRW der EnergieAgentur.NRW und befasst sich seit über zehn Jahren intensiv mit dem Thema Wärmepumpen. Als Bauingenieur interessiert er sich besonders für die Energiekonzepte alter Gebäude und kombiniert gerne Wärmepumpen mit Photovoltaikanlagen und Stromspeichern.

Sollte in jedes Haus eine Wärmepumpe eingebaut werden?

SVEN KERSTEN: Die Frage stellt sich eher anders, *kann* in jedes Haus eine Wärmepumpe eingebaut werden? Hierbei ist es wichtig, den Wärmebedarf, die Größe der Heizflächen und die Vorlauftemperatur zu berücksichtigen. Gegebenenfalls müssen die Heizflächen vergrößert werden, sodass man mit Vorlauftemperaturen von 50 Grad und weniger das Gebäude warm bekommt. Wenn nichts verändert werden kann und höhere Vorlauftemperaturen benötigt werden, sollte besser eine Holzpelletheizung eingebaut werden.

Wie kann der durch Wärmepumpen hervorgerufene winterliche Spitzenstrombedarf klimafreundlich gedeckt werden?

Wärmepumpen werden bereits jetzt durch den Netzbetreiber gesteuert, damit es nicht zu diesen Spitzenlasten kommt. Zukünftig werden Wärmepumpen netzdienlich gesteuert: Bei einem Stromüberangebot nutzen sie diesen Strom vermehrt und bei zu wenig Strom werden sie abgeschaltet. Das ist im Zusammenhang mit dem zunehmenden Anteil an erneuerbarem Strom ein großer Vorteil von Wärmepumpen. Zusätzlich gibt es mittlerweile auch einige Ökostromanbieter, die Wärmepumpenstrom anbieten. Das verbessert die Klimabilanz der Wärmepumpe.

Worauf sollte man beim Einbau einer neuen Wärmepumpe vor allem achten?

Wichtig ist eine gute Planung und Ausführung der Wärmepumpenanlage durch eine erfahrene Fachfirma. Weitere Punkte, zur Erhöhung der Effizienz (JAZ) einer Wärmepumpenanlage: Wärmequelle möglichst groß auslegen, Wärmepumpe eher klein auslegen, hydraulische Einbindung optimieren, Heizflächen hydraulisch abgleichen, Heizkurven und damit die Vorlauftemperaturen an den wirklichen Wärmebedarf anpassen. Viele Fußboden- oder Wandheizungen können auch mit 30 Grad Vorlauftemperatur betrieben werden, Nachtabsenkung macht bei Niedertemperaturheizsystemen nur selten Sinn.

CHECKLISTE
(FORTSETZUNG VON SEITE 81)

Wärmepumpen

- ☐ Split-Anlage (→ Seite 79)?
- ☐ Zweiter Wärmeerzeuger nötig? Kann dafür der vorhandene Heizkessel weiterbetrieben werden?
- ☐ Energiezaun/Energiewand möglich?
- ☐ Erdkollektor oder Erdsonde ausreichend dimensionieren.
- ☐ Prüfen, ob Sonden gebohrt werden können (Platz, Zugang? – Circa 10 bis 20 m Sonde je kW).
- ☐ Standort geologisch geeignet?
- ☐ Prüfen, ob die Vorlauftemperatur der Heizung niedrig genug ist (max. 55 Grad Celsius für effektive Anlagen besser nur 35 Grad Celsius.
- ☐ Größere Heizkörper einbauen – spezielle Niedertemperatur-Heizkörper einbauen.
- ☐ Ohne Fußbodenheizung und bei Wärmepumpentarif mit Abschaltzeiten sollte ein Pufferspeicher eingebaut werden.
- ☐ Hydraulischer Abgleich der Heizung
- ☐ Zuerst das Haus richtig dämmen, dann reicht eine kleinere (günstigere!) Wärmepumpenanlage.
- ☐ Wärmemengenzähler und Stromzähler einbauen (Ermittlung der Jahresarbeitszahl)
- ☐ Bei modernen Wärmepumpen kann die Jahresarbeitszahl im Display angezeigt werden. Im Internet gibt es Verbrauchsdatenbanken. So können Sie die Güte Ihrer Anlage mit anderen vergleichen.
- ☐ Bei der Angebotsanfrage nach dem Herstellerservice fragen. Namhafte Hersteller nehmen die Anlage per Fernwartung unter ihre Fittiche.
- ☐ Auf SG-Ready Label achten (→ Seite 119).
- ☐ Anlage aus einer Hand durch Generalunternehmer. Der Anlagenbauer sollte eine Jahresarbeitszahl (JAZ) schriftlich zusichern: für Heizung und Warmwasser mindestens 3,3 (Luft-Wasser) bzw. 3,8 (Sole-Wasser), nur für Heizung: mindestens 3,5 (Luft-Wasser) bzw. 4,0 (Sole-Wasser)
- ☐ EHPA-Label vorhanden? Näheres unter www.waermepumpe.de
- ☐ Gibt es Fördermöglichkeiten? Wann muss der Antrag gestellt werden? Was sind die Förderbedingungen?
- ☐ Wärmepumpe mit Inverter-Technik?
- ☐ Soll die Anlage auch kühlen?
- ☐ Kombination mit Lüftungsanlage möglich?
- ☐ Heizstab gegen ungewolltes Einschalten verriegeln. Bei sorgfältiger Planung darf der Heizstab nicht mehr als 4 Prozent der Jahresheizarbeit übernehmen.
- ☐ Ab und zu Wärmemengenzähler und Stromzähler ablesen, Arbeitszahl errechnen und mit Projektdaten vergleichen. Bei Abweichung Installationsfirma/Generalunternehmer ansprechen.

HINTERGRUND

Kalte Nahwärme

Nahwärmenetze werden üblicherweise mit hoher Temperatur gefahren, was zu erheblichen Netzverlusten führen kann (→ Seite 66). Auch die Wärmequellen für diese Netze müssen dann auf hoher Temperatur arbeiten. Es gibt jedoch zahlreiche Wärmequellen, die besonders effizient nur geringe Temperaturen von beispielsweise 30 Grad liefern können, sei es industrielle Abwärme, seien es Solarkollektoranlagen. Ein Netz, das auf einem solchen Temperaturniveau arbeitet, wird kalte Nahwärme genannt.

Mit diesen Temperaturen können Wärmeübergabestationen (→ Seite 67) zwar nicht betrieben werden. Solch ein Netz liefert jedoch ideale Bedingungen für den Betrieb von Wärmepumpen, die bei dieser Wärmequelle sehr hohe Jahresarbeitszahlen (JAZ, → Seite 74) erreichen können. Das Wärmenetz selber ist kostengünstiger als ein übliches Fernwärmenetz mit erheblich weniger Wärmeverlusten. Beispielsweise in Schleswig wird ein Baugebiet mit kalter Nahwärme versorgt, hier aus einem großen Erdkollektor. Die Stadtwerke bieten ein Komplettpaket mit Wärmepumpe und Wartung an (www.schleswiger-stadtwerke.de, weiter „Produkte“, „kalteNAHWÄRME“)

Bei kalter Nahwärme fallen verglichen mit Fernwärmenetzen hohe Stromkosten für die Quellenpumpen an, bezogen auf die übertragene Wärme. Interessante Quartierslösungen arbeiten mit ungedämmten Rohrleitungen, über die Wärme aus dem Erdreich gesammelt wird in Verbindung mit Solarabsorbern auf den Dächern.

Fragen Sie bei Ihrer Gemeinde oder Ihrem Stadtwerk nach, ob für Ihr Baugebiet eine kalte Nahwärmeversorgung geplant ist (→ Seite 168). Prüfen Sie aber Alternativen, beispielsweise eine eigene Wärmepumpenanlage, mit einer Vollkostenrechnung, d.h. mit allen Kapital-, Verbrauchs- und Betriebskosten, bevor Sie einen Vertrag unterschreiben. Lassen Sie sich gegebenenfalls bei der Verbraucherzentrale beraten (www.verbraucherzentrale-energieberatung.de).

Wahrscheinlich ist es hier sinnvoll, 2 Sonden zu bohren, da tiefere Sonden als 100 Meter nach Bergrecht genehmigt werden und ein aufwendigeres Bohrgerät nötig ist. Ob eine oder mehrere Sonden sinnvoller sind, muss von Fall zu Fall entschieden werden.

Gas-Wärmepumpen: Rechnen Sie für die Wärmepumpe mit Kosten von rund 11.000 bis 17.000 €. Die Sondenkosten sind viel niedriger, weil geringere Längen ausreichen. Beispiel: Bei der zuvor genannten Anlage mit zehn Kilowatt Heizleistung genügt eine Sonde von circa 60 Meter Länge. Anlagenkosten komplett mit Erdsonde: rund 14.000 bis 20.000 €. Sie können eine Bundesförderung beantragen, die circa 6.600 € Zuschuss bringt. Letztendlich lägen Ihre Ausgaben bei etwa 7.400 bis 13.400 €.

Warmwasserbereitung

Heute ist es selbstverständlich, immer warmes Wasser zu haben. Doch das hat seinen Preis. Wer wenig(er) verbraucht, kann kräftig sparen. Manche Haushalte erwärmen ihr Wasser mit einem Durchlauferhitzer. Sie auch? Wenn Sie dabei ein älteres, hydraulisches Modell benutzen, kommen für einen Vierpersonenhaushalt unter Umständen bis zu 3.300 kWh Strom im Jahr zusammen – allein für das Warmwasser. Dafür können Sie etwa 950 € veranschlagen. Legen Sie zusätzlich noch die durchschnittlichen Preise für Wasser und Abwasser zugrunde, summieren sich die Gesamtkosten für warmes Wasser auf 1.300 €. Allerdings unterscheiden sich die Preise je nach Wohnort erheblich, sodass die Kosten noch höher liegen können.

Günstiger als mit einem Durchlauferhitzer ist es für Sie, wenn Sie auf eine neuere Gasheizung mit Brennwerttechnik und Warmwasserspeicher setzen. Ihre Gesamtkosten liegen bei gleichem Warmwasserverbrauch bei nur etwa 630 € im Jahr – einfach weil Gas nicht so teuer ist wie Strom. Obwohl der Endenergieverbrauch durch Verluste im Speicher und bei der Verteilung im Haus auf rund 4.500 kWh jährlich steigt, wird die Umwelt durch die Gasheizung weniger belastet. Denn bei der Produktion von Strom entstehen in Großkraftwerken noch viel höhere Verluste. Außerdem wird viel Kohlendioxid ausgestoßen, weil der Strom noch zu großen Teilen aus Kohle- und Gaskraftwerken stammt.

Die eingangs genannten Werte zum jährlichen Energieverbrauch ergeben sich aus dem Warmwasserverbrauch einer vierköpfigen Familie. Für alle Berechnungen gelten folgende Annahmen: Jedes Familienmitglied nutzt eine herkömmliche Dusche an 260 Tagen im Jahr, also an fünf Tagen in der Woche, für jeweils acht Minuten. Schon bei diesen Annahmen stellen sich die ersten Fragen nach Einsparmöglichkeiten: Muss die Dusche wirklich acht Minuten laufen? Welche Möglichkeiten gibt es, beim Duschen weniger Wasser zu verbrauchen? Dazu später mehr.

→ **TIPP Ist Baden etwa sparsamer?**
Eine übliche Badewanne fasst circa 150 Liter Wasser. Ein normaler Duschkopf hat einen Durchfluss (man spricht auch von **Schüttmenge**) von zehn Litern pro Minute. Läuft eine solche Dusche zehn Minuten lang voll aufgedreht, verbrauchen Sie für einmal Duschen 100 Liter Wasser. Sie können also wählen, ob Sie mit der gleichen Menge Warmwasser lieber zweimal baden oder dreimal duschen möchten. Wer Warmwasser sparen möchte, für den gilt: Besser Duschen als Baden!

HINTERGRUND

Den Verbrauch im Blick

Es gibt Messgeräte, sogenannte Smart Shower Meter, die zwischen den Duschschlauch und die Duscharmatur geschraubt werden. Damit sehen Sie sofort, wie viel Wasser Sie verbrauchen. Manche Geräte zeigen sogar den Energieverbrauch an. Dank dieser sofortigen Rückmeldung können Sie Ihr Duschverhalten optimieren und den Warmwasserverbrauch entscheidend verringern.

Duschköpfe und Armaturen

Ein wesentlicher Faktor für Ihren Verbrauch an Warmwasser ist die Durchflussmenge, die je nach den verwendeten Duschköpfen und Armaturen variiert. Es lohnt sich also, unwirtschaftliches Zubehör gegen sparsamere Varianten auszutauschen.

Es gibt ein großes Sortiment an Duschköpfen auf dem Markt – von **Spar- über Normal- bis zu Regenduschen**. Für Ihren Geldbeutel und die Umwelt ist entscheidend, wie viel Wasser pro Minute durch den Duschkopf fließen kann (Schüttmenge).

Für Ihren aktuellen Duschkopf können Sie die Schüttmenge durch das „Auslitern" ermitteln (→ Tipp Seite 87). Normale Duschköpfe haben eine Schüttmenge von etwa neun bis zwölf Litern pro Minute. Duschköpfe, die weniger als neun Liter pro Minute verbrauchen, sind also sparsam. Ein Durchfluss von mehr als zwölf Litern ist unverhältnismäßig hoch. Bei großen Regenduschen können sogar mehr als 20 Liter pro Minute fließen, wenn die Rohrinstallation das zulässt. Das heißt, dass eine übliche Badewanne bei einer Zehn-Minuten-Dusche überlaufen würde. Dann gilt der Tipp „Duschen statt Baden" natürlich nicht mehr! Wenn das Auslitern Ihres Duschkopfs eine Schüttmenge von mehr als neun Litern pro Minute ergeben hat, sollten Sie sich einen Sparduschkopf anschaffen. Vor Komfortverlust brauchen Sie dabei keine Angst zu haben: Viele Sparduschen erreichen trotz der geringeren Wassermenge einen angenehmen, vollen Wasserstrahl, indem sie Luft untermischen. Sparduschköpfe gibt es ab etwa 20 €.

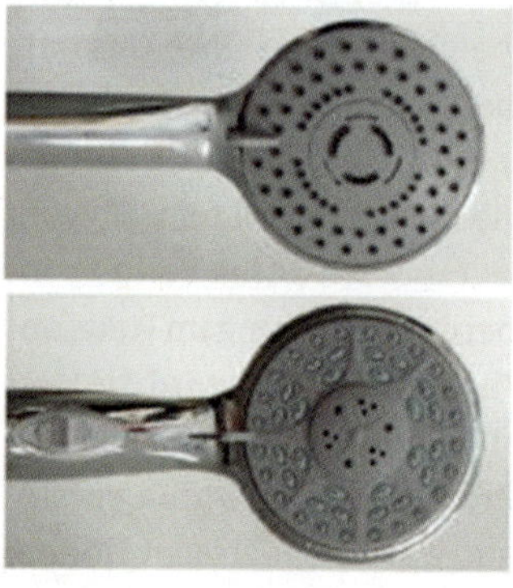

Abb. 15: Duschköpfe.

→ TIPP Auslitern

Nehmen Sie einen zehn Liter fassenden Putzeimer und eine Stoppuhr, Ihr Smartphone oder eine Uhr mit Sekundenzeiger. Halten Sie Ihren Duschkopf in den Eimer und stellen Sie die Duscharmatur so ein, wie Sie es normalerweise zum Duschen tun. Dann messen Sie die Zeit, bis der Eimer mit zehn Litern gefüllt ist. In der Regel gibt es dafür eine Markierung im Eimer.
Beispiel: Der Eimer ist in 75 Sekunden mit 10 Litern gefüllt. Durchfluss durch den Duschkopf (Schüttmenge):
10 Liter x 60 Sekunden pro Minute /
75 Sekunden = 8 Liter pro Minute

Beispiel: Eine Familie plant, ihren alten Duschkopf, der 10 Liter pro Minute verbraucht, durch einen Sparduschkopf mit einer Schüttmenge von sechs Litern pro Minute zu ersetzen.

Die vier Familienmitglieder duschen im Schnitt jeweils fünfmal die Woche für ungefähr acht Minuten und benutzen dabei einen elektronischen Durchlauferhitzer. Aktuell betragen Ihre jährlichen Duschkosten knapp 1.200 €. Mit dem neuen Duschkopf sinken die Kosten auf etwa 700 €, also um etwa 40 Prozent! Damit hat die Familie die Investition in einen neuen Duschkopf in etwa einem Monat eingespart.

HINTERGRUND

Auswahl eines Sparduschkopfes

Begriffe wie „eco" oder „sparsam" in der Beschreibung eines Duschkopfs sind nicht geschützt und deshalb kein Beleg für wirkliche Sparsamkeit. Achten Sie beim Kauf lieber darauf, dass eine konkrete, geringe Schüttmenge in Litern pro Minute angegeben ist.

Sparduschköpfe funktionieren mit fast allen Warmwassersystemen ohne Einschränkung. Einzige Ausnahme: Hydraulische Durchlauferhitzer. Diese Geräte benötigen einen Mindestdurchfluss, um zu funktionieren.

Die Anschlüsse sind in Deutschland genormt – jeder Duschkopf wird an Ihren Duschschlauch passen.
Hinweise für die Auswahl eines sparsamen und ökologisch vorteilhaften Duschkopfs finden Sie auch bei „ecotopten", einer Internet-Plattform für ökologische Produkte (www.ecotopten.de/kleine-haushaltsgeraete/duschbrausen).

Die Nachbarn wohnen in einem Haus mit Gas-Brennwertheizung. Die ebenfalls vierköpfige Familie will das gleiche Duschkopfmodell durch eine Regendusche mit einer

Schüttmenge von 18 Liter Wasser pro Minute ersetzen. Ihre Duschgewohnheiten sind genauso wie im ersten Beispiel. Aber der Umstieg auf die Regendusche wird sie zusätzlich zur Installation jährlich etwa 500 € mehr kosten.

→ **TIPP Duschkopf entkalken**
Nicht immer muss es gleich ein neuer Duschkopf sein. Wenn Ihr alter eigentlich recht sparsam ist, aber nicht mehr gut funktioniert, hilft es manchmal schon, ihn zu entkalken. Die meisten modernen Duschköpfe haben Düsen aus flexiblem Material. Hier lässt sich das Entkalken ganz einfach von Hand durchführen.

Sie können Ihren Wasserverbrauch nicht nur durch einen Sparduschkopf, sondern auch durch wassersparende Armaturen (Wasserhähne, Mischbatterien) verringern. Am einfachsten funktioniert das bei einem Wasserhahn mit Mischdüse, die im Handel unter dem Namen „Perlator" erhältlich ist. Die Mischdüse, die auch als Strahlregler bezeichnet wird, ist das untere Teil am Wasserhahn, bei dem das Wasser durch einen Siebeinsatz läuft. Um Wasser zu sparen, ersetzen Sie die alte Mischdüse durch einen **Spar-Strahlregler**. Der begrenzt den Durchfluss und mischt dem verringerten Wasserstrahl Luft bei, sodass weniger Wasser austritt, aber trotzdem der volle Strahl erhalten bleibt.

Abb. 16: Spar-Strahlregler-Einsatz.

→ **TIPP Strahlregler austauschen**
Schrauben Sie den alten Strahlregler einfach ab und ersetzen Sie ihn durch einen neuen – wenn dieser auch optisch zur alten Armatur passt. Ansonsten können Sie auch nur den alten Siebeinsatz durch den eines Spar-Modells ersetzen. Ein Spar-Strahlregler kostet nur wenige Euro und senkt den Verbrauch am Wasserhahn um bis zu 30 Prozent.

Es gibt verschiedene Arten von Armaturen mit Vor- und Nachteilen:

Zweigriff-Armatur: Es gibt einen Griff für kaltes und einen für warmes Wasser. Wie warm das Wasser ist und wie kräftig es durch den Hahn fließt, bestimmen Sie, indem Sie die beiden Griffe einstellen. Das müssen Sie jedes Mal aufs Neue tun, nachdem Sie das

Abb. 17: Zweigriff-Armatur.

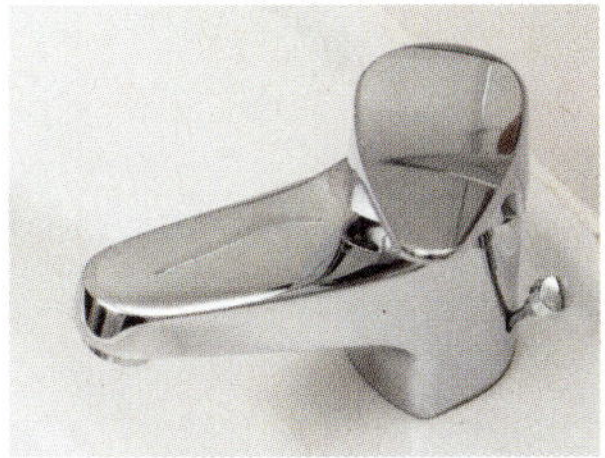

Abb. 18: Einhebelmischer.

Abb. 19: Thermostatischer Mischer.

Wasser abgestellt haben. Der Nachteil: Es dauert meistens eine Weile, bis Sie die richtige Einstellung gefunden haben, und so läuft das Wasser länger.

Einhebelmischer: Das Mischungsverhältnis zwischen kalt und warm und damit die Auslauftemperatur legen Sie durch die seitliche Hebelstellung fest. Durch die Auf- und Ab-Bewegung des Hebels regeln Sie den Wasserdurchlauf. Der Vorteil: Die eingestellte Temperatur ist bei jedem Einsatz sofort wieder verfügbar.

Thermostatischer Mischer: Sie können exakt wählen, welche Temperatur das Wasser haben soll. Auch steht Ihnen die eingestellte Temperatur jedes Mal direkt wieder zur Verfügung.

→ TIPP Die goldene Mitte?

Haben Sie am Waschbecken einen Einhebelmischer? Steht der bei Ihnen auch immer in der Mittelstellung? Damit sind Sie nicht allein. Aber diese Position ist ungünstig. Besser wäre es, Sie würden den Einhebelmischer immer in die „kalt"-Position schwenken. Denn so bekommen Sie nur noch dann warmes Wasser, wenn Sie es wirklich wünschen. Inzwischen haben einige Hersteller auf die Gewohnheiten der Verbraucher reagiert und bieten Waschtischarmaturen an, bei denen in der beliebten Mittelstellung nur kaltes Wasser kommt. Achten Sie beim Neukauf auf diese Funktion.

Es gibt auch Armaturen mit eingebauten Durchflussbegrenzern. Bei manchen Modellen lässt sich der Durchfluss sogar per Tastendruck verringern.

HINTERGRUND

Achtung bei Durchlauferhitzern

Einhebelmischer und thermostatische Mischbatterien erleichtern es Ihnen, die Duschzeit und damit den Wasserverbrauch ohne Komforteinbußen zu verringern. Aber Achtung: Armaturen mit Durchflussbegrenzern sind ebenso wie Einhebelmischer und thermostatische Mischbatterien sowie Sparduschköpfe für hydraulische Durchlauferhitzer häufig nicht geeignet, da das Wasser bei zu geringem Durchfluss kalt bleibt. Weil dadurch viele Sparmöglichkeiten eingeschränkt sind, wäre es am sinnvollsten, den hydraulischen gegen einen elektronischen Durchlauferhitzer auszutauschen.

BEISPIEL

Eine Familie möchte Ihre Zweigriff-Armatur an der Dusche durch einen thermostatischen Mischer ersetzen und ihren alten 10-Liter-Duschkopf behalten. Weil künftig die Zeit zum Einstellen der richtigen Temperatur entfällt, kann die Familie ihre Duschzeiten um etwa eine Minute verkürzen und spart gut 145 € jährlich.

Kosten der Warmwasserbereitung

Sie wissen nun, wie Sie Ihren eigenen Warmwasserverbrauch senken können. Wie viel Sie am Ende bezahlen, hängt von der Schüttmenge des Duschkopfes sowie der Armaturen und der Zahl der Personen im Haushalt ab. Ebenso von den Gewohnheiten: Wie oft und wie lange duscht jeder? Wenn sich eine dieser Größen halbiert, so halbieren sich auch die Kosten. Zusätzlich bestimmen die Wassertemperatur und das System, mit dem Sie das Wasser erwärmen, Ihre Rechnung. Und natürlich spielen auch die Preise für Energie, Wasser und Abwasser eine Rolle.

Nicht alles lässt sich von Ihnen steuern, aber bestimmt gibt es mehrere Stellschrauben, an denen Sie drehen können. Versuchen Sie es!

→ **TIPP Online-Rechner**

Unter www.verbraucherzentrale.nrw/duschrechner finden Sie ein Online-Tool, das bei der Berechnung Ihrer Duschkosten hilft. Dort können Sie auch ausprobieren, wie viel Sie zum Beispiel durch kürzeres Duschen oder eine geringere Schüttmenge sparen würden.

Dezentrale Wassererwärmung

Bei einem dezentralen Wassersystem wird das Wasser unmittelbar an den einzelnen Zapfstellen erwärmt – zumeist mit **Durchlauferhitzern**.

Durchlauferhitzer erwärmen das Wasser erst, sobald ein Wasserhahn geöffnet wird. Deshalb entstehen keine Verluste durch eine Speicherung. Weil das warme Wasser zudem nur durch kurze Rohrleitungen fließen muss, gibt es kaum Verteilungsverluste. Diese Geräte sind oft vorhanden, wenn die Zapfstellen, also Waschbecken, Dusche & Co., weit auseinanderliegen. Für eine zukunftsweisende Hausinstallation mit Nutzung erneuerbarer Energien sind sie ungeeignet. Ihre Anschlussleistung liegt so hoch, dass diese nur durch das Stromnetz bedient werden kann.

Es gibt nur noch selten Durchlauferhitzer, die mit Gas beheizt werden. Häufiger übernehmen Etagenheizungen diese Rolle. Sie funktionieren im Prinzip wie Durchlauferhitzer. Die Erwärmung mit Gas ist deutlich günstiger als mit Strom.

→ **TIPP Wechseln Sie den Anbieter**
Prüfen Sie, ob es sich für Sie lohnt, den Strom- oder Gasanbieter zu wechseln. Sparen können Sie vor allem, wenn Sie noch in der teuren Grundversorgung sind, also keinen besonderen Tarif vereinbart haben. Dann können Sie auch sehr kurzfristig wechseln.
Tipps zum Anbieterwechsel finden Sie unter: www.verbraucherzentrale.nrw/wechsel-des-energieversorgers

Speicherverluste entstehen, wenn Sie an Spüle oder Waschbecken ein **Untertischgerät** (Kleinspeicher) betreiben. Solange es eingeschaltet ist, hält es das gespeicherte Wasser auf der eingestellten Temperatur. Das Gerät gibt – abhängig von der Qualität der Wärmedämmung – mehr oder weniger Wärme an die Umgebung ab. Deshalb muss es das Wasser immer wieder nachheizen.

→ **TIPP Mini-Durchlauferhitzer**
Sämtliche Speicherverluste vermeiden Sie, wenn Sie den Kleinspeicher durch einen Mini-Durchlauferhitzer ersetzen, den Sie an eine normale Steckdose anschließen können. Dieser funktioniert ähnlich wie die größeren Varianten und erwärmt das Wasser nur bei Bedarf.
Ein solches Gerät könnte auch von einer Photovoltaikanlage versorgt werden.

Zentrale Wassererwärmung

Werden im ganzen Haus alle Zapfstellen von einer Stelle mit Warmwasser versorgt? Dann haben Sie eine zentrale Wassererwärmung. In der Regel benötigen Sie nur ein Gerät zur Raumheizung und für Warmwasser. Ein weiterer Vorteil ist, dass sich neue Einsparmöglichkeiten durch Kombinationen mit erneuerbaren Energieträgern ergeben. Ein Durchlauferhitzer ist bei einer zentralen Wassererwärmung ungeeignet. Hier kommen nur Systeme mit einem **Speicher** oder mit sogenannten **Frischwasserstationen** in Frage.

HINTERGRUND

Gut zu wissen

Eine Frischwasserstation (→ Seite 97) funktioniert ähnlich wie ein Durchlauferhitzer, bezieht die Wärme aber aus einem zentralen Heizwärmespeicher im Haus. Sie erwärmt das Trinkwasser über einen Plattenwärmetauscher, ohne es zu speichern.

Abb. 20: Zirkulationspumpe.

Wenn es längere Leitungen zu den Zapfstellen gibt, kann es auch länger dauern, bis dort warmes Wasser ankommt. Deswegen gibt es oft eine **Warmwasserzirkulation**. Sie sorgt dafür, dass das warme Wasser sofort zur Verfügung steht. Allerdings erhöht sich dadurch auch der Energieaufwand, denn in den Rohrleitungen entstehen Wärmeverluste und eine Zirkulationspumpe benötigt zusätzlichen Strom. Ohne Pumpe zirkuliert das warme Wasser durch die Schwerkraft. Eine solche Schwerkraftzirkulation benötigt zwar keinen Strom, läuft allerdings rund um die Uhr. Entsprechend hoch sind die Wärmeverluste. Hier sollten Sie unbedingt eine zeitgesteuerte Pumpe nachrüsten lassen. Diese Investition von 100 bis 300 € erwirtschaftet sich in weniger als drei Jahren.

→ TIPP Aus-Zeit für die Pumpe

Stimmen Sie die Zirkulationszeiten auf Ihre Gewohnheiten ab. Wenn alle schlafen oder niemand zu Hause ist, kann die Pumpe abgestellt sein. Das spart Wärmeverluste und Strom. Manchmal gibt es dafür an der Heizung selbst einen Einstellknopf. Oder Sie können den Betrieb über eine Zeitschaltuhr regeln. Diese kann in der Heizungssteuerung oder in der Pumpe integriert sein. Auch eine Fernsteuerung von der Zapfstelle aus ist möglich. Inzwischen gibt es sogar „selbst lernende“ Pumpen, die sich auf Ihren Bedarf einstellen. Eine Nachrüstung kann sich lohnen.

Die meisten zentralen Warmwassersysteme haben einen **Speicher**, der das Wasser warmhält. Er verliert Wärme an die Umgebung, und zwar umso mehr, je höher die Temperatur und je schlechter er gedämmt ist. Neue Speicher müssen seit Ende September 2017 der EU-Ökodesign-Richtlinie entsprechen und damit erheblich geringere Warmhalteverluste nachweisen als ältere Geräte. Durch die neuen Vorgaben kann der Energieverbrauch um mehrere Hundert kWh pro Jahr sinken.

Bei der Speichertemperatur können Sie nicht ganz frei entscheiden: Haben Sie bis maximal 400 Liter Warmwasser gespeichert und nicht zu lange Rohrleitungen, müssen Sie die Temperatur des Speichers auf mindestens 55 Grad halten. Das hat hygienische Gründe und dient dem Schutz vor gesundheitsgefährdenden Bakterien, den Legionellen (→ Seite 97). Die zulässige Rohrlänge ergibt sich aus der Trinkwasserverordnung. Die verlangt außerdem bei größeren Systemen, dass Sie die Temperatur in regelmäßigen Abständen auf über 60 Grad erhöhen. Legionellen können Sie auch vermeiden, indem Sie zwar die Wärme zentral speichern, nicht aber be-

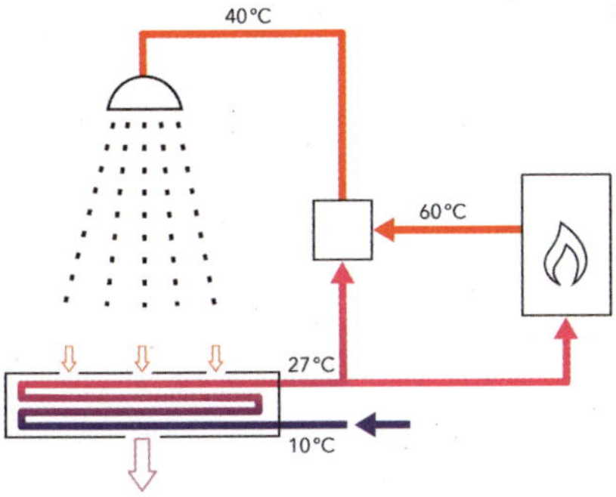

Abb. 21: Wärmerückgewinnung aus dem Duschwasser.

reits erwärmtes Trinkwasser. Das geht mit Frischwasserstationen (→ Seite 97).

→ TIPP Durchheizen unnötig

Stellen Sie die Heizzeiten des Warmwasserspeichers passend für sich ein. Oft geht das an der Heizungsregelung. Es ist sinnvoll, den Speicher nur dann nachzuheizen, wenn Sie das Warmwasser benötigen. Nachts und in Zeiten regelmäßiger Abwesenheit können Sie die Nachheizung blockieren. Damit verhindern Sie, dass der Wärmeerzeuger ständig ein- und ausschaltet.

Auch ein Holz- oder Holzpellet-Kessel, eine Wärmepumpe oder ein Blockheizkraftwerk kommen als Wärmequellen für Wärmetauscher im Speicher infrage (→ Seite 51, 72 und 59).

Im Sommer bietet es sich an, den Heizkessel in den Urlaub zu schicken und mit der Sonne eine weitere Wärmequelle anzuzapfen (→ Seite 94). Eine zweite Möglichkeit ist es, Sonnenstrom aus einer Photovoltaikanlage für die Beheizung von Warmwasserspeichern einzusetzen (→ Seite 104).

HINTERGRUND

Energie zurückgewinnen

Im warmen Duschwasser steckt viel Energie. Da liegt es nahe, diese Energie teilweise zurückzugewinnen. Es gibt für diesen Zweck spezielle Wärmetauscher, um die Wärme des Duschabwassers auf das zu erwärmende Kaltwasser zu übertragen. So können Sie rund die Hälfte der Kosten für das Duschwasser einsparen (→ Abbildung 21).

Fragen Sie bei einem Fachbetrieb, ob bei Ihrer Anlage die Nachrüstung einer Wärmerückgewinnung möglich ist. Die Installation ist vor allem dann sinnvoll, wenn Sie ohnehin Maßnahmen im Bad oder bei der Wassererwärmung planen.

Kosten von Warmwasseranlagen

Elektronischer Durchlauferhitzer:
280 bis 500 €
Mini-Durchlauferhitzer:
100 bis 250 €
Warmwasserspeicher mit 100 bis 200 Liter:
500 bis 1.500 €
Warmwasserwärmerückgewinnung:
1.000 bis 2.000 €

Thermische Solaranlagen

Viele Häuser verfügen mittlerweile über Solaranlagen. Es gibt zwei grundsätzlich unterschiedliche Anlagentypen:

→ **Photovoltaik mit Modulen** (→ Seite 104) auf dem Dach, die Strom erzeugen (auch Solarstromanlage genannt, Abb. 22 links) und
→ **Solarkollektoranlagen**, thermische Solaranlagen mit Solarkollektoren auf dem Dach, die aus der Sonnenstrahlung Wärme gewinnen (→ Abb. 22 rechts).

Während es bei der Photovoltaik einen regelrechten Boom gegeben hat, der zu ständig fallenden Investitionskosten führte, dümpelt die Zuwachsrate bei thermischen Solaranlagen, und die Kosten sind über die Jahre weitgehend konstant geblieben. Es scheint schicker zu sein, eigener Stromproduzent zu werden, als bei der Heizenergie einzusparen. Dabei ist gerade die Wärmegewinnung aus Sonne ein guter Weg, den Wärmebedarf für Warmwasser und eventuell Heizung zu decken. Das Problem bei der solaren Heizung: Im Winter scheint kaum Sonne und es muss trotzdem geheizt werden. Im Sommer ist reichlich Sonne vorhanden, aber nur ein geringer Wärmebedarf. Es ist denkbar, die Überschusswärme des Sommers mit Großspeichern für den Winter aufzubewahren. Benötigt werden dann Speicher in der Größe eines Kellerraumes. Dieses Konzept liegt sogenannten **Sonnenhäusern** zugrunde (www.sonnenhaus-institut.de). Ein sehr großer Solarkollektor auf dem Dach ist mit einem Großspeicher verbunden (→ Seite 111).

Weit verbreitet sind kleine Solaranlagen für die **Brauchwassererwärmung**, denn der Bedarf für Warmwasser ist sommers wie winters annähernd gleich. Die Anlage wird so groß ausgewählt, dass der Bedarf in der Übergangszeit gerade gedeckt wird. Im Sommer gibt es dann einen ungenutzten Überschuss, während im Winter zugeheizt werden muss (Abb. 23).

Zentraler Baustein ist auch bei dieser Anlage ein **Warmwasserspeicher**; denn in der Dunkelheit wollen Sie trotzdem duschen. Der Speicher wird von zwei Quellen beheizt: Ein

Abb. 22: Photovoltaikanlage (links) und Solarkollektoranlage (rechts).

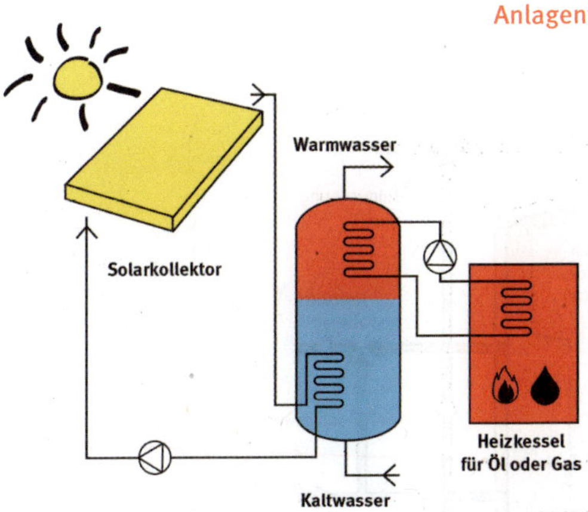

Abb. 23: Schema einer Brauchwassersolaranlage; Spiralen = Wärmetauscher.

Wärmetauscher ganz unten ist mit den Kollektoren verbunden. Im Solarkreis (Kollektoren mit Wärmetauscher und Verbindungsrohren) befindet sich ein Frostschutzmittel, damit in kalten Winternächten der Kollektor nicht einfriert. Deswegen muss der Solarkreis vom Brauchwasser über einen Wärmetauscher getrennt werden. (Spezielle Anlagetechniken können auf Frostschutzmittel verzichten → Seite 98.) Bei ausreichender Sonnenstrahlung schaltet die Regelung die Solarkreispumpe ein und warmes Wasser aus den Kollektoren heizt den Speicher über diesen Wärmetauscher. Das Warmwasser kann direkt oben aus dem Speicher entnommen werden und Kaltwasser strömt unten nach. Ohne ausreichende Sonnenstrahlung kühlt der Speicher ab. Dann springt der Heizkessel an und erwärmt den oberen Teil des Speichers (Bereitschaftsteil). Eine solche Anlage braucht keine großen Kollektoren, für die sich meist ein sonniges Plätzchen findet. Günstig ist eine möglichst unverschattete Ausrichtung nach Süden (→ Seite 105). Thermische Solaranlagen reagieren im Gegensatz zur Photovoltaikanlage weniger auf Schatten. So verursacht ein kleiner wandernder Schornsteinschatten keine große Ertragseinbuße. Ausrichtungen zwischen Südost und Südwest mit Neigungen zwischen 30 und 60 Grad haben nahezu denselben Ertrag.

Der Warmwasserspeicher sollte etwa den doppelten Tages-Warmwasserbedarf decken. Günstig wäre es, diesen zu prüfen (→ Tipp). Pro 50 Liter Speichervolumen wird etwa ein Quadratmeter Kollektorfläche benötigt. Im Beispiel: 250- bis 300-Liter-Speicher mit fünf bis sechs Quadratmeter Kollektorfläche. Genauere Auslegungen durch Ihren Installateur oder einen Energieberater (www.verbraucherzentrale-energieberatung.de).

→ **TIPP Warmwasserbedarf bestimmen**

Teilen Sie Ihren jährlichen Kaltwasserverbrauch (in Kubikmetern (m^3) pro Jahr) durch 365 Tage und nehmen das Ergebnis mal 1.000. Ihr täglicher Warmwasserverbrauch ist davon annähernd 30 Prozent. Beispiel: Ein 4-Personen-Haushalt verbraucht jährlich 150 m^3 Wasser. Der Kaltwasserverbrauch ist 411 Liter pro Tag (1.000 l/m^3 x 150 m^3 / 365 Tage). Warmwasserverbrauch sind 123 Liter pro Tag (411 l/d x 30 / 100). Pro Person 31 Liter täglich (123 l/d / 4 Personen). Bundesdurchschnitt pro Person täglich zwischen 30 und 50 Liter. Aber auch bis zu 100 Liter sind nicht ungewöhnlich.

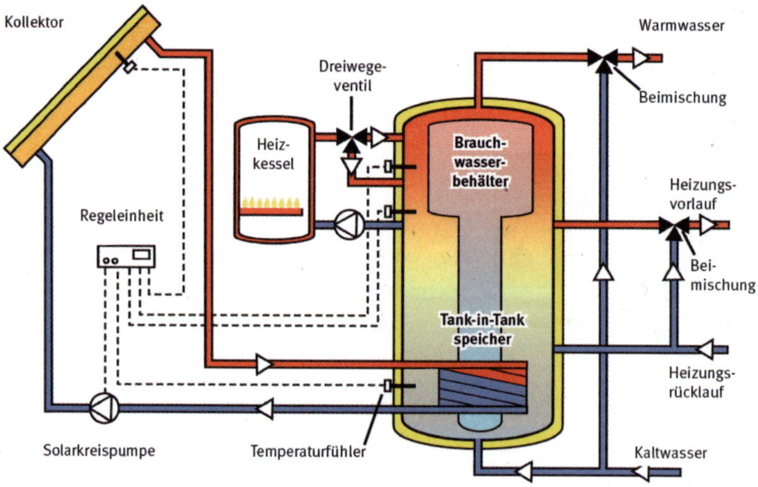

Abb. 24: Thermische Solaranlage mit Kombispeicher.

HINTERGRUND

Speicher

Wenn die Erzeugung und der Verbrauch nicht zeitlich übereinstimmen, dann brauchen Sie einen Speicher. Sonst liefert eine thermische Solaranlage nur warmes Wasser, wenn die Sonne scheint. Sie möchten aber nach Sonnenuntergang duschen. Deswegen ist in einer Brauchwasser-Solaranlage immer ein Speicher eingebaut, in diesem Beispiel ein gut gedämmter, wassergefüllter Behälter mit 300 bis 400 Liter Inhalt. Wenn Sie das Speicherwasser entnehmen und dabei von beispielsweise 60 auf 40 Grad abkühlen, so haben Sie eine gespeicherte Wärmemenge von 7 bis 9,3 kWh genutzt. Dieser Speicher kostet 1.000 bis 2.000 €, demnach 140 bis 290 € pro kWh gespeicherte Wärme.

Bei **Heizungsunterstützungsanlagen** könnte zwar eine steilere Anstellung der Kollektoren auf dem Dach zur besseren Ausnutzung der Wintersonne dienen, jedoch lohnt sich dieser Aufwand nicht. Solarkollektoranlagen zur Warmwasserbereitung und Raumheizung werden meist recht klein gewählt. Sie können dann in der Übergangszeit zur Heizung beitragen, im Winter liefern sie allerdings kaum einen Nutzen. Auch die Größe dieser Heizungsunterstützungsanlagen orientiert sich am Warmwasserbedarf – die Anlage wird etwa doppelt so groß wie die Brauchwassersolaranlage. Im Beispiel wäre es ein 500- bis 600-Liter-Speicher mit zehn bis zwölf Quadratmeter Kollektor. Allerdings ist hier ein anderer Speicher erforderlich. Viele Heizungsunterstützungsanlagen nutzen einen Kombispeicher (Abb. 24).

Im äußeren Speicherbereich befindet sich das Heizungswasser und darin hängt ein nicht wärmegedämmter Brauchwasserspei-

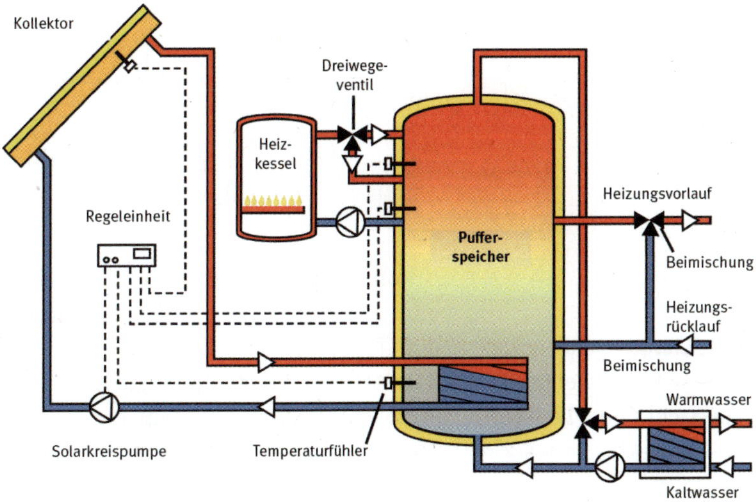

Abb. 25: Thermische Solaranlage mit Frischwasserstation.

cher, der über seine Wände vom Heizungswasser erwärmt wird. Der Solarkreis ist wie bei der Brauchwassersolaranlage aufgebaut. Der Heizkessel nutzt hier allerdings den Speicher als Pufferspeicher ohne Wärmetauscher. Die Heizungsanlage wird aus dem mittleren Speicherbereich mit nicht so hohen Temperaturen versorgt.

Eine Heizungsunterstützungsanlage funktioniert besonders gut mit einem Niedertemperaturheizsystem, beispielsweise mit einer Fußbodenheizung.

HINTERGRUND

Legionellen

Gespeichertes Warmwasser kann durch Legionellen-Bakterien zum Gesundheitsproblem werden. Darum wird das Wasser zur Desinfektion in bestimmten Abständen auf mindestens 60 Grad erhitzt (→ Seite 92) und die Keime sterben ab. Nachteil: Bei einer Solaranlage wird der Ertrag dadurch geringer. Thermische Desinfektion ist bei Leitungen unter drei Liter Volumen nicht nötig, das wäre eine halbzöllige Leitung von knapp 17 Metern Länge. Eine sichere Lösung ohne Ertragseinbuße bietet eine Frischwasserstation. Im Speicher befindet sich nur Heizungswasser. Bei Warmwasserbedarf springt eine Pumpe an, holt heißes Wasser oben aus dem Speicher und pumpt es durch das Plattenpaket im Wärmetauscher. Auf der anderen Seite wird Kaltwasser wie im Durchlauferhitzer erwärmt. Diese Wärmetauscher sind sehr effektiv und klein (Abb. 25).

Bauteile

Das wärmegewinnende Element jeder Solaranlage ist der Sonnenkollektor. Zwei Bauarten kommen hier in Betracht – der **Flachkollektor** und der **Röhrenkollektor**.

Flachkollektor: Er arbeitet nach dem „Prinzip Treibhaus“ (Abb. 26 oben). Sonnenstrahlung fällt durch die Glasabdeckung auf den Absorber und erwärmt diesen. Das Abdeckglas ist für vom Absorber kommende Wärmestrahlung fast undurchlässig. Nach hinten ist der Kollektor gut wärmegedämmt. Der Absorber verliert dadurch wenig Wärme. Zum Abtransport der Wärme wird er von kaltem Wasser durchströmt und heizt dieses auf. An sonnigen Tagen können im Stillstand Absorbertemperaturen von weit über 100 Grad entstehen. Der Absorber hat eine spezielle, selektive Beschichtung, sodass möglichst viel Sonnenstrahlung aufgenommen und möglichst wenig Wärmestrahlung abgegeben wird. Flachkollektoren können über 50 Prozent der Sonnenstrahlung in Wärme umsetzen. Sie arbeiten umso effektiver, je kälter das durchströmende Wasser ist und je wärmer die Umgebung. Im Winter können sie nur noch wenig Wärme liefern. Sie können dachintegriert, wie ein Dachflächenfenster, eingebaut werden und einen Teil der Dacheindeckung ersetzen.

Röhrenkollektor: Er ist fleißiger und arbeitet effektiver als der Flachkollektor. Wie beim „Prinzip Thermoskanne“ sorgt ein luftleerer Raum (Vakuum) für möglichst geringe Wärmeverluste (Abb. 26 unten). Der Absorber befindet sich in einer luftleeren Röhre oder eine doppelwandige luftleere Röhre wird darübergestülpt. Manche Absorber werden direkt vom Wasser durchströmt. Bei anderen gibt es einen inneren Kreislauf mit einer speziellen Flüssigkeit (Heat-Pipe), dann wird die Wärme am Kopf der Röhre abgenommen. Viele Einzelröhren werden zum Kollektor verbunden. Bei CPC-Kollektoren (**C**ompound **P**arabolic **C**oncentrators) sorgt ein unter den Röhren liegender Spiegel für zusätzlichen Strahlungsgewinn. Röhrenkollektoren können auch im Winter beachtliche Solargewinne erzielen. Für die gleiche Wärmeausbeute reicht gegenüber Flachkollektoren eine geringere Fläche. Röhrenkollektoren können um einige Grad Richtung Sonne gedreht werden, sie sind jedoch teurer als Flachkollektoren, und deshalb nicht so weit verbreitet wie Anlagen mit Flachkollektoren. Röhrenkollektoren frieren dank der Vakuumdämmung nicht ein, sodass auf ein Frostschutzmittel im Solarkreislauf und einen Wärmetauscher zum Pufferspeicher verzichtet werden kann – dieses effektive System nennt sich Aquasystem.

Solarspeicher sollen die gewonnene Wärme möglichst komplett speichern. Sie

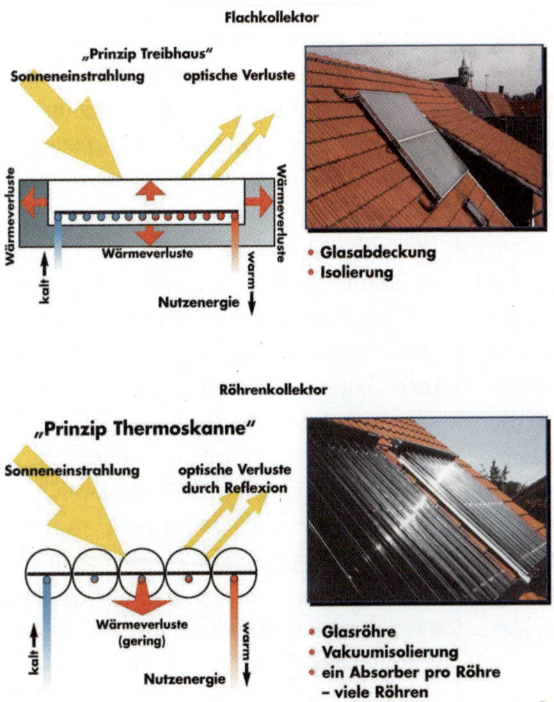

Abb. 26: Bauarten von Solarkollektoren.

sind deswegen besonders gut wärmegedämmt. Die nötigen Rohrleitungen sollten möglichst von unten kommen – denn Wärme steigt immer nach oben. Im Solarspeicher für eine Brauchwassersolaranlage sind zwei Wärmetauscher in Form von gewendelten Rohren eingebaut. Der Sonnenkollektor arbeitet am effektivsten, wenn er von möglichst kaltem Wasser durchströmt wird. Der Wärmetauscher für den Solarkreis liegt deswegen möglichst tief im Speicher. Im Speicher sollte eine stabile Temperaturschichtung vorliegen. **Wichtig: Wählen Sie möglichst hohe, schlanke Speicher, die Vorkehrungen gegen die Verwirbelung durch einströmendes Wasser eingebaut haben.**

Es gibt auch spezielle Schichtenspeicher, die durch Einbauten dafür sorgen, dass die gewonnene Sonnenwärme immer in der richtigen Temperaturschicht eingebracht wird. Der Solarkreistauscher befindet sich somit in kaltem Wasser, sodass der Kollektor schon bei geringer Sonneneinstrahlung Wärme in den Speicher abgeben kann.

Die **Regelung** vergleicht die Temperatur am Kollektorausgang mit der mittleren Speichertemperatur. Liegt die Kollektortemperatur um einen voreingestellten Betrag über der Speichertemperatur, läuft die Solarkreispumpe. Nach oben hin wird im Speicher die Wassertemperatur immer höher. Das Brauchwarmwasser wird an der höchsten Stelle im Speicher entnommen. Dort befindet sich auch der Wärmetauscher für die Nachheizung über den Heizkessel. An der tiefsten Stelle fließt Kaltwasser nach, sodass der Solarkreistauscher im Kalten bleibt.

Kollektorflächen anpassen
Carsten Körnig ist Hauptgeschäftsführer des Bundesverbandes Solarwirtschaft e. V., der Interessenvertretung der Solar- und Speicherbranche.
„Wichtig ist, dass die Kollektorfläche und der Wärmespeicher den örtlichen und individuellen Anforderungen entsprechend dimensioniert sind. Ein kompetenter Installationsbetrieb – zu finden auf solartechnikberater.de – weiß das zu berücksichtigen und wird qualitativ hochwertige Komponenten so installieren, dass sie über viele Jahre zuverlässig günstige Wärme liefern. Eine Förderung aus dem Marktanreizprogramm muss beantragt werden, bevor der Installationsauftrag erteilt wird."

CHECKLISTE

Thermische Solaranlagen I

- ☐ Damit eine thermische Solaranlage **effektiv** arbeiten kann, sind eine sorgfältige Planung und Ausführung bis ins Detail das A und O.
- ☐ **Solarkreis:** Wichtig ist eine dauerhafte, lückenlose Dämmung aller Rohre und Armaturen in ausreichender Stärke. Die Dämmung sollte bis 170 Grad beständig sein – die im Heizungsbau üblichen Materialien sind ungeeignet. Die Rohrdämmung im Außenbereich muss vor UV-Strahlung und Tierbissen, etwa von Vögeln, Mäusen oder Mardern, geschützt werden.

Fortsetzung Checkliste →

CHECKLISTE (FORTSETZUNG)

- ☐ **Speicheranschluss:** Die Dämmung soll lückenlos bis an den Speicher reichen – blankes Metall darf nicht sichtbar sein. In der Nacht kann sich ein Speicher über den Kollektor entladen. Wichtig ist deshalb eine Rücklaufverhinderung durch Rücklaufsperren und den Einbau von Siphons (die Leitung wird u-förmig nach unten geführt und dadurch verhindert, dass warmes Wasser vom Speicher zum Kollektor strömt). Alle Leitungen sollten unten in den Speicher geführt werden. Keinesfalls dürfen Vorlauf und Rücklauf vertauscht werden.
- ☐ **Warmwasseranschluss:** Auch die Warmwasserleitung wird vollständig gedämmt und gegen Rücklauf gesichert. Sollte es in Ihrem Haus eine Warmwasserzirkulation (→ Seite 92) geben, so ist zu überlegen, ob diese tatsächlich nötig ist. Warmwasserzirkulation zerstört die Temperaturschichtung im Speicher. Mindestens jedoch sollte die Laufzeit der Zirkulationspumpe mit Zeitschaltuhr auf die absolut notwendigen Zeiten beschränkt werden. Achtung: Auch die Zirkulationsleitung sollte lückenlos wärmegedämmt sein.
- ☐ **Heizungsanlage:** Bei Anlagen mit Heizungsunterstützung ist es wichtig, dass die Heizungsanlage mit möglichst niedrigen Temperaturen arbeitet. Ein hydraulischer Abgleich des Heizungssystems ist unbedingt erforderlich (→ Seite 169).
- ☐ **Sicherheit der Anlage:** Ein ausreichend großes Ausdehnungsgefäß im Solarkreis ist notwendig, das beim Stillstand den Inhalt der Kollektoren aufnehmen kann. (Stillstand: Die Sonne scheint, es wird keine Wärme abgenommen, der Kollektor beginnt zu kochen und verdrängt das Wasser-Frostschutzmittel-Gemisch.) Trotzdem kann sich das Sicherheitsventil öffnen. Wichtig ist deswegen eine Leitung am Sicherheitsventil, die in ein Auffanggefäß führt, das nicht mal eben weggenommen und zweckentfremdet werden kann. Die Temperaturen im Speicher können recht hoch sein: Ein Verbrühschutz mit thermostatischem Mischer am Speicher ist ein Muss. Alle Fühlerkabel sollten gegen Herausziehen gesichert und die Rohre im Außenbereich mit Ummantelung geschützt werden. Hat das Haus eine Blitzschutzanlage? Dann die Solaranlage mit all ihren Leitungen einbinden!
- ☐ **Kundeneinweisung:** Lassen Sie sich von Ihrem Anbieter die Anlage und deren Bedienung bis ins Detail erklären und verlangen Sie eine ausführliche schriftliche Dokumentation aller Anlagenteile.
- ☐ **Funktionskontrolle:** Am einfachsten können Sie feststellen, ob die Anlage ordnungsgemäß arbeitet, indem Sie im Sommer den Heizkessel ausschalten. Wenn Sie dann nicht ausreichend Warmwasser erhalten, verlangen Sie eine Nachbesserung.

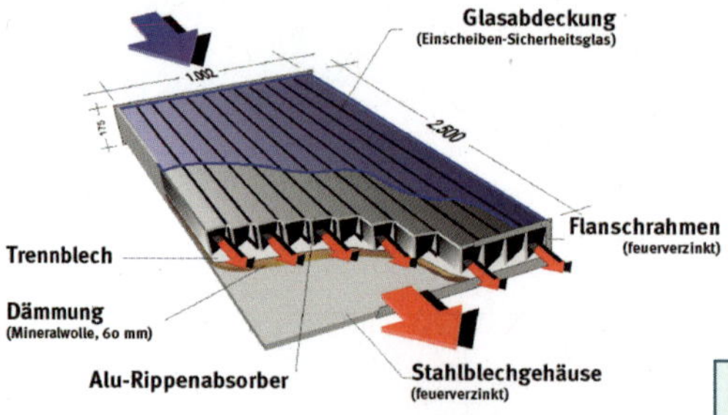

Abb. 27: Aufbau eines Luftkollektors.

Luftkollektoren

Sonnenwärme kann auch durch Luft ins Gebäude gelangen. (→ Abb. 27). Ein Luftkollektor ist im Prinzip wie ein Flachkollektor aufgebaut. Luft kann jedoch pro Volumeneinheit wesentlich weniger Wärme als Wasser transportieren. Es müssen also große Luftmengen bewegt werden. Die Luftkanäle sind deswegen erheblich größer als die Absorberrohre im Solarflachkollektor. Die Luft wird mit einem Gebläse durch den Kollektor gepustet und als Warmluft ins Gebäude geleitet. So schlagen Sie zwei Fliegen mit einer Klappe: Sie erhalten eine Lüftungs- und eine Heizungsanlage. Besonders interessant ist das für wenig genutzte Ferienhäuser, um Feuchtigkeit und Schimmel zu vermeiden.

Kosten von thermischen Solaranlagen

Die angegebenen Kosten sind im üblichen Rahmen (→ Seite 104). Für thermische Solaranlagen erhalten Sie Zuschüsse der Bundesförderung (BAFA). Auch von einigen Bundesländern kann es Geld geben. Den aktuellen Stand finden Sie unter www.foerderdatenbank.de, weiterklicken zu „Förderrecherche" und dort im Assistenten die gesuchten Begriffe eingeben.

Heizungsunterstützungsanlagen arbeiten wesentlich effizienter, wenn nur geringe Vorlauftemperaturen erreicht werden müssen. Somit ist eventuell der Einbau einer Fußbodenheizung nötig. Wer einen Altbau nachrüsten möchte, wählt Systeme mit sehr geringer Aufbauhöhe oder Methoden zum Einfräsen in den Estrich. Diese Kosten sind in den folgenden Angaben nicht enthalten.

HINTERGRUND

Solarer Deckungsgrad

Was bei stromerzeugenden Anlagen als **Autarkiegrad** bezeichnet wird, ist bei thermischen Solaranlagen der solare Deckungsgrad: das Verhältnis von solar erzeugter Wärme zum gesamten Wärmebedarf. Wird ein solarer Deckungsgrad von über 50 Prozent erzielt, so handelt es sich um ein **Sonnenhaus** (→ Seite 111). Für Sonnenhäuser mit Anlagen über 20 Quadratmeter Kollektorfläche können Sie auch bei Neubauten eine Innovationsförderung beantragen (www.bafa.de, weiterklicken zu „Energie", dann „Heizen mit erneuerbaren Energien", „Solarthermie".)

Jahresbetriebskosten fallen für den Strom der Pumpen und für die Anlagenwartung an. Je größer die Anlage, desto höher die Kosten. Wartungskosten können pauschal mit ein Prozent der Investitionskosten angesetzt werden. Sie sind niedriger als bei Photovoltaikanlagen (denn bei thermischen Solaranlagen sind bis auf die Pumpe alle Bauteile langlebig). Sie können bei einer gut gebauten Anlage durchaus mit einer Lebensdauer von 20, ja sogar 30 Jahren rechnen. Studienergebnisse belegen dies.

CHECKLISTE

Thermische Solaranlagen II

- ☐ Es empfiehlt sich dringend, Ihre Planung durch einen Energieberater vor Ort oder in den Beratungsstellen der Verbraucherzentralen überprüfen zu lassen (www.verbraucherzentrale-energieberatung.de).
- ☐ Brauchwasserverbrauch und Heizenergieverbrauch feststellen.
- ☐ Möglichst mit Heizungserneuerung kombinieren.
- ☐ Förderbedingungen beachten und Förderanträge stellen. Die Antragstellung muss vor Auftragserteilung erfolgen.
- ☐ Prüfen, ob die Dachsteine noch eine ausreichende Lebensdauer erwarten lassen oder besser vorher ausgetauscht werden sollten.
- ☐ Möglicherweise ist eine Dachintegration sinnvoll.
- ☐ Das Dach sollte vorher gedämmt werden.
- ☐ Statik des Daches überprüfen lassen.
- ☐ Prüfen, ob eine Leitung vom Dach zum Warmwasserspeicher geführt werden kann.
- ☐ Kollektoren können auch vor einer Südfassade angebracht werden.
- ☐ Auf gute und temperaturbeständige Wärmedämmung der Leitungen achten.
- ☐ Auf Verbrühschutz achten (Kaltwasser-Mischventil).
- ☐ Möglichst Siphons in alle warmen Leitungen einbauen zur Verhinderung von Rezirkulation.
- ☐ Auf sorgfältige Planung und Ausführung der Anlage achten.
  → Checkliste Seite 100
- ☐ Unter de.ralsolar.info finden Sie Unternehmen, die sich auf die Einhaltung der Gütebedingungen des Gütezeichen RAL Solar verpflichtet haben.

Flachkollektoranlage zur Brauchwassererwärmung: Drei bis sechs Quadratmeter Kollektorfläche und 300 bis 400 Liter Solarspeicher. Kosten: 4.000 bis 6.000 €. Bundesförderung: 500 €. Bauen Sie gleichzeitig einen neuen Wärmeerzeuger ein, so steigt die Förderung um weitere 500 €.

Flachkollektoranlage zur Heizungsunterstützung: Zehn bis zwölf Quadratmeter Kollektorfläche und 600 bis 800 Liter Kombispeicher. Kosten: 8.000 bis 10.000 €. Bundesförderung: 2.000 €, mit Bonus bei Modernisierung einer Altanlage durch neuen Wärmeerzeuger 3.600 € .

Große Solaranlage mit Flachkollektoren: 25 bis 40 Quadratmeter Kollektorfläche und Pufferspeicher von 6.000 bis 10.000 Liter. Kosten: 20.000 bis 25.000 €. Bundesförderung: 3.500 bis 5.600 €, mit Bonus bei Modernisierung einer Altanlage durch neuen Wärmeerzeuger 5.400 bis 7.920 €. Innovationsförderung bei Anlagen mit solarem Deckungsgrad über 50 Prozent: 5.000 bis 8.000 €, mit Bonus 7.200 bis 10.800 €. Innovationsförderung im Neubau 3.750 bis 6.000 €. Bei diesen Anlagen ist eventuell eine Förderung nach Ertrag vorzuziehen – fragen Sie Ihren Energieberater.

Solaranlage mit Luftkollektoren: 10 bis 16 Quadratmeter Kollektorfläche. Die Kollektoren können für den Ventilatorbetrieb mit einem Solarmodul versehen sein. Dann ist lediglich noch eine Luft-Leitungsführung ins Haus erforderlich. Bei diesem Heizungssystem ist keine Fußbodenheizung nötig. Kosten: 6.000 bis 14.000 €. Bundesförderung: 1.400 bis 2.240 €.

Photovoltaikanlagen liefern auch Wärme

Sie wundern sich möglicherweise, in einem Ratgeber zu Heizung und Warmwasser ein Kapitel über Stromerzeugung mit Photovoltaik zu finden. Hier geht es jedoch nicht um die Deckung Ihres Strombedarfs für den Haushalt, sondern um den Einsatz von Solarstrom für die Wärmeerzeugung. Und um eine umweltverträgliche Anlage.

Noch vor einigen Jahren galt Photovoltaik als unbezahlbarer Luxus für „Gesinnungstäter". Durch die drastisch gesunkenen Anlagenpreise hat sich das grundlegend geändert. Photovoltaik ist für die Stromerzeugung im Ein- und Zweifamilienhaus die wirtschaftlichste Technik geworden, sodass sogar die Umwandlung in Wärme sinnvoll sein kann. Bei der Wärmeerzeugung durch Sonnenenergie gibt es zwei Wege für Sie: eine thermische Solaranlage, die direkt Wasser oder Luft erhitzt (→ Seite 94), oder eine Pho-

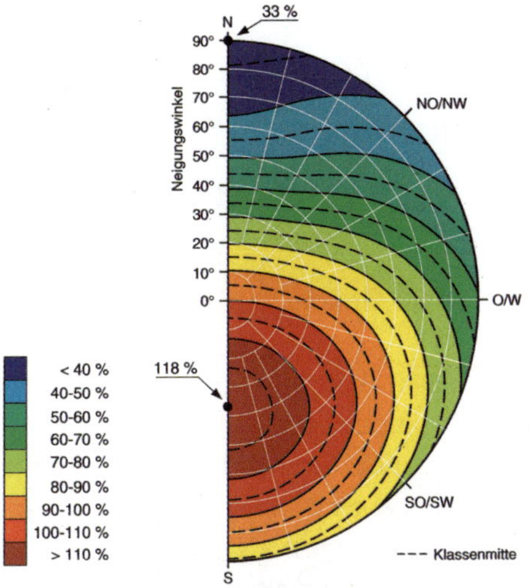

Abb. 28: Einfluss von Ausrichtung und Neigung auf den jährlichen Ertrag einer Photovoltaikanlage.

tovoltaikanlage, die den benötigten Strom zur Verfügung stellt. Was ist sinnvoller? Wie sieht das von der technischen und wirtschaftlichen Seite aus?

→ TIPP Lesetipp

Planen Sie den Einbau einer Photovoltaikanlage, die auch Haushaltstrom liefern soll? Informationen finden Sie im Ratgeber „Strom und Wärme – Wege zum energieautarken Haus" der Verbraucherzentrale. Oder lassen Sie sich bei der Verbraucherzentrale beraten (www.verbraucherzentrale-energieberatung.de)

Für Solarmodule ist die Ausrichtung zur Sonne wichtig. Optimal ist in Deutschland eine Südaufstellung mit etwa 30 bis 40 Grad Neigung gegen die Waagerechte. (→ Abb. 28) Aber auch eine Ausrichtung zwischen Südost und Südwest mit Neigungen zwischen 20 und 50 Grad ergeben einen guten Ertrag. Erst bei weiterer Abweichung gibt es merkliche Einbußen. Entscheidend für den Ertrag einer Photovoltaikanlage ist möglichst wenig Schatten. Da die Module in Reihe geschaltet sind, entscheidet das schwächste Modul über den Ertrag. Vergleichbar ist das mit einer einzigen schwachen Batterie: dann leuchtet die Taschenlampe nicht mehr. Ähnlich bewirkt bereits ein kleiner Schattenwurf einen starken Einbruch der Stromproduktion Ihrer Anlage. Es gibt Solaroptimierer, elektronische Schaltungen an den Modulen, die schwache Module überbrücken können – doch das sind Zusatzkosten.

Sinnvoller ist es, sich auf dem Dach einen möglichst schattenfreien Montageplatz auszusuchen (Achtung: auch Gauben können Schatten werfen). Haben Sie ein Schrägdach, so ist damit Ausrichtung und Neigung festgelegt, da die Module meist parallel zur Dachfläche montiert werden. Der zusätzliche Aufwand für eine Aufständerung lohnt nur selten. Auf einem Flachdach haben Sie die freie Wahl – eine Aufständerung ist ohnehin erforderlich. Sie können so die optimale Ausrichtung wählen. Wichtig ist allerdings ausreichender Abstand zwischen den Modulreihen, da sie sich sonst selbst verschatten würden. Haben Sie unterschiedlich ausgerichtete Module, so sollten Sie mehrere Wassererwärmer nutzen und an jedem Gerät gleich ausgerichtete Module anschließen. Mit einer Photovoltaikanlage lässt sich nur tagsüber

Strom erzeugen. Die erzielte Leistung hängt direkt mit der Maximalleistung der Anlage, der Sonneneinstrahlung und der Modultemperatur zusammen. So gibt es zwar an einem strahlenden Sommertag die höchste Sonneneinstrahlung, allerdings heizen sich die Module auch auf und verlieren dadurch einen Teil der Leistungskraft. Ein klarer, kalter Frühlingstag kann eine höhere Leistung liefern. Im Winter wird logischerweise täglich weniger Strom produziert: Die Sonne scheint etwa 7 Stunden im Dezember oder Januar. Im Juni oder Juli scheint sie mehr als 14 Stunden.

So wird die Wärme erzeugt

Die meisten Photovoltaikanlagen sind in Sachen Stromerzeugung und -verbrauch vernetzt (fachlich: netzgekoppelt) Auch für die Versorgung einer Wärmepumpe ist eine netzgekoppelte Anlage nötig (→ Seite 119).

Soll die Photovoltaikanlage allein zur Wärmeerzeugung beitragen, ist ein einfacherer Aufbau möglich (→ Abb. 29): Die Solarmodule auf dem Dach liefern Gleichstrom. Dieser wird direkt zum Wassererwärmer geleitet, der mithilfe der eingebauten Elektro-

HINTERGRUND

Batteriespeicher

Es gibt mittlerweile einen Preisverfall bei **Batteriespeichern**, aber Sie müssen nach wie vor mit mindestens 500 bis 1.500 € pro kWh gespeichertem Strom rechnen. Das liegt an der Grenze zur Wirtschaftlichkeit, wenn Sie dadurch teuren Haushaltstrom (Bundesdurchschnitt 29 Cent pro Kilowattstunde) ersetzen wollen. Bei einer netzgekoppelten Anlage kann ein Batteriespeicher sinnvoll sein, da er die Menge des Stroms, der im eigenen Netz gebraucht wird, erheblich vergrößert. Hinweise dazu finden Sie im Ratgeber „Strom und Wärme – Wege zum energieautarken Haus", → www.vz-ratgeber.de Oder Sie lassen sich im Rahmen einer Energieberatung bei Ihnen zu Hause beraten (www.verbraucherzentrale-energieberatung.de).

Wärme können Sie je nach Energieträger (Holz, Gas, Öl, Fernwärme) zu Kosten von 3 bis 12 Cent pro Kilowattstunde erhalten. Der Strom aus der Batterie ist wesentlich teurer, sodass es sinnvoller ist, direkt die Wärme zu speichern. Deswegen enthalten auch die im Folgenden beschriebenen Anlagen immer einen Wasserspeicher.

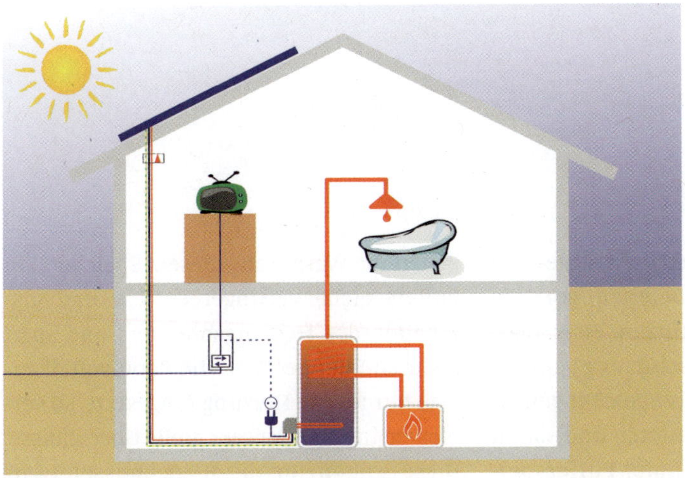

Abb. 29: Prinzip einer Anlage zur direkten Wassererwärmung mit Photovoltaikstrom.

nik die optimale Leistung aus den Modulen zieht und mit diesem Strom einen elektrischen Heizstab versorgt. Der Solarstrom muss nicht in Wechselstrom umgewandelt werden. Wechselrichter und Zähler können entfallen. Die Elektronik im Wassererwärmer gewinnt möglichst viel Strom aus den Modulen, steuert die Aufheizung nach dem Solarstromangebot und schaltet gegebenenfalls auf (gekauften) Haushaltsstrom, für den Fall, dass Warmwasserbedarf besteht, aber kein Sonnenstrom zur Verfügung steht. Das sollte jedoch nur im Notfall geschehen, da nun Kosten von etwa 29 Cent pro Kilowattstunde gegenüber 5 bis 7 Cent pro Kilowattstunde bei Öl oder Gas anfallen.

Der Heizstab des Wassererwärmers wird in den Warmwasserspeicher geschoben und dicht verschraubt. Der vorhandene Brauchwasserspeicher der Heizungsanlage kann genutzt werden, wenn es dort noch einen unbenutzten Flansch (einen verschraubten Deckel) zur Montage des Heizstabes gibt. Das Gerät übernimmt nur die Erwärmung des Speicherwassers. Die Solarmodule auf dem Dach werden durch Kabel direkt mit dem Wassererwärmer verbunden. Das ist sicher ein geringerer Aufwand als die Installation einer Kollektoranlage mit gut gedämmten Rohren vom Keller zum Dach.

→ TIPP Lohnt sich immer

Sollten Sie Ihr Warmwasser elektrisch erwärmen, so ist eine thermische Solaranlage oder eine Photovoltaikanlage mit Wassererwärmer erheblich günstiger als Ihre bisherige Warmwasserbereitung. Sie haben zwar Investitionskosten, doch die Betriebskosten sind gering. Unter dem Strich hat sich – gemessen am üblichen hohen Haushaltsstrompreis – Ihre Anlage schon nach weniger als 10 Jahren bezahlt gemacht, und das bei einer Lebensdauer von vermutlich weit über 20 Jahren.
Ob sich der zusätzliche Aufwand lohnt, sollte Ihr Energieberater wissen.

Die in Abbildung 29 dargestellte Anlage kann nicht nur Warmwasser bereiten, sondern auch die Heizung unterstützen. Eine Solaranlage zur Heizungsunterstützung benötigt immer einen Speicher. Als Speicher genügt ein einfacher, gut gedämmter und damit energiesparender sogenannter **Pufferspeicher** mit etwa 800 Liter Volumen, in den unten der Wassererwärmer eingebaut wird (→ Seite 106). Der vorhandene Heizkessel übernimmt die Nachheizung dieses Pufferspeichers und die Heizungsanlage holt bei Bedarf die Wärme aus diesem Speicher. Ein Pufferspeicher verringert das Ein- und Ausschalten des Heizungsbrenners und spart dadurch Energie. Wird die Photovoltaikanlage nur für die Heizung eingesetzt, so verbleiben im Sommer sehr große Überschüsse. Diese sollten für die Brauchwassererwärmung genutzt werden, wie im vorigen Abschnitt erläutert. Wenn der Pufferspeicher danebenpasst, kann Ihr Brauchwasserspeicher stehen bleiben. Sollte nicht genügend Platz in Ihrem Heizungskeller sein, so ist

HINTERGRUND

Überschüssiger Photovoltaik-Strom für Wärme und Warmwasser

Es gibt Wassererwärmer, die mit einer netzgekoppelten Photovoltaikanlage betrieben werden. Sie ermöglichen es, überschüssigen Photovoltaik-Strom, der nicht im eigenen Netz genutzt wird, für Warmwasserbereitung und/oder Heizungsunterstützung einzusetzen. Diesen könnten Sie jedoch auch für rund 12 Cent pro Kilowattstunde Einspeisevergütung ins öffentliche Netz abgeben. Die Speicherung des Überschussstroms als Wärme ist demnach nur dann sinnvoll, wenn der Wärmepreis über 12 Cent pro Kilowattstunde liegt. Dies gilt in jedem Fall bei elektrischer Wärmeerzeugung und bisweilen auch bei Flüssiggas oder Fernwärme, weil es ja Verluste der Heizungsanlage gibt, die Sie zusätzlich zum Preis des Energieträgers tragen müssen.

Beispiel: Familie Korte besitzt eine Photovoltaikanlage. Kortes heizen mit Flüssiggas zu 9 Cent pro Kilowattstunde. Die etwas ältere Heizungsanlage hat einen Wirkungsgrad von 75 Prozent. Dann kostet die Wärme 9*100/75 Cent pro Kilowattstunde = 12 Cent pro Kilowattstunde. Demnach wäre für Kortes die elektrische Wärmeerzeugung mit überschüssigem Photovoltaik-Strom an der Grenze zur Wirtschaftlichkeit.

auch eine Einspeicheranlage mit Kombispeicher oder Frischwasserstation möglich, wie sie im Abschnitt über Solarkollektoranlagen beschrieben ist (→ Seite 96).

HINTERGRUND

Kilowatt-Peak

Mit Kilowatt-Peak (kWp) wird die unter Standardbedingungen bestimmte Leistung von Solarmodulen bezeichnet. Das ist die ungefähre Leistung bei voller Sonneneinstrahlung. In Deutschland liefert ein Kilowatt-Peak etwa 850 bis 1.000 kWh Strom jährlich. Eine Solaranlage von einem Kilowatt-Peak benötigt mit den hauptsächlich eingesetzten kristallinen Solarmodulen 6 bis 7 Quadratmeter Dachfläche.

Kosten der Photovoltaikanlage zur Wärmeerzeugung

Anlage für Warmwasserbereitung: Die typische Anschlussleistung beträgt zwei Kilowatt. Solarmodule mit zwei Kilowatt-Peak Leistung benötigen auf dem Dach eine Fläche von circa 13 Quadratmetern. Da es sich hier um eine sehr kleine Photovoltaikanlage handelt, andererseits aber kein Wechselrichter benötigt wird, kommen Kosten zwischen 1.200 und 2.000 € pro Kilowatt-Peak zu den Kosten des Wassererwärmers von 1.000 bis 1.500 € hinzu. Eventuell haben Sie weitere Kosten für einen neuen Warmwasserspeicher. Damit ergeben sich Gesamtkosten von 3.400 bis 5.500 € (ohne Speicher) beziehungsweise 4.400 bis 6.500 € (mit Speicher). Die Wartungskosten werden pauschal mit einem Prozent der Investitionssumme angesetzt.

Anlage für Warmwasserbereitung und Heizungsunterstützung: Eine solche Anlage benötigt zwei Geräte zu je zwei Kilowatt Anschlussleistung. Die Photovoltaikanlage wird deswegen auf vier Kilowatt-Peak ausgelegt und benötigt auf dem Dach rund 26 Quadratmeter Fläche. Da es sich hier um übliche Photovoltaikanlagengrößen handelt, wird mit Anlagenkosten von 1.800 bis 1.900 € pro Kilowatt-Peak gerechnet. Die zusätzliche Investition für zwei Wassererwärmer (und eventuell neuer Brauchwasserspeicher) und Pufferspeicher einschließlich Installation betragen 3.000 € bis 5.000 €. Die Gesamtkosten liegen bei 10.000 bis 13.000 €. Wartungskosten wie oben.

Netzgekoppelte Anlage zum Betrieb einer Wärmepumpe: → Seite 123

CHECKLISTE

Wärmeerzeugung mit Photovoltaik-Strom

- ☐ Es gibt die Möglichkeit, Ihre Planung durch einen Energieberater vor Ort oder in den Beratungsstellen der Verbraucherzentralen überprüfen zu lassen (www.verbraucherzentrale-energieberatung.de).
- ☐ Bestimmen Sie Ihren Warmwasserverbrauch.
- ☐ Ab 4-Personen-Haushalt ist vermutlich eine thermische Solaranlage (→ Seite 94) vorzuziehen.
- ☐ Position der Module möglichst verschattungsfrei.
- ☐ Einsatz von elektronischen Solaroptimierern zur Verringerung des Einflusses von Verschattung?
- ☐ Ausrichtung der Module zwischen Südost und Südwest bei Neigung zwischen 20 und 50 Grad?
- ☐ Bei flacher Neigung rahmenlose Module.
- ☐ Unterschiedliche Ausrichtung der Module? Dann mehrere Strings und mehrere Wassererwärmer.
- ☐ Wachstum von Bäumen und spätere Nachbarbebauung beachten („Schattengefahr").
- ☐ Zustand des Daches, Wärmedämmung und Statik des Daches berücksichtigen.
- ☐ Auslegung der Anlage passend zum Wärmebedarf.
- ☐ Mehrere Angebote einholen und vergleichen.
- ☐ Voranfrage beim Bauamt – im Allgemeinen ist keine Genehmigung erforderlich.
- ☐ Anlage versichern über Spezialversicherung oder in die Gebäudeversicherung einbeziehen.
- ☐ Regelmäßige Erfolgskontrolle der Anlage. In den ersten zwei Jahren gilt die gesetzliche Gewährleistung, danach die – meistens schwer durchsetzbaren – Garantiebedingungen (www.verbraucherzentrale.nrw/solarstrom).
- ☐ Qualitätssicherung der Anlage durch RAL-Solar oder BSW Anlagenpass? Weitere Informationen unter: www.solarwirtschaft.de, de.ralsolar.info
- ☐ Liegen Zertifikate für Module und Wassererwärmer vor?
- ☐ Blitzschutz, Überspannungsschutz, Schneefang und Brandschutz sind geklärt?
- ☐ Kann der Wassererwärmer in den vorhandenen Speicher eingebaut werden?

Bei elektrischer Warmwasserbereitung:

- ☐ Gibt es einen Speicher?
- ☐ Gibt es einen elektronisch geregelten Durchlauferhitzer?
- ☐ Kann der Speicher aufgestellt werden?
- ☐ Kann eine Warmwasserleitung zwischen Speicher und Durchlauferhitzer verlegt werden?

Holzheizung plus thermische Solaranlage

Im Winter können thermische Solaranlagen (→ Seite 94) den Wärmebedarf nicht vollständig decken. Damit es trotzdem kuschelig wird, hilft die in Holz gespeicherte Sonnenwärme in Form einer Holzheizung. Thermische Solaranlagen arbeiten am besten in Kombination mit einer Niedertemperaturheizung, beispielsweise mit einer Fußbodenheizung. Weil eine Holzheizung aber hohe Temperaturen bereitstellen kann, lassen sich damit auch klassische Heizkörper gut aufheizen. Dagegen ist eine Holzheizung im Sommer problematisch: Die Wohnung kann durch Kaminöfen überhitzt werden. Beide Techniken (Holzheizungen und thermische Solaranlagen) benötigen einen großen Warmwasserspeicher, den sie einfach gemeinsam nutzen können (Technikkopplung; → Abbildung 30). Das ist ein Vorteil.

Die thermische Solaranlage verringert den Einsatz des nicht unbeschränkt vorhandenen Holzes und damit Ihre Brennstoffkosten. Die Kopplung von Solarthermie mit Holzheizung liegt auch dem Konzept des Sonnenhauses (→ auch Seite 102) zugrunde. Das Sonnenhaus-Institut (www.sonnenhaus-institut.de) hat mehrere Referenzobjekte dokumentiert. Das Sonnenhaus Renningen ist ein Neubau mit großer Sonnenkollektoranlage, Kombispeicher und Holzheizung.

→ **TIPP Förderung sichern!**

Thermische Solaranlagen sowie Holzheizungen werden vom BAFA gefördert und es gibt zusätzlich einen Kombinationsbonus (www.bafa.de, weiter „Energie“, „Heizen mit erneuerbarer Energie“). Landesförderprogramme sind im Allgemeinen mit der Bundesförderung kombinierbar. Es gibt Programme, die eine Holzheizung nur fördern, wenn sie mit einer thermischen Solaranlage gekoppelt ist (den aktuellen Stand unter www.foerderdatenbank.de, Rubrik „Förderrecherche“, dort unter Förderassistenten die gesuchten Begriffe eingeben; eventuell müssen Sie es mit mehreren Begriffen versuchen). Eine Kombination von Förderprogrammen verschiedener Fördergeldgeber ist für Privatpersonen meist möglich, solange die Gesamtförderung nicht die zu fördernde Summe übersteigt. Bei Gewerbebetrieben greifen die Beschränkungen für Beihilfen der EU bereits bei einem Fördergeldgeber und erst recht bei einer Kombination. Für Wohnungsvermietung gelten diese Beschränkungen jedoch nicht.

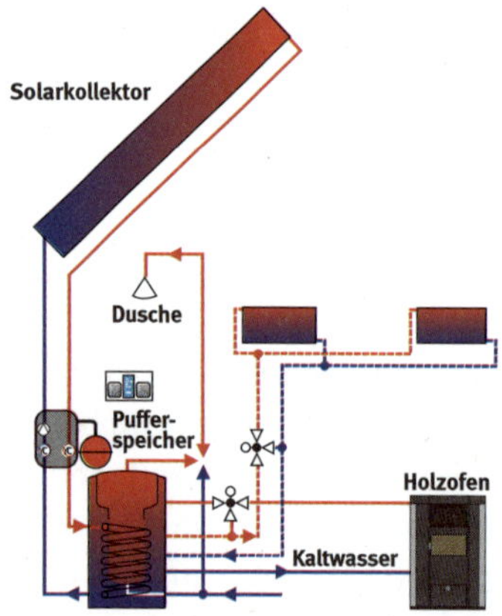

Abb. 30: Anschluss einer Solaranlage und eines Ofens mit Wasserführung an einen Wasserspeicher für die Trinkwassererwärmung und Heizung.

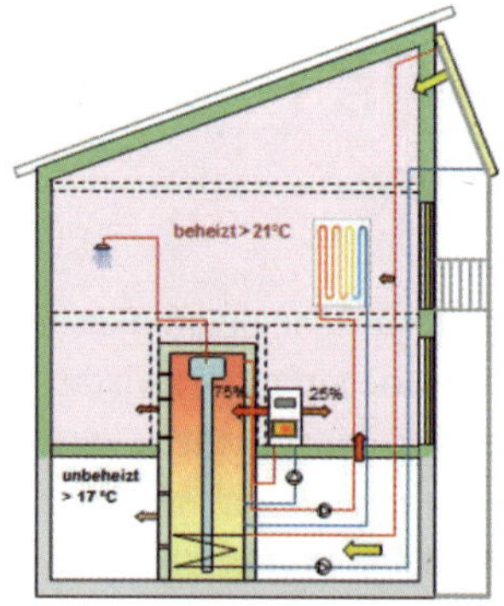

Abb. 31: Schema des Sonnenhauses Renningen.

In Abbildung 31 sehen Sie die zentrale Bedeutung des großen Kombispeichers im Zentrum des Hauses. Über einen Wärmetauscher im unteren Teil des Speichers ist der Solarkreis an die – wegen der tiefstehenden Wintersonne – steil stehenden Kollektoren angebunden. Im mittleren oder oberen Bereich kann der Holzofen mit Wassertasche (→ Seite 53) die Nacherwärmung übernehmen. Der Holzofen gibt 75 Prozent seiner Wärme an den Speicher ab. Das restliche Viertel heizt direkt den Wohnraum. Die Fußbodenheizung erhält aus dem mittleren Speicherbereich mit der passenden Temperatur ihre Wärme. Das Warmwasser ist im ungedämmt eingehängten Speicher enthalten und wird aus der obersten, heißesten Temperaturschicht entnommen. Die Restverluste des zwar sehr gut gedämmten Großspeichers kommen der Beheizung des Hauses zugute.

Über vier Heizperioden wurde im Sonnenhaus Renningen gemessen, welche Energie aus der Solaranlage kommt und wie viel zugeheizt werden musste. Nur im tiefsten Winter wurde der Holzofen benötigt, hauptsächlich in den Monaten Dezember, Januar, Februar. Der gemessene solare Deckungsgrad betrug übers Jahr zwischen 66 und 75 Prozent.

Kosten der Kombination Holzheizung mit thermischer Solaranlage

Alle Angaben zur Förderung gelten nur im Altbau, wenn gleichzeitig eine alte Heizungsanlage ersetzt wird. Zur Förderung im Neubau → Seite 154.

Brauchwassersolaranlage und Holz-Kaminofen: Thermische Solaranlage mit vier bis sechs Quadratmeter Flachkollektoren und 300 bis 400 Liter Solarspeicher, an den auch die Wassertasche (→ Seite 53) des Scheitholz-Kaminofens angeschlossen werden kann. Zusammen mit dem Ofen kostet diese Anlage zwischen 8.000 und 12.000 €. Gefördert wird die Solaranlage mit 500 € Zuschuss.

Brauchwassersolaranlage und Pellet-Kaminofen: Bietet einen höheren Komfort und der hat seinen Preis: Die Investitionskosten steigen durch den Pellet-Kaminofen mit Wassertasche auf 9.000 bis 14.000 €. Förderung für Solaranlage, Pelletofen und Kombinationsbonus 3.000 €.

Heizungsunterstützungsanlage und Holz-Kaminofen: Thermische Solaranlage mit 10 bis 14 Quadratmeter Flachkollektoren und 800 bis 1.000-Liter-Kombispeicher. Gesamtkosten für diese Anlage zwischen 12.000 und 17.000 €. Förderung für die Solaranlage 2.000 €.

Heizungsunterstützungsanlage und Pellet-Kaminofen: Für die Kombination dieser Solaranlage mit einem Pelletkaminofen steigen die Investitionskosten auf 13.000 bis 19.000 €. Förderung für Solaranlage, Pelletofen und Kombinationsbonus 4.500 €

Heizungsunterstützungsanlage und Holz-Vergaserkessel: Die thermische Solaranlage wird mit einem Scheitholz-Vergaserkessel (→ Abb. Seite 54) kombiniert. Gesamt-

Fortschrittliche Wärmeversorgung

Matthias Hüttmann ist Chefredakteur der Zeitschrift „Sonnenenergie“, dem offiziellen Fachorgan der Deutschen Gesellschaft für Sonnenenergie e.V. (DGS).

„Der Anteil von Solarthermie im Wärmemarkt ist nach wie vor viel zu gering, ein Wechsel von fossil zu regenerativ findet nur auf einem niedrigen Level statt. Von einer Solarisierung unserer Wärmeversorgung sind wir demzufolge weit entfernt, genau genommen bewegen wir uns auch nicht in diese Richtung. Denn auch wenn Solarwärme installiert wird, kommt sie meist nicht über den Status einer Alibi-Technologie hinaus.

Dabei kann Solarwärme entscheidend zur Dekarbonisierung (CO_2-Reduktion) beitragen. Es ist strategisch von Bedeutung, den Ausstieg aus der fossilen Verbrennungstechnik nicht über die Umwege von Brückentechnologien und Hybridsystemen, sondern über den massiven Einsatz von regenerativen Heizungssystemen zu gehen. Solarthermie muss als wesentlicher Bestandteil von Verbundlösungen sowie als Schlüsseltechnologie verstanden werden.“

kosten dieser Anlage zwischen 14.000 und 20.000 €. Förderung für Solaranlage, Holzheizung und Kombinationsbonus 6.000 €

Heizungsunterstützungsanlage und Pelletkessel: Die thermische Solaranlage wird mit einem Pelletkessel kombiniert. Die Investitionskosten steigen auf 20.000 bis 26.000 €. Förderung 7.800 €.

Große thermische Solaranlage und Holz-Vergaserkessel: Es werden 25 bis 40 Quadratmeter Flachkollektoren installiert und ein 6.000 bis 10.000-Liter-Speicher eingebaut, an den auch der Holzkessel angeschlossen wird. Zusammen mit einem Scheitholz-Vergaserkessel kostet diese Anlage zwischen 26.000 und 35.000 €. Förderung für Solaranlage, Holzheizung und Kombinationsbonus 8.000 bis 10.000 €

CHECKLISTE

Holzheizung plus thermische Solaranlage

- ☐ Pufferspeicher muss Anschlussmöglichkeit für Holzkessel bzw. Wassertasche des Holzofens haben.
- ☐ Beachten Sie die Checklisten „Thermische Solaranlage" (→ Seite 103) und „Holzheizung" (→ Seite 57).

Große thermische Solaranlage und Pelletkessel: Die Investitionskosten für die Kombination mit einen Pelletkessel steigen auf 32.000 bis 41.000 €. Förderung 10.000 bis 12.000 €.

Hybrid-Wärmepumpen

Eine Luft/Wasser-Wärmepumpe ist im kältesten Winter nicht sehr effektiv. Sie benötigt Unterstützung durch eine weitere Wärmequelle – diese Kombination wird Hybrid-Wärmepumpe genannt. Sie besteht aus einem Heizkessel (meist ein Gas-Brennwertgerät), der über eine intelligente Regelung mit einer Luft/Wasser-Wärmepumpe gekoppelt ist. Diese Regelung errechnet aufgrund des Gas- und Strompreises sowie der Temperaturbedingungen, ob es günstiger ist, mit dem Brennwertkessel zu heizen oder die Wärmepumpe zu nutzen.

Es gibt wandhängende Geräte, die direkt gegen eine Heiztherme ausgetauscht werden können – nur die Außeneinheit mit Ventilator und Verdampfer muss über dünne Kältemittelleitungen angeschlossen werden. Andere Hersteller bieten zwei getrennte Geräte an. Auch vorhandene Öl- oder Gasheizungen

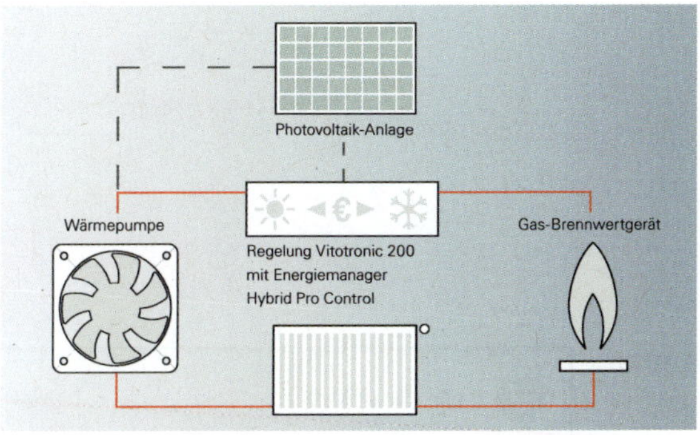

Abb. 32: Hybrid-Wärmepumpe.

können über spezielle Regelungen mit der entsprechenden Luft/Wasser-Wärmepumpe gekoppelt werden. Wegen des Brennwertkessels kann die Wärmepumpe im günstigen Bereich betrieben werden und erreicht dadurch hohe Arbeitszahlen (AZ, → Seite 74). Außerdem ist es nun möglich, ein Heizsystem mit höherer Vorlauftemperatur zu nutzen. Vorhandene Heizkörper können weiter genutzt werden und der Einbau einer Fußbodenheizung ist nicht mehr unbedingt nötig. Bundesförderung durch das BAFA kann für die Wärmepumpe beantragt werden, da sie in der Hybridanlage eine ausreichend hohe Jahresarbeitszahl (JAZ, → Seite 74) erzielt. Ihr Heizsystem wird dabei üblicherweise für den Wärmepumpenbetrieb optimiert.

Kosten von Hybrid-Wärmepumpen

Alle Angaben zur Förderung gelten nur im Altbau, wenn gleichzeitig eine alte Heizungs-

HINTERGRUND

Hybridsysteme

Bei Hybridsystemen gibt es zwei Komponenten, die zusammenarbeiten, um ein gemeinsames Ziel zu erreichen. Ein gutes Beispiel dafür ist das Hybridauto. Es enthält einen Elektromotor mit Batterie. Das reicht für kurze Strecken. Wollen Sie weiter weg fahren, kann problemlos ein Benzinmotor eingeschaltet werden. Auch Kopplungen einer Wärmepumpe mit Solarthermie oder Photovoltaik werden bisweilen als Hybridanlagen bezeichnet. Und die Entwicklungen schreiten voran: Eine Hybrid-Wärmepumpe als Kombination mit einem Pelletkessel wurde von einem österreichischen Anbieter auf den Markt gebracht. Eine solche Anlage kann insbesondere sinnvoll sein, wenn Sie keinen Gasanschluss bekommen können. Ein anderer Anbieter hat eine Anlage entwickelt, die zwischen den Wärmequellen Luft, Erde und thermischer Solaranlage umschaltet, je nachdem, welche gerade am günstigsten ist. Hier liegen jedoch noch keine Langzeiterfahrungen vor.

anlage ersetzt wird. In einigen Fällen kann es auch im Neubau eine Förderung geben (→ Seite 158).

Hybrid-Wärmepumpe mit Gas-Brennwertgerät: Anlagenkosten 8.000 bis 12.000 €. Die Bundesförderung in Höhe von rund 2.800 € für Wärmepumpe und Kombination kann beantragt werden.

Hybrid-Wärmepumpe mit Pelletkessel: Anlagenkosten komplett mit kleinem Pelletlager für einen Jahresverbrauch von gut einer Tonne Pellets 14.000 bis 20.000 €. Die Bundesförderung in Höhe von rund 7.000 € kann wegen der Kombination mit Pelletkessel und Pufferspeicher beantragt werden.

CHECKLISTE

Hybridwärmepumpe

Beachten Sie bitte die Checklisten zu „Wärmepumpe" (→ Seite 81) „Brennwertkessel" (→ Seite 50) und eventuell „Holzheizung" (→ Seite 57)

Wärmepumpe plus thermische Solaranlage

Eine Wärmepumpe arbeitet besonders effizient, wenn die Wärmequelle eine hohe Temperatur hat und das Heizungssystem keine hohe Temperatur verlangt. In diesen Fällen kann eine thermische Solaranlage unterstützen.

Erste Möglichkeit: Werden beide Anlagen kombiniert, so übernimmt die thermische Solaranlage vorrangig die Wärmelieferung. Die Wärmepumpe muss dann erstens weniger Wärme bereitstellen und zweitens arbeitet sie seltener im ungünstigen Bereich mit hoher Temperatur für die Warmwasserbereitung. Folge: Die Jahresarbeitszahl steigt und der Stromverbrauch nimmt ab. Wie in Abbildung 33 dargestellt, arbeiten beide Anlagen unabhängig voneinander mit demselben Brauchwasserspeicher. Als Speicher für die Heizungswärme dient die träge Fußbodenheizung.

Zweite Möglichkeit: Die Solaranlage kann sogar noch mehr zur Effizienzsteigerung beitragen, indem die Wärmequellentemperatur der Wärmepumpe durch überschüssige Sonnenwärme erhöht wird. Besonders gut gelingt das bei einer Erdwärmepumpe durch Speicherung von ungenutzter Sommerwärme im Erdreich. Die Temperatur der Wärmequelle

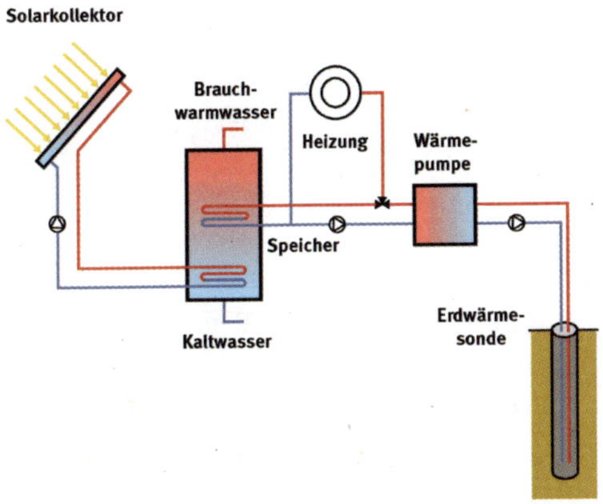

Abb. 33: Schema der Kopplung einer Brauchwassersolaranlage mit einer Erdwärmepumpe.

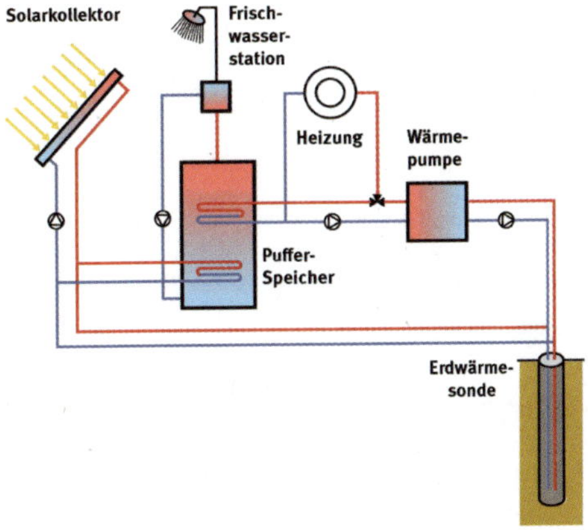

Abb. 34: Schema der Kopplung einer solaren Heizungsunterstützungsanlage, die auch die Erdreichtemperatur regeneriert, mit einer Erdwärmepumpe

wird dadurch um einige Grad angehoben. Auch bei Luft/Wasser-Wärmepumpen gibt es Anbieter von Systemen mit direkter Einspeisung von Wärme aus den Kollektoren in den Verdampfer der Wärmepumpe. In Abbildung 34 sehen Sie, wie eine solare Heizungsunterstützungsanlage mit der Wärmepumpe gekoppelt ist. Die Wärmepumpe nutzt den Pufferspeicher der solarthermischen Anlage und die Solarkollektoren werden zur Erwärmung der Sonde eingesetzt, wenn es solare Überschüsse gibt. So wird eine Überhitzung der Kollektoren verhindert und die Wärmepumpe nutzt eine wärmere Wärmequelle, es fallen allerdings höhere Pumpenstromkosten an, um die Wärme ins Erdreich zu bringen.

HINTERGRUND

Rekord-Jahresarbeitszahl

Kürzlich haben Forscher die Messergebnisse des „Effizienzhaus Plus Schlagmann/BayWa“ in Raitenhaslach bei Burghausen bekanntgegeben. Die Kombination einer großen solarthermischen Anlage mit einer Wärmepumpe hat für diese Wärmepumpe eine Rekord-Jahresarbeitszahl erzielt: Im zweiten Messjahr wurde für das Solar-Wärmepumpen- System eine Arbeitszahl von 10,7 ermittelt. Weitere Informationen: Sonnenhaus-Institut e.V.: www.sonnenhaus-institut.de

→ **TIPP Fördermittel**

Thermische Solaranlagen plus Wärmepumpen werden vom BAFA gefördert und es gibt zusätzlich einen Kombinationsbonus (www.bafa.de, weiter „Energie“, „Heizen mit erneuerbarer Energie“) Eine weitere Förderung durch Landes- oder Kommunalprogramme ist möglich. → Tipp Seite 111.

HINTERGRUND

Lesetipp

Es gibt noch weitere Möglichkeiten, thermische Solaranlagen mit Wärmepumpen zu koppeln, bis hin zu Langzeitspeichern – Eis- oder Erdreichspeicher. Diese werden ausführlich dargestellt im Ratgeber „Strom und Wärme – Wege zum energieautarken Haus" → www.vz-ratgeber.de.

Kosten der Kombination Wärmepumpe mit thermischer Solaranlage

Alle Angaben zur Förderung gelten nur im Altbau, wenn gleichzeitig eine alte Heizungsanlage ersetzt wird. In einigen Fällen kann es auch im Neubau eine Förderung geben (→ Seite 158).

Erd-Wärmepumpe und Brauchwassersolaranlage: Anlage mit drei bis sechs Quadratmeter Flachkollektor und 300 bis 400 Liter Solarspeicher zusätzlich zur Wärmepumpe. Gesamtkosten 19.000 bis 26.000 €. Bundesförderung in Höhe von 7.200 € für Solarthermie, Wärmepumpe, Kombinations- und Extrabonus

Luft/Wasser-Wärmepumpe und Brauchwassersolaranlage: Thermische Solaranlage wie oben. Gesamtkosten 12.000 bis 17.000 €, Förderung sinkt auf 1.800 €, da die Wärmepumpe nicht förderfähig ist

Erd-Wärmepumpe gekoppelt mit Heizungsunterstützungsanlage: Thermische Solaranlage mit 10 bis 14 Quadratmeter Flachkollektor und 800 bis 1.000 Liter Pufferspeicher zusätzlich zur Wärmepumpe. Gesamtkosten 22.300 bis 29.700 €. Die Bundesförderung steigt wegen der größeren Solaranlage und der guten Jahresarbeitszahl (Innovationsförderung für Wärmepumpe möglich) auf 11.700 €

Luft/ Wasser-Wärmepumpe gekoppelt mit Heizungsunterstützungsanlage: Thermische Solaranlage wie oben. Gesamtkosten 16.000 bis 22.000 €, Förderung sinkt auf 3.600 €, da die Wärmepumpe nicht förderfähig ist.

CHECKLISTE

Wärmepumpe plus thermische Solaranlage

- ☐ Soll auf Erdsonde oder Erdkollektor verzichtet werden (→ Lesetipp)?
- ☐ Pufferspeicher muss Anschlussmöglichkeit für Wärmepumpe haben.
- ☐ Beachten Sie auch die Checklisten „Thermische Solaranlage" und „Wärmepumpe" (→ Seite 103 und 81)

Wärmepumpe plus Photovoltaik

Eine Wärmepumpe beheizt Ihr Haus zum großen Teil mit Umweltwärme. Damit erreichen Sie eine große Unabhängigkeit. Allerdings benötigt die Wärmepumpe dafür Strom. Da liegt es nahe, diesen Strom mit einer eigenen Photovoltaikanlage zu gewinnen. Im Folgenden finden Sie einen Überblick über die Techniken und Kosten für die Kombination Wärmepumpe plus Photovoltaikanlage. Fast alle Wärmepumpen sind für den Anschluss an eine Photovoltaikanlage vorgesehen und tragen das „SG-Ready"-Label (SG = „Smart Grid": intelligentes Stromnetz). Eine Liste von Geräten finden Sie auf der Seite des BWP: www.waermepumpe.de/sg-ready/. Eine solche Wärmepumpe kann durch einen digitalen Steuerbefehl des Wechselrichters oder Energiemanagementsystems anlaufen, wenn ausreichend Photovoltaikstrom zur Verfügung steht. Sie kann auf ein solches Signal hin auch den angeschlossenen Speicher auf eine etwas höhere Temperatur bringen, um Überschüsse zu speichern. Besonders gut klappt die Zusammenarbeit mit der Photovoltaikanlage, wenn die Wärmepumpe ihre Leistung anpassen kann.

Im Bild unten ist dargestellt, wie der zeitliche Verlauf des Photovoltaikstroms zu zwei

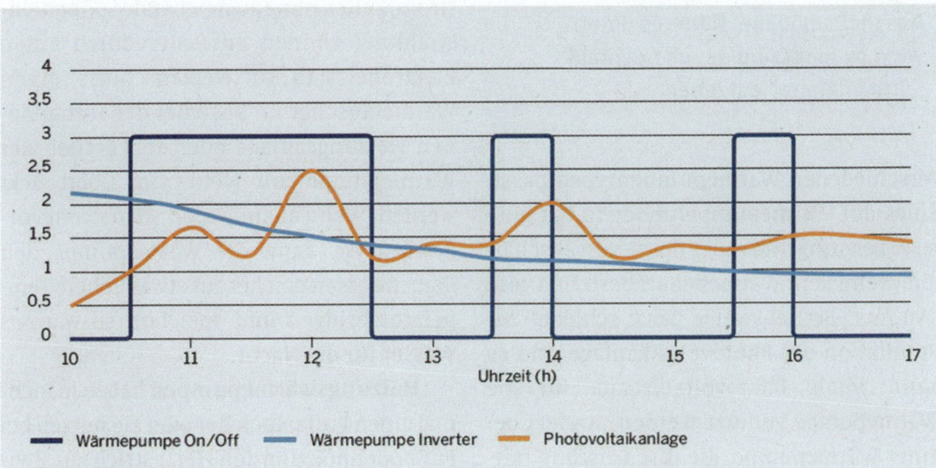

Abb. 35: Leistungsverlauf von Wärmepumpen mit und ohne Invertertechnik im Vergleich zur Photovoltaikerzeugung.

HINTERGRUND

Strom-Flatrate

Es gibt einige Stromhändler und Speicherhersteller, die ein Kombipaket von Stromlieferung und Batteriespeicher anbieten. Sie erhalten beispielsweise eine „Strom-Flatrate", wenn Sie den Speicher bei einem bestimmten Hersteller gekauft haben und die Be- und Entladung Ihres Speichers dem Anbieter überlassen. Der kann dann mehrere solcher Speicher bündeln und so Regelleistung im Strommarkt zur Verfügung stellen, um beispielsweise Spitzen und Senken der Windstromerzeugung auszugleichen. Es gibt unterschiedliche Geschäftsmodelle. Näheres unter: www.pv-magazine.de, im Suchfeld „Stromflatrate" eingeben.

verschiedenen Wärmepumpentypen passt. Eines der Wärmepumpenmodelle hat eine feste Leistung und muss deswegen abschalten, wenn kein Wärmebedarf besteht. Diese „An-Aus"-Betriebsweise passt schlecht zur Produktion der Photovoltaikanlage und es kann wenig Photovoltaikstrom für die Wärmepumpe genutzt werden. Anders bei einer Wärmepumpe, die ihre Leistung mithilfe von Invertertechnik anpasst. Im Beispiel kann diese ab der Mittagszeit vollständig mit selbst erzeugtem Strom betrieben werden, da sie moduliert und lange im Teillastbereich arbeitet.

Brauchwasserwärmepumpen haben einen größeren Warmwasserspeicher und können diesen aufladen, wenn ausreichend Photovoltaikstrom zur Verfügung steht. Wie im Abschnitt „Photovoltaik als Wärmelieferant" (→ Seite 104) beschrieben, wird ein Warmwasserbereiter mit Heizstab ohne Netzanschluss direkt mit einer Photovoltaikanlage verbunden. Genau so kann eine Brauchwasserwärmepumpe betrieben werden. Ein Anschluss ans öffentliche Stromnetz ist nicht nötig. Allerdings braucht die Photovoltaikanlage einen sogenannten Wechselrichter, denn die Wärmepumpe braucht Wechselstrom. Zeiten ohne ausreichende Sonneneinstrahlung können entweder durch einen Elektroheizstab mit Netzanschluss, einen Wärmetauscher im Speicher der vorhandenen Heizungsanlage oder den Betrieb der Wärmepumpe mit Netzstrom überbrückt werden. Wenn ausreichend Solarstrom vorhanden ist, kann die Wärmepumpe den Brauchwasserspeicher auf etwas höhere Temperatur bringen und speichert so warmes Wasser für die Nacht.

Heizungswärmepumpen haben manchmal einen Pufferspeicher oder sie nutzen bei Fußbodenheizung den Heizestrich zur Zwischenspeicherung. Auch hier ist eine geringe Temperaturerhöhung zur Überbrückung von sonnenarmen Zeiten möglich. Der Strombedarf für die Wärmepumpe ist aber so groß, dass eine herkömmliche, netzgekoppelte Photovoltaikanlage nötig ist. Diese Anlage wird so betrieben, dass vorrangig der Haushaltsstrombedarf gedeckt wird; denn Haushaltsstrom ist mit circa 29 Cent pro Kilowattstunde die teuerste Energieart. Die Wärmepumpe wird dann mit dem überschüssigen Strom betrieben, der ansonsten ins Netz eingespeist würde. Auf den günstigen Wärmepumpentarif müssen Sie in den allermeisten Fällen dann aber verzichten. Den gibt es nur, wenn Sie die Wärmepumpe ausschließlich aus dem Netz versorgen. Das ist jedoch zu verschmerzen, da Sie bei der Kopplung mindestens 30 Prozent des Stromes zu circa 22 Cent pro Kilowattstunde durch die entgangene Einspeisevergütung von zurzeit circa 12 Cent pro Kilowattstunde ersetzen. (Ihre Photovoltaikanlage produziert den Strom zwar zu niedrigeren Kosten, Sie könnten den Strom jedoch an den Netzbetreiber verkaufen.) Außerdem sparen Sie die Grund-

HINTERGRUND

Ausgeklügelte Regelungen

Die hier beschriebenen Systeme sind recht komplex, erst recht, wenn Sie weiterhin die Kopplung mit einer thermischen Solaranlage betreffen. Sie benötigen deswegen eine Regelung, die die Komponenten passend zueinander schaltet, beispielsweise sollte die Wärmepumpe möglichst weitgehend mit Strom aus der Photovoltaikanlage versorgt werden. Die SG-Ready-Schnittstelle ist dafür eine einfache Möglichkeit (→ Seite 119), es gibt jedoch ausgeklügelte Regelungen, die der Wärmepumpe vorgeben, mit welcher Leistung sie arbeiten darf. Das geht allerdings nur bei Wärmepumpen mit Invertertechnik (→ Seite 74).

Auch muss die Regelung merken, ob Wärmebedarf vorliegt, ob die thermische Solaranlage vermutlich in nächster Zeit Wärme liefern kann, ob Solarstrom zu erwarten ist. Es gibt Regelungen, die eine solche Wetterprognose enthalten.

Es besteht weiterhin die Möglichkeit, diese Regelungsanlage mit der gesamten Haustechnik zu vernetzen und durch Ihr Smartphone zu steuern (Smart-Home, → Seite 130). Fragen Sie Ihren Haustechniker, ob er Erfahrung mit solch komplexen Systemen hat und ob es möglicherweise sogar Referenzobjekte zur Besichtigung gibt.

gebühr für Wärmepumpenstrom, sodass der Verzicht auf den Sondertarif meistens sinnvoll ist. Bedenken Sie auch, dass die Einspeisevergütung über 20 Jahre gleich bleibt, während der Wärmepumpenstromtarif vermutlich steigen wird. Und: Sie erhöhen erheblich Ihre Unabhängigkeit, Ihre Autarkie. Sie betreiben demnach die Wärmepumpe mit Strom zu circa 12 Cent pro Kilowattstunde. Bei einer Jahresarbeitszahl von 4, wie sie für eine Erd-Wärmepumpe typisch ist (→ Seite 76), kostet Sie die Wärme nur circa 3 Cent pro Kilowattstunde und selbst bei einer Jahresarbeitszahl von 3 – typisch für Luft/Wasser-Wärmepumpen – liegen Sie mit circa 4 Cent pro Kilowattstunde wesentlich unter dem Öl- und Gaspreis von 5 bis 7 Cent pro Kilowattstunde. Alle netzgekoppelten Photovoltaikanlagen rentieren sich vor allem durch die Eigenstromnutzung und daneben durch die Einspeisevergütung für den Überschuss. Mittlerweile sind auch die Kosten für Batteriespeicher so weit gesunken, dass die meisten Neuanlagen damit ausgerüstet werden, was den Eigenverbrauchsanteil und die von der Wärmepumpe genutzte Strommenge erheblich vergrößert. Näheres zu netzgekoppelten Photovoltaikanlagen und Batteriespeichern im Ratgeber der Verbraucherzentrale „Strom und Wärme – Wege zum energieautarken Haus“ → www.vz-ratgeber.de.

HINTERGRUND

Wärmepumpe im Winter

Wird eine Erdwärmepumpe in einem Altbau teilweise mit PV-Strom betrieben, so reicht dies ganzjährig für Warmwasser und in der Übergangszeit für die Heizung. Im Winter allerdings, wenn die Wärmepumpe den meisten Strom benötigt, wird sie vorwiegend mit Netzstrom betrieben, der heute noch zum großen Teil aus Kohlekraftwerken mit hoher Klimabelastung stammt. Mit zunehmendem Anteil der erneuerbaren Stromerzeugung ändert sich dies.

→ TIPP **Hybridkollektoren**

Besonders effektiv ist die Kopplung einer Erd-Wärmepumpe mit einer solarthermischen und einer Photovoltaikanlage. Da kann es aber auf dem Dach Platzprobleme geben. Es gibt speziell für diesen Zweck konstruierte Hybridkollektoren. Das sind Solarmodule mit darunter angebrachten Wasserrohren, die einerseits die Module kühlen und so die Stromausbeute erhöhen und andererseits eine gute Wärmequelle für die Wärmepumpe darstellen.

Kosten der Kombination Wärmepumpe plus Photovoltaik

Brauchwasserwärmepumpe und Photovoltaik: Die optimale Größe für die Photovoltaikanlage beträgt je nach Warmwasserbedarf und Familiengröße 0,7 bis 2 Kilowatt-Peak (2- bis 5-Personen-Haushalt). Diese Anlage kostet zusammen mit der Brauchwasserwärmepumpe zwischen 3.400 und 7.500 € und wird nicht gefördert.

Heizungswärmepumpe und Photovoltaik: Eine 5-Kilowatt-Peak-Anlage ergibt bei einem Haushaltsstromverbrauch von etwa 4.000 Kilowattstunden schon eine gute Deckung des Bedarfs für Haushalt und Wärmepumpe. Eine solche Anlage kostet 8.000 bis 10.000 €. Diese Kosten erwirtschaftet Sie innerhalb der Lebensdauer von mindestens 20 Jahren durch Eigenstromnutzung und Einspeisevergütung.

Die Kosten der Heizungswärmepumpen und die Fördermöglichkeiten finden Sie im Kapitel „Wärmepumpen" (→ Seite 80).

> CHECKLISTE
>
> **Wärmepumpe plus Photovoltaik**
>
> Beachten Sie bitte die Checklisten zu „Photovoltaik" (→ Seite 110) und „Wärmepumpe" (→ Seite 81) sowie gegebenenfalls „Solarthermie" (→ Seite 103).

Gute Luft und Lüftungsanlagen

Je besser ein Gebäude wärmegedämmt ist, umso wichtiger wird es, für eine optimale Lüftung zu sorgen. Sie müssen lüften, um Gerüche zu beseitigen, um „frische", sauerstoffreiche Luft zu erhalten und Feuchtigkeit zu bannen. Dadurch verlieren Sie aber auch Heizenergie: warme Raumluft gegen kalte Außenluft. Das nennen Fachleute **Lüftungswärmeverluste**. Weil wir Energie sparen wollen und Wohnkomfort schätzen, werden Häuser immer „dichter" – wer möchte schon in einer zugigen Wohnung leben. Deshalb sollte gezielter gelüftet werden. Rund zehn Prozent aller Wohnungen hierzulande haben nachweislich Feuchtigkeitsprobleme. Etwa fünf Prozent trifft Schimmelbefall.

Wie kommt es zu dieser Feuchtebelastung? Die häufigste Ursache liegt an einer speziellen Eigenschaft der Luft.

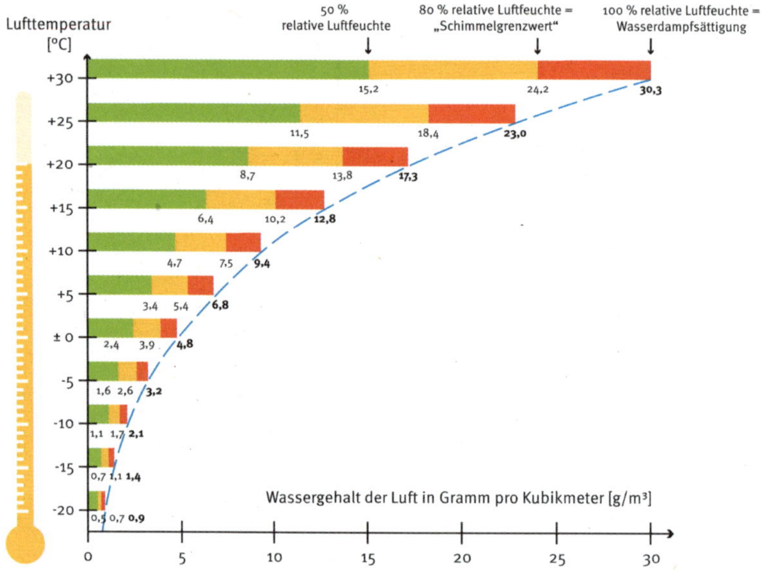

Abb. 36: „Relative“ und „absolute“ Luftfeuchtigkeit.

Im Diagramm zeigt die äußere Kurve, wie viel Feuchtigkeit die Luft in Abhängigkeit von der Lufttemperatur aufnehmen kann. Wird dieser Wert überschritten, beispielsweise bei 20 Grad Raumtemperatur mehr als 17,3 Gramm Wasserdampf pro Kubikmeter Luft, so kommt es zum Feuchteniederschlag. Beispiel: Sie holen eine Flasche aus dem Kühlschrank - und sie beschlägt. Luft enthält demnach Wasserdampf. Je wärmer sie ist, umso mehr Wasserdampf kann sie aufnehmen. Im Diagramm sehen Sie außerdem verschiedenfarbige Balken. Sie beziehen sich auf die relative Luftfeuchte. Dieser Wert gibt das Verhältnis zur bei dieser Raumtemperatur maximal möglichen Feuchte an. Die grünen Balken enden nun bei 50 Prozent relativer Feuchte, das heißt bei der Hälfte der maximal möglichen 100 Prozent. Eine Feuchte von 50 Prozent ist ein guter Wert für die Raumfeuchte. (Sie sollte zwischen 40 und 60 Prozent liegen.) Die orangenen Balken enden bei 80 Prozent – darüber wird es rot; denn ab 80 Prozent relativer Feuchte kann das Schimmelwachstum beginnen.

Probleme entstehen demnach, wenn warme Luft auf kalte Bauteile trifft. Dies verhindern Sie durch ausreichendes Heizen und geringe relative Luftfeuchte. Abbildung 36 zeigt, wie Sie effektiv die Luftfeuchte verringern können: Sie holen kalte Luft von außen und erwärmen sie. Beispiel: Außenlufttemperatur 0 Grad bei 100 Prozent Feuchte, das heißt, es regnet oder schneit. Diese Luft wird auf 20 Grad in der Wohnung erwärmt und die Luftfeuchte sinkt auf rund 30 Prozent. Diese sehr trockene Luft kann nun erneut Feuchte aufnehmen. Die Grafik verdeutlicht, dass Sie mehr Luft auswechseln müssen, je wärmer es draußen ist.

In den meisten Häusern wird per Fenster gelüftet. Eine effektive Fensterlüftung ist die

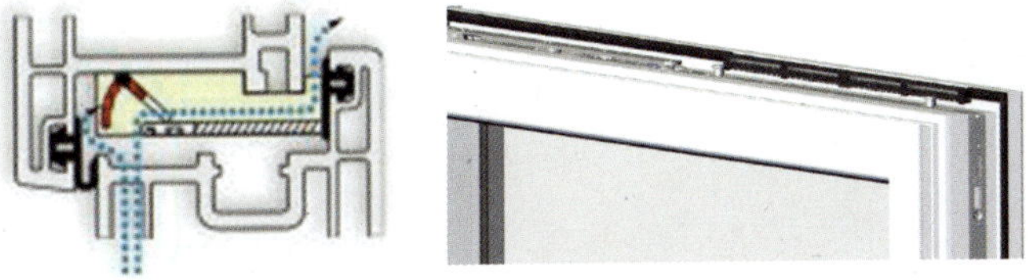

Abb. 37: Fensterfalzlüfter.

Stoßlüftung, möglichst mit Durchzug. Dann werden große Luftmengen in kurzer Zeit ausgetauscht. Im Winter reichen meist wenige Minuten. Wird zu lange gelüftet, verlieren Sie unnötig viel Wärme und kühlen die Wände aus, sodass die Schimmelgefahr steigt.

Energetisch effektives Lüften mit Fenstern ist schwierig. Bisher haben wir nur die Lüftung für die Feuchtebeseitigung beschrieben. Wichtig ist jedoch ein Mindestluftwechsel, um das ausgeatmete Kohlendioxid loszuwerden. Deshalb muss im Winter mehr gelüftet werden, als für die Feuchteregulierung nötig ist.

BEISPIEL

Schimmelgefahr

Nehmen wir an, in der Wohnung von Familie Schulte hat die Luft 20 Grad und 50 Prozent relative Feuchte. Schultes heizen das Schlafzimmer kaum, die Raumtemperatur liegt dort bei 16 Grad. Gelangt nun die Luft aus der Wohnung durch die offenstehende Tür ins Schlafzimmer, so erhöht sich dort die relative Feuchte auf noch unkritische 65 Prozent. Gibt es im Schlafzimmer aber Raumecken, die nur 12,6 Grad warm sind, so kann dort Schimmel entstehen. Denn Ecken und Kanten sind immer kälter als die Wände, da dort mehr Wärme abfließt als über die kleine Oberfläche von innen nachströmt.

→ **TIPP Lüftungskonzept**

Wenn Sie Ihr Gebäude sanieren, zum Beispiel, wenn neue Fenster eingebaut werden oder das Dach neu abgedichtet oder gedämmt wird, benötigen Sie möglicherweise ein Lüftungskonzept. Darin wird untersucht, ob zur Erhaltung der Bausubstanz weitergehende Maßnahmen notwendig sind, um eine Mindestlüftung sicherzustellen.
Auf den Seiten der Verbraucherzentrale NRW finden Sie dazu eine Entscheidungshilfe: www.verbraucherzentrale.nrw/lueftungsplanung.

Fensterfalzlüfter und ihre Kosten

Wenn Sie tagsüber außer Haus sind, können Sie nicht ausreichend lüften. Ein einfaches Mittel kann dann für eine gute Raumluftqualität sorgen: Sie könnten Fensterfalzlüfter einbauen lassen. Sie ersetzen einen Teil der Dichtungen in den Fenstern. Dadurch entsteht aber kein Loch. Vielmehr enthalten die Fensterfalzlüfter Klappen und sind bei einigen Fabrikaten verschließbar, sodass bei größerem Winddruck kein übermäßiger Durchzug entsteht.

Es gibt mehrere Anbieter und Modelle, die sofort bei der Fensterbestellung eingebaut werden oder passend zu Ihrem Fenstertyp (Holz- oder Kunststofffenster) nachgerüstet werden können. Je Fenster wird meist ein Paar Fensterfalzlüfter benötigt. Ohne Montagekosten zahlen Sie pro Fenster 20 bis 50 €.

Abluftanlagen

Wollen Sie sicherstellen, dass die Luftqualität immer gut ist? Dann kommt für Sie eine Abluftanlage in Betracht. → www.verbraucherzentrale.nrw/lueftungsanlagen. Ein Ventilator saugt die belastete Luft samt Gerüchen aus Küche, Bad und WC ab und bläst Sie nach draußen, meist übers Dach.

Durch **Zuluftelemente** in den Wänden oder den Fenstern strömt frische Luft von außen in die Reinlufträume Schlafzimmer, Kinderzimmer und Wohnzimmer. Sind die Türen geöffnet, die Türblätter gekürzt oder wurden Überströmöffnungen eingebaut, kommt es zu einer Luftströmung von der Zuluft- zur Abluftseite. Die kalte Außenluft wird auf dem Weg durch das Zuluftelement kaum erwärmt und strömt kalt in den Raum. Das empfinden Sie aber in der Regel nicht als unangenehm, weil die Zuluft langsam auch zur Decke strömt und sich dort bald mit dem Warmluftschleier mischt, der vom Heizkörper aufsteigt. In den Zuluftelementen sind Filter eingebaut, die eine gute Luftqualität insbesondere für Allergiker sichern. Selbstverständlich müssen Sie diese Filter in re-

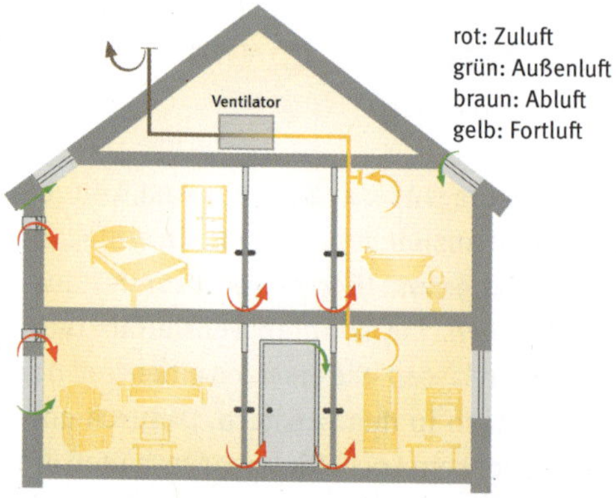

Abb. 38: Zentrale Abluftanlage und dezentrale Zuluft im Einfamilienhaus.

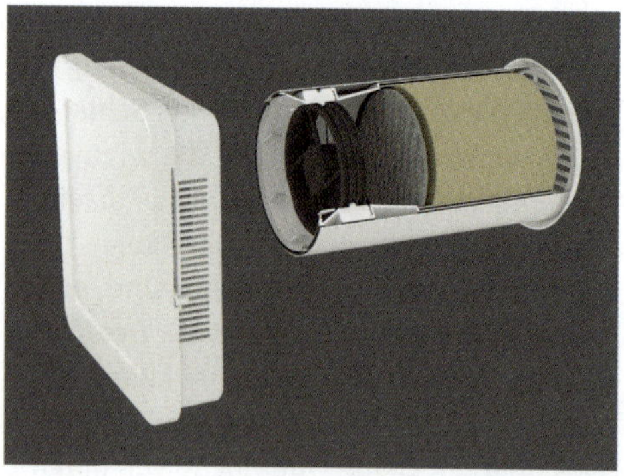

Abb. 39: Dezentrales Zuluftelement.

gelmäßigen Abständen reinigen und/oder ersetzen. Es gibt Zuluftelemente, die Sie öffnen und schließen können, je nach Nutzung des Raumes. Wieder andere Modelle enthalten einen **Feuchtefühler**. Er öffnet rein mechanisch die Klappen und schließt sie – je nach Luftfeuchte im Raum.

Es gibt Abluftventilatoren, die ihre Leistung ändern, je nachdem wie viele Zuluftelemente geöffnet sind. In jedem Fall ist es wichtig, dass der Ventilator effizient ist und wenig Strom benötigt. Und es gibt sogar Anlagen, die die warme Abluft als Wärmequelle für eine Wärmepumpe nutzen und damit eine Wassererwärmung und/oder Heizungsunterstützung ermöglichen. Abluftanlagen können auch für einzelne Räume vorgesehen werden, zum Bespiel für ein fensterloses Bad. Hier wird ein Abluftventilator eingebaut und die Zuluft kommt über die Tür. Meistens wird dieser Ventilator mit dem Lichtschalter gekoppelt und läuft eine gewisse Zeit nach. Sicherer ist es, wenn Sie einen feuchtegesteuerten Lüfter einbauen, der ab einer eingestellten Feuchteschwelle anläuft, unabhängig von der Nutzung des Bads.

Planen Sie einen Neubau? Dann sollten Sie für ein angenehmes Wohnen mindestens eine Abluftanlage einplanen. Denken Sie bei der Planung daran, die Abluft- und Reinlufträume so zu verteilen, dass kurze Leitungen ausreichen.

→ TIPP Beheizte Keller

Haben Sie ein ausgebautes Kellergeschoss? Dann ist die Lüftung im Sommer problematisch; denn die warme Luft von außen kann erhebliche Feuchtemengen in den kühlen Keller bringen und Schäden verursachen. Wohnungen im Untergeschoss dürfen im Sommer deswegen nur in den kühlen Nacht- und Morgenstunden gelüftet werden – über Tag müssen Sie die Fenster schließen. Ist Ihnen das zu umständlich? Es gibt spezielle Kellerlüftungssysteme, die mit Sensoren Temperatur und Feuchte außen und innen messen und den Ventilator nur einschalten, wenn eine Entfeuchtung möglich und nötig ist.

Kosten von Abluftanlagen

Abluftanlage für einen Raum: Einbau eines Abluftventilators (möglichst feuchtegesteuert) in die Außenwand oder das Fenster und eines Überströmelementes in die Tür zu Nachbarräumen. Kosten ab 400 €.

Zentrale Abluftanlage: Einbau von Zuluftelementen in die Außenwände oder Fensterrahmen, von Überströmöffnungen in die Türen und eines Abluftventilators mit zugehörigen Abluftkanälen. Kosten pro Wohnung 800 bis 2.000 €.

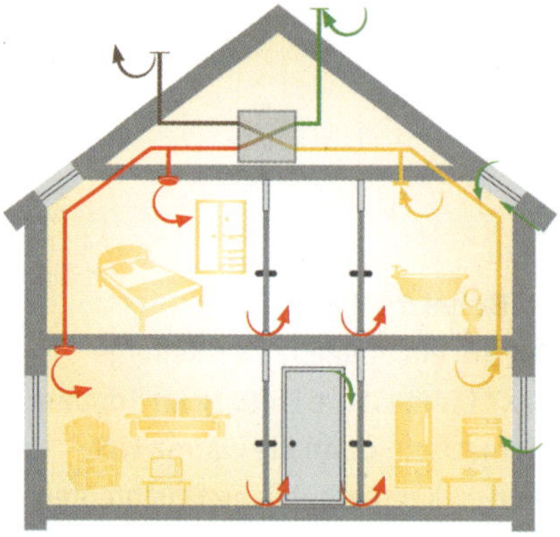

Abb. 40: Zentrale Zu- und Abluftanlage im Einfamilienhaus.

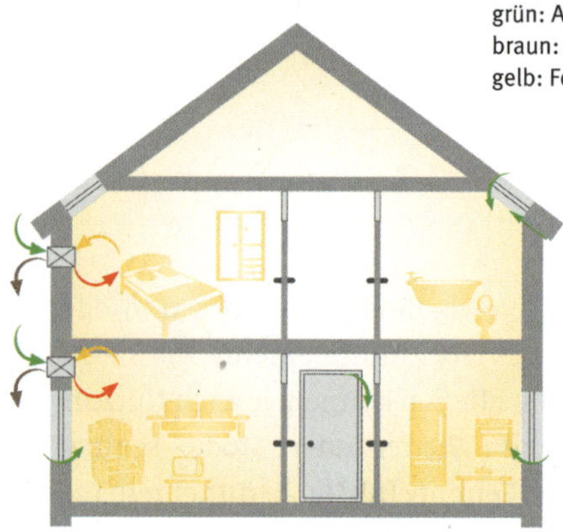

Abb. 41: Dezentrale Zu- und Abluftanlage (Einzelraumgeräte) im Einfamilienhaus.

Zentrale Abluftanlage mit Wärmerückgewinnung durch Wärmepumpe: Zuluftelemente, Überströmöffnungen und Abluftkanäle wie oben, zusätzlich ein Zentralgerät mit Wärmepumpe und Speicher. Kosten pro Wohnung je nach Zusatzfunktionen im Zentralgerät (kann unter Umständen die Heizungsanlage ersetzen) 4.000 bis 12.000 €. Diese Lüftungsanlage und Wärmepumpe kann gefördert werden.

Zu- und Abluftanlagen mit Wärmerückgewinnung

Wollen Sie noch weitere Energieeinsparungen erzielen? Dann wäre für Sie in Ihrem gut gedämmten Haus eine Lüftungsanlage mit Wärmerückgewinnung sinnvoll. Hier gibt es eine Übertragung der Abluftwärme auf die Zuluft. Sie können wählen zwischen einer Anlage mit einem Zentralgerät oder dezentral in den Räumen angebrachten Lüftungseinheiten. → www.verbraucherzentrale.nrw/lueftungsanlagen.

Bei der zentralen Lösung kommt die Zuluft in die Wohn- und Schlafräume durch Zuluftkanäle vom Zentralgerät, wo sie über Wärmetauscher oder eine kleine Wärmepumpe von der Abluft vorgewärmt wird. Die Wärmerückgewinnung aus der Abluft beträgt je nach Gerät bis zu 90 Prozent. Anlagen mit Wärmerückgewinnung verbrauchen gegenüber reinen Abluftanlagen erheblich mehr Strom, da es zwei Ventilatoren und zwei Kanalsysteme gibt und dic Kanäle mit Schalldämpfern versehen sind, was zu Strömungsverlusten führt: Typischer Stromverbrauch einer guten Anlage im Einfamilienhaus zwischen 300 bis 450 kWh jährlich. Das ist das 2,5 bis 3-Fache der entsprechenden Abluftanlage. Die Wärmerückgewinnung muss diesen Aufwand rechtfertigen und bei mindestens dem fünffachen Wert, demnach 1.500 bis 2.300 kWh jährlich, liegen. Sie sehen, dass eine solche Anlage eine gute Planung und Ausführung verlangt. Dabei muss auch berücksichtigt werden, dass durch die Abkühlung der Luft Kondensat auftritt, die Rohrleitungen leicht zu reinigen sind und eine Schallübertragung verhindert wird. Nachrüstung im Altbau ist meistens möglich. Es gibt sehr flache Zentralgeräte, die über dem Küchen-Oberschrank montiert werden können, und flache Luftkanäle, die in der abgehängten Flurdecke verschwinden. Es werden dann an der Innenwand Weitwurfdüsen montiert, damit die Luftkanäle die Zimmerdecke nicht verschandeln.

Planen Sie einen Neubau? Es gibt Zentralgeräte, sogenannte Kompaktgeräte, die neben der Lüftungsanlage eine Wärmepumpe und einen Speicher für Warmwasser enthalten. Solche Geräte können außerdem kühlen und ersetzen bei sehr gut gedämmten Häusern, beispielsweise dem Passivhaus, die komplette Haustechnik. Die Zuluft sorgt dann für die Heizwärme, eine weitere Heizungsanlage wird überflüssig (→ Seite 152).

Luft ist ein Lebensmittel und darf nicht verschmutzt werden. Ein zentrales Lüftungssystem muss deswegen durch regelmäßigen Filterwechsel und zeitweilige Reinigung der Zuluftkanäle sauber gehalten werden. Haben Sie dabei kein gutes Gefühl? Dann kommt für Sie eine dezentrale Anlage mit Wärmerückgewinnung in Betracht.

Sie enthält keine langen Zuluftkanäle. In der Außenwand oder im Fensterrahmen befinden sich einzelne Geräte, bisweilen mit reinen Zuluftelementen kombiniert. Es gibt unterschiedliche Methoden der Wärmerückgewinnung. Einige Geräte enthalten einen Wärmetauscher und zwei kleine Ventilatoren und kurze, getrennte Zu- und Abluftkanäle. Bei anderen Geräten erfolgt die Zu- und Wegführung der Luft über denselben Mauerdurchbruch. Der Ventilator bläst eine Zeitlang die warme Luft aus dem Raum nach draußen durch einen Keramikblock, der die Wärme aufnimmt und speichert. Nach kurzer Zeit wird die Drehrichtung geändert und dieser Ventilator saugt nun die kalte Außenluft durch den warmen Keramikblock, erwärmt sie und bläst sie als Zuluft in den Raum. Dieses Spiel wiederholt sich immer wieder in kurzen Zeitabständen. Es sind mindestens zwei Geräte notwendig, die sich mit den Drehrichtungen abwechseln. Ein zentrales Steuergerät oder die Geräte selbst übernehmen diese Aufgabe. Eine solche Lüftungsanlage kann ohne Weiteres in einem Altbau nachgerüstet werden. Auch eine raumweise Installation nur für die Zimmer mit Feuchteproblemen ist möglich.

→ TIPP Fördermittel

Lüftungsanlagen können unter Umständen vom Bund, den Ländern und eventuell sogar den Kommunen gefördert werden. Fragen Sie bei Ihrer Kommune nach oder schauen Sie für Landes- und Bundesförderprogramme ins Internet: www.foerderdatenbank.de

Kosten von Zu- und Abluftanlagen mit Wärmerückgewinnung

Zentrale Zu- und Abluftanlage: Einbau von Zu- und Abluftkanälen mit zugehörigen Düsen und Schalldämpfern, Einbau eines Zentralgerätes mit Zu- und Abluftrohren nach draußen. Kosten pro Wohnung 5.000 bis 8.000 €. Es gibt Fördermöglichkeiten.

Zentrale Zu- und Abluftanlage mit Kompaktgerät: Einbau wie oben, zusätzlich ein Kompaktgerät, das die komplette Haustechnik enthält. Kosten pro Wohnung zwischen 13.000 bis 15.000 €. Es gibt Fördermöglichkeiten.

Dezentrale Zu- und Abluftanlage: Einbau von Einzelgeräten mit zugehörigem elektrischen Anschluss und gegebenenfalls einem zentralen Steuergerät. Kosten je Einzelgerät 800 bis 1.200 €. Werden nur einzelne Räume ausgestattet, so benötigen Sie pro Raum ein bis zwei Geräte. Für eine Wohnung können unter Umständen drei bis vier Geräte ausreichend sein. Es gibt Fördermöglichkeiten.

Smart-Home-Systeme

Smart-Home Systeme sind mittlerweile sehr gefragte Haustechnik-Anlagen, die Geräte intelligent (smart) miteinander vernetzen. Diese Technik kann auch helfen, Heizkosten zu sparen – so die Hersteller. Und sie könnte den Geldbeutel sowie die Umwelt schonen.

So funktioniert ein Smart-Home-System

Ein Smart-Home-System besteht aus einigen typischen Komponenten, unter anderem aus zahlreichen Sensoren (zum Beispiel für die Messung der Raumtemperatur), Aktoren (Schaltern, Stellmotoren) und einem programmierbaren Steuergerät. Die von den Sensoren kommende Information wird im Steuergerät nach einem vorgegebenen Programm verarbeitet und den Aktoren ein entsprechender Steuerbefehl gegeben. Beispielsweise meldet der Temperatursensor im Wohnzimmer „19 Grad". Im Programm ist aber für diese Tageszeit eine Raumtemperatur von 20 Grad vorgegeben. Dann gibt das Steuergerät an den Stellmotor (Aktor) den Befehl „Heizkörperventil öffnen", bis der Sensor meldet „20 Grad". Sie können jederzeit in das Programm eingreifen und beispielsweise von unterwegs über Ihr Smartphone andere Raumtempera-

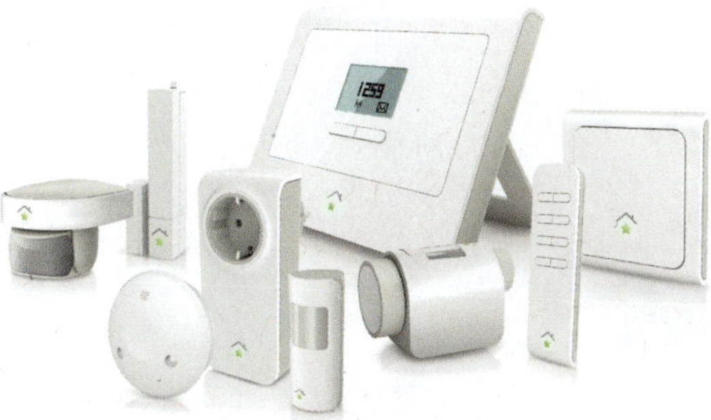

Abb. 42: Smart-Home-System mit Sensoren, Aktoren und Bedieneinheit.

turen vorgeben: Eine raumweise Programmierung kann einen Beitrag zum Energiesparen leisten. Und Wettervorhersagen können anstelle der aktuellen Außentemperatur eine besonders energiesparende Heizungsregelung ermöglichen.

Smart-Home-Systeme können zahlreiche Endgeräte steuern, etwa Heizungsanlagen, Haushaltsgeräte, die Beleuchtung, elektrische Rollläden, Alarmanlagen oder Batteriespeicher der Photovoltaikanlage. Sie können die Abläufe mit einem Eingabegerät wie Touchdisplays, Raumtemperaturregler oder mit Tablets und Smartphones regeln. Aber auch über klassisch anmutende Lichtschalter lässt sich ein Smart-Home-System regeln. Und Sie können jederzeit mit Ihrem Smartphone aus der Ferne die Abläufe in Ihrem Haus steuern (→ Seite 210). Meistens gibt es im Wohnbereich ein Display, das anschaulich Messwerte und Eingriffsmöglichkeiten anzeigt. Auch Sprachsteuerung ist möglich.

Ein solches System ist stufenweise erweiterbar. Es gibt Systeme, die eine besondere Verkabelung erfordern, sowie spezielle Funksysteme, um Altbauten nachzurüsten. Die Komponenten sind teilweise so klein, dass sie in einer „intelligenten Lüsterklemme" Platz finden. Bei diesem System werden die Signale über die normalen Stromleitungen übertragen. Im Zählerkasten müssen dann entsprechende Server eingebaut werden, die wie Sicherungsautomaten aussehen.

Lassen Sie sich mehrere Angebote geben und fragen Sie die Handwerker nach Referenzen. Einige Systeme werden zur Selbstmontage angeboten. Zurzeit gibt es zahlreiche unterschiedliche Systeme, die nicht miteinander kompatibel sind. Aber es gibt auch herstellerunabhängige Plattformen, sogenannte offene Systeme. Sie müssen sich konsequent für ein einziges System entscheiden.

Fraglich bleibt der Aspekt Datensicherheit: Denn Hacker könnten sich Zugang zu Ihrer Haustechnik verschaffen. Oder Ihr Smartphone gelangt in kriminelle Hände. All diese Fragen sind noch nicht abschließend geklärt. Mehr dazu → www.verbraucherzentrale.de/smart-home.

Kosten für Smart-Home-Systeme

Einstiegskosten für funkbasierte Systeme beginnen bei wenigen Hundert Euro, wogegen bei kabelbasierten eher mit über tausend Euro zu rechnen ist. Das System wird umso teurer, je umfangreicher es wird. Nach oben gibt es keine Grenze.

Haustechnik in Neu- und Altbau

Wie können die verschiedenen Haustechniken beim Neubau oder bei der energetischen Sanierung von Bestandsgebäuden eingesetzt werden? Und wie lassen sie sich klug miteinander kombinieren? Ausgehend von einer Ausgangsplanung oder einem Ist-Zustand zeigen wir anhand von Beispielfamilien, welche Technik welche Vorteile bringt.

Ansprüche an die Haustechnik sind individuell. Daher sollten Sie zunächst überlegen, was Ihre wichtigsten Ziele sind. Soll es eine möglichst preisgünstige Lösung sein? Ist es Ihnen egal, ob das über längere Zeit die teurere Lösung wird? Wollen Sie Teil der Energiewende werden und einen möglichst geringen Kohlendioxidausstoß verursachen? Oder kommt es Ihnen darauf an, sich möglichst unabhängig von Energieversorgern zu machen?

Die Zielauswahl und Entscheidungen kann Ihnen dieses Buch nicht abnehmen. Sie finden jedoch im Folgenden anhand von Beispielhäusern Abschätzungen, inwieweit Ihre Pläne tatsächlich umsetzbar sind.

Neubau

Familie Meier möchte neu bauen. Es soll ein Haus mit etwa 100 Quadratmetern Wohnfläche auf zwei Etagen werden. Das Dach wird vorerst nicht ausgebaut. Auch der Keller bleibt unbeheizt. Die Energieeinsparverordnung (EnEV) verlangt einen baulichen Mindestwärmeschutz und gibt einen Höchstwert für den Primärenergieverbrauch vor (→ Kasten Seite 34). Beides orientiert sich am Referenzgebäude (→ Seite 33), dem geplanten

Gebäude mit vorgegebener baulicher und haustechnischer Ausstattung. Seit 2016 reicht dies allerdings nicht mehr: Das Haus der Meiers muss den Primärenergiebedarf des Referenzgebäudes um mindestens 25 Prozent unterbieten. Auch der bauliche Wärmeschutz des Referenzgebäudes ist nicht ausreichend; denn die EnEV verlangt außerdem, dass ein Mindestwert eingehalten werden muss: Der mittlere U-Wert des Referenzgebäudes beträgt 0,42 W/m²K, die Tabelle in der EnEV verlangt allerdings 0,40 W/m²K. Eine geringe Verbesserung der Außenwände und der Kellerdecke ist für Meiers Haus ausreichend (→ Tabelle 1 und Abb. 1).

Anspruchsvoller ist die Primärenergieanforderung. Meiers möchten beim Brennwertkessel bleiben. Allerdings soll es kein Öl-, sondern ein Gas-Brennwertkessel sein. Eine Abluftanlage ist im Referenzgebäude bereits vorgesehen. Meiers entschließen sich aber, stattdessen eine Lüftungsanlage mit Zu- und Abluft und Wärmerückgewinnung (→ Seite 128) einzubauen. Meiers können bei ihrem kleinen Haus gut auf eine Warmwasserzirkulation (→ Seite 92) verzichten (→ Tabelle 2, Seite 136). Damit ist das Ziel er-

Tabelle 1: Bauliche Daten des Neubaus von Famile Meier

Bauteilbezeichnung	Höhe in m	Breite in m	Fläche in m²	U-Wert des Referenzgebäudes W/m²K	U-Wert beim Neubau Meier W/m²K
Oberste Geschossdecke	9,00	7,00	63,00	0,20	0,20
Außenwand Nord	9,00	6,00	43,20	0,28	0,24
Fenster Nord			10,80	1,30	1,30
Außenwand West	7,00	6,00	33,60	0,28	0,24
Fenster West			8,40	1,30	1,30
Außenwand Süd	9,00	6,00	43,20	0,28	0,24
Fenster Süd			10,80	1,30	1,30
Außenwand Ost	7,00	6,00	33,60	0,28	0,24
Fenster Ost			8,40	1,30	1,30
Kellerdecke	9,00	7,00	63,00	0,35	0,30
Wärmebrückenzuschlag				**0,05**	0,05

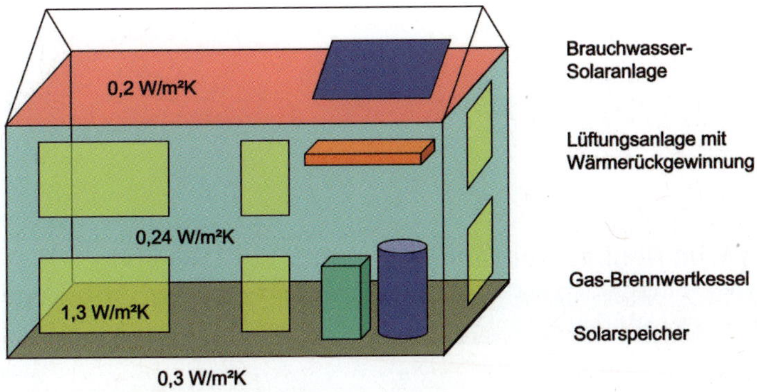

Abb. 1: Ausgangsplanung Neubau Meier.

reicht. Meiers übernehmen die bereits im Referenzgebäude vorgesehene thermische Solaranlage zur Brauchwassererwärmung und halten so das Erneuerbare-Energien-Wärmegesetz für ihre Ausgangsplanung ein (Tabelle 3 → Seite 164; EEWärmeG → Seite 35).

Kosten-Rechnung

Die Haustechnik kostet 6.000 bis 8.000 € für den Brennwertkessel, rund 2.000 € für den Gasanschluss, 1.000 bis 2.000 € für den Schornstein, 3.000 bis 5.000 € für Heizkörper und Verrohrung, 4.000 bis 5.000 € für die solarthermische Anlage und 5.000 bis 8.000 € für die Lüftungsanlage, insgesamt macht das **21.000 bis 30.000 €** (im Mittel 25.500 €). Für die Lüftungsanlage kann es je nach Bundesland eine Förderung geben.

In dieser Planungsphase wird das Haus der Meiers für Heizung und Warmwasser jährlich etwa 6.350 Kilowattstunden (kWh) Gas benötigen zu Kosten von rund 410 € bei derzeitigem mittleren deutschen Gaspreis. Hinzu kommen 650 kWh Betriebsstrom zu 190 € jährlich. Für Wartung und Schornstein-

Vorteile und Nachteile Brennwertkessel

Vorteile:

+ Weit verbreitete Technik
+ Mittlerer Energieverbrauch
+ Mittlere Wartungskosten
+ Konkurrenz zwischen den Anbietern kann günstigen Gaspreis ergeben
+ Bei guter Planung und Ausführung hohe Effektivität
+ Passt ins regenerative Versorgungssystem, wenn im Gasnetz zunehmend Bio-, Wind- und Sonnengas transportiert wird.

Nachteile:

- Schlechter Primärenergiefaktor
- Mittlere Investitionskosten
- Gasanschluss nötig
- Abhängigkeit von Gaslieferanten
- Tarife können geändert werden – es kann Preissteigerungen geben
- Umweltbelastung durch Kohlendioxid und andere Stoffe
- Keine Förderung im Neubau
- Aussterbende Technik, falls keine Kopplung Strom mit Gasnetz erfolgt
- Erneuerbares Gas könnte sehr teuer sein

Tabelle 2: Haustechnik im Neubau der Familie Meier

Bezeichnung	Haustechnik im Referenzgebäude	Haustechnik im Neubau Meier
Heizung		
Wärmeerzeuger	Brennwertkessel, Öl	Brennwertkessel, Gas
Auslegungstemperatur	55/45 Grad	55/45 Grad
Aufstellung	innerhalb des beheizten Bereiches	innerhalb des beheizten Bereiches
Pumpe	geregelte Pumpe, nach Bedarf ausgelegt	geregelte Pumpe, nach Bedarf ausgelegt
Rohrdämmung	nach EnEV	nach EnEV
Abgleich	hydraulischer Abgleich	hydraulischer Abgleich
Wärmeübergabe	Heizkörper	Heizkörper
Wärmeregelung	Thermostatventile	Thermostatventile
Warmwasserbereitung		
Warmwassersystem	über Wärmeerzeuger und Solaranlage	über Wärmeerzeuger und Solaranlage
Solaranlage	ca. 4 m² Flachkollektor	ca. 4 m² Flachkollektor
Speicher	Solarspeicher	Solarspeicher
Aufstellung	neben Wärmeerzeuger	neben Wärmeerzeuger
Zirkulation	ja, mit Pumpe und Zeitschaltuhr	nein
Rohrdämmung	nach EnEV	nach EnEV
Lüftung		
Luftdichtheit	Luftdichtheitstest	Luftdichtheitstest
Lüftungsanlage	zentrale Abluftanlage, bedarfsgesteuert	zentrale Zu- und Abluftanlage, bedarfsgesteuert
Wärmerückgewinnung	entfällt	mit Wärmetauscher, 80 %

feger rechnen Meiers mit 200 € pro Jahr, sodass die **jährlichen Betriebskosten 800 €** betragen. Die Umwelt wird mit knapp 2 Tonnen Kohlendioxid (t CO_2) jährlich belastet. Durch solarthermische Anlage und Lüftungsanlage mit Wärmerückgewinnung erzielen Meiers eine **Autarkie Wärme** von 24 Prozent.

Meiers bitten einen Energieberater, abzuschätzen, ob es im Vergleich zu dieser **Ausgangsplanung** günstigere Möglichkeiten für die Haustechnik in ihrem Neubau gibt.

Effizienzhäuser

Der Energieberater hat Familie Meier vom Förderprogramm der KfW „Energieeffizient bauen" (→ Tipp) berichtet. Da er eingetragener Energie-Effizienz-Experte ist, darf er für sie den Förderantrag stellen. Natürlich wird er Familie Meier eine Rechnung für seine Tätigkeit präsentieren, da er außerdem den Bau begleiten, die notwendigen Nachweise erbringen, eine Luftdichtheitsmessung veranlassen und die Abschlussbestätigung für die KfW verfassen wird. Seine Kosten können zur Hälfte gefördert werden. Der Zinsvorteil durch den günstigen Kredit ist mehr als ausreichend zur Deckung des verbliebenen Honorars.

→ TIPP Näheres zur KfW-Förderung
Die KfW fördert energieeffiziente Neubauten durch Kredite zu günstigen Zinssätzen, die über Ihre Hausbank vor Baubeginn beantragt werden. Es können pro Wohneinheit bis zu 100.000 € sein – zur Abdeckung der reinen Baukosten. Je nach Grad des Effizienzhauses wird ein Tilgungszuschuss gewährt, das heißt, nach der Bestätigung der ordnungsgemäßen Durchführung durch den Energieberater wird ein Teil der Kreditschuld erlassen. Näheres → www.kfw.de/153. Den Antrag muss ein gelisteter Energieberater vor Baubeginn stellen: www.energie-effizienz-experten.de Sein Honorar kann zur Hälfte bezuschusst werden (Zuschuss Baubegleitung www.kfw.de/431).

Die KfW fördert die sogenannten Effizienzhäuser. Es gibt das **Effizienzhaus 55**, das **Effizienzhaus 40** und das **Effizienzhaus 40 plus**. Die Zahl gibt an, wie groß der Primärenergiebedarf im Verhältnis zu demjenigen des Referenzhauses ist – so darf das Effizienzhaus 40 beispielsweise höchstens 40 Prozent des Primärenergiebedarfs des Referenzhauses haben (→ Seite 34). Gleichzeitig muss der bauliche Wärmeschutz verbessert werden.

Für ein **Effizienzhaus 55** müssen Meiers einen um 30 Prozent besseren Wärmeschutz erreichen: Gegenüber ihrer Ausgangsplanung (→ Seite 134) werden zusätzlich der Dachboden mit 8 Zentimeter, die Außenwände mit 3 Zentimeter und die Kellerdecke mit 6 Zentimeter versehen, alles mit einem Dämmstoff (→ Glossar, Seite 214) der Güte 035. Weiterhin benötigen Meiers nun Fenster mit Dreifachwärmeschutzverglasung. Die **Wärmebrücken** (→ Glossar, Seite 215) können nicht mehr pauschal angegeben werden. Der Energieberater muss sie gesondert berechnen und auf eine möglichst wärmebrückenarme Konstruktion achten. Es gibt im Förderprogramm der KfW vorgegebene Konstruktionen und Haustechnikvarianten, für die kein Nachweis

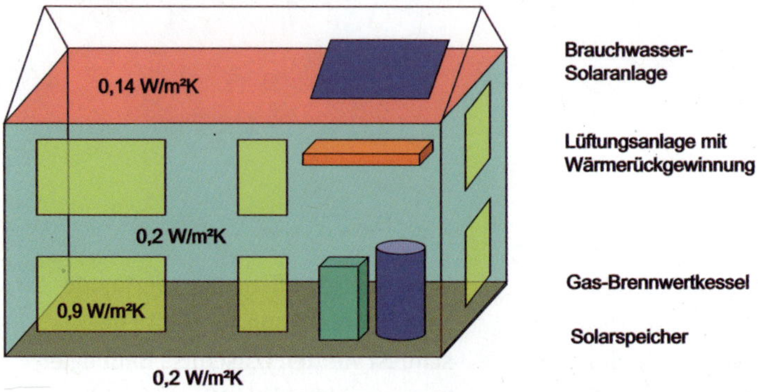

Abb. 2: Neubau Meier Effizienzhaus 55, Wärmebrückenzuschlag 0,03 W/m²K.

nach dem Verfahren der EnEV nötig ist. **Variante 0** (Ausgangsplanung) mit Brennwertkessel, solarer Brauchwasseranlage und Lüftungsanlage mit Wärmerückgewinnung entspricht dieser Vorgabe (→ Abb. 2).

Die Verbesserung des baulichen Wärmeschutzes wird zwischen 6.000 bis 7.000 € kosten. Der Tilgungszuschuss von 5.000 € (bei Ausnutzung des vollen Kredites von 100.000 €) deckt diese Mehrkosten nicht ganz. Die Haustechnik entspricht der Ausgangsplanung (→ Tabelle 2).

Für ein **Effizienzhaus 40** müssen Meiers einen um 45 Prozent besseren Wärmeschutz erreichen: Gegenüber ihrer Ausgangsplanung (→ Seite 134) werden zusätzlich der Dachboden mit 18, die Außenwände mit 9 und die Kellerdecke mit 6 Zentimeter versehen, alles mit einem Dämmstoff der Güte 035. Meiers benötigen ebenfalls Fenster mit Dreifachwärmeschutzverglasung. Die Anforderungen an Wärmebrücken steigt: Eine besonders wärmebrückenarme Konstruktion muss nachgewiesen werden. Für das Effizienzhaus 40 gibt es keine vorgegebenen Konstruktionen und Haustechnikvarianten. In jedem Fall ist ein Nachweis nach dem Verfahren der EnEV nötig. Die Kosten für die Verbesserung des baulichen Wärmeschutzes werden nun zwischen 9.000 bis 11.000 € liegen und durch den Tilgungszuschuss von 10.000 € aufgewogen (bei Ausnutzung des vollen Kredites von 100.000 €). Wird ein Brennwertkessel eingebaut, so sind eine thermische Solaranlage zur Heizungsunterstützung und eine Lüftungsanlage mit Wärmerückgewinnung nötig (→ Abb. 3). Von dieser Variante rät der Energieberater ab.

Ein **Effizienzhaus 40 plus** versorgt sich im Jahresverlauf zum großen Teil mit selbsterzeugter Energie. Es gibt eine Vorgabe für die zu erzeugende Mindeststrommenge. Das Haus muss jedoch kein Plusenergiehaus sein, das heißt, es muss nicht den gesamten Strom produzieren, den Familie Meier für Haushalt und Haustechnik benötigt. Als weitere Fördervoraussetzung muss das „Plus-Paket" eingebaut werden, insbesondere eine Lüftungsanlage mit Wärmerückgewinnung, ein ausreichend großer Batteriespeicher und eine Visualisierungsmöglichkeit, ein Anzeigegerät, das im Wohnbereich die jeweiligen Verbräuche, Erträge und Ladung der Batterie zeigt. Der Energieberater hat bei jeder Vari-

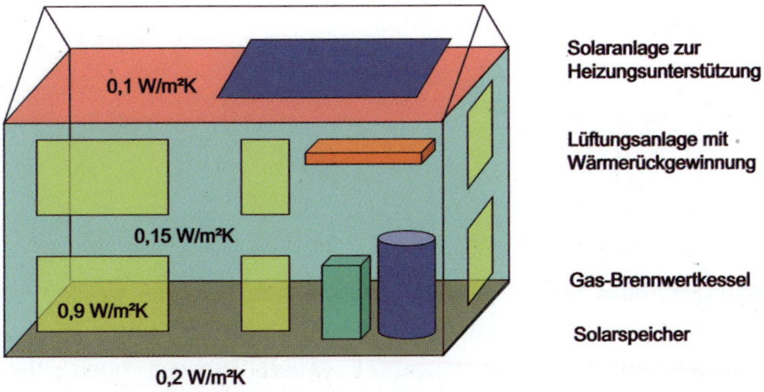

Abb. 3: Neubau Meier Effizienzhaus 40, Wärmebrückenzuschlag 0,01 W/m²K.

ante mit Photovoltaikanlage beim Effizienzhaus 40 ein solches Plus-Paket untersucht. Verluste der Batterie hat er vernachlässigt. Der Tilgungszuschuss beträgt nun 15.000 € (bei Ausnutzung des vollen Kredites von 100.000 €).

Varianten zur Ausgangsplanung

Der Energieberater stellt Familie Meier elf Möglichkeiten vor:

Variante 1: Holzkessel mit Scheitholz oder Pellets
Variante 2: Blockheizkraftwerke (BHKW, stromerzeugende Heizung)
Variante 3: Fernwärme
Variante 4: Wärmepumpen
Variante 5: thermische Solaranlage zur Heizungsunterstützung
Variante 6: elektrische Beheizung und Photovoltaikanlage
Variante 7: Holzheizung und große thermische Solaranlage – Sonnenhaus
Variante 8: Hybrid-Wärmepumpe
Variante 9: Erd-Wärmepumpe in Kombination mit thermischer Solaranlage
Variante 10: Wärmepumpen in Kombination mit Photovoltaikanlage
Variante 11: Erd-Wärmepumpe in Kombination mit thermischer Solaranlage und Photovoltaikanlage.

Er erläutert Familie Meier nur die wirtschaftlich sinnvollen Varianten, jeweils in Kombination mit ihrer Ausgangsplanung (→ Seite 134) oder einem Effizienzhauskonzept (→ Tabelle 3, Seite 164). Bei einigen Varianten hat er mehrere Möglichkeiten abgeschätzt (a bis zu f → Abb. 4, Seite 141).

Holz als nachwachsender Rohstoff, BHKW und Fernwärme, Wärmepumpen sowie thermische Solaranlagen oder Photovoltaikanlagen haben einen kleineren Primärenergiefaktor als ein Gas-Brennwertkessel. Deswegen ist die EnEV-Anforderung an den Primärenergiebedarf leichter zu erfüllen. Meiers benötigen in einigen Fällen keine Lüftungsanlage mit Wärmerückgewinnung und auch keine thermische Solaranlage mehr; und die Vorlauf-/Rücklauftemperatur kann teilweise auf 70/55 Grad steigen, sodass kleinere Heizkörper ausreichen. Die geringeren Kosten dafür werden jedoch vernachlässigt. Für gute Luftqualität sollten Meiers in jedem Fall eine zentrale Abluftanlage einbauen lassen. Bei einigen Varianten kann der Schornstein entfallen. Mehrkosten beziehungsweise Einsparungen sind gegenüber den Kosten der Ausgangsplanung angegeben. Die Investition beinhaltet bei allen Varianten die gesamten Kosten für die Haustechnik und den baulichen Mehraufwand gegenüber der Ausgangsplanung. In Tabelle 3 (→ Seite 164) finden Sie wegen der Übersichtlichkeit nur die durchschnittlichen Kosten und keine Bandbreite. Alle Energieverbräuche wurden für einen durchschnittlichen deutschen Bauplatz und eine durchschnittliche Wohnungsnutzung abgeschätzt. Eine Anpassung an Ihre eigenen Bedingungen ist möglich (→ Tipp unten). Wenn im Folgenden Autarkiegrade bewertet werden, so ist damit gemeint: „gering“: unter 30 Prozent, „mittel“: 30 bis 60 Prozent, „hoch“: über 60 Prozent. Der Energieberater hat nicht alle Varianten für alle Effizienzhaustypen dargestellt. In Tabelle 3 finden Sie daher nur die Effizienzhaustypen mit der besseren Wirtschaftlichkeit.

→ **TIPP Alle Varianten als Download**
Auf den folgenden Seiten werden alle Technikvarianten genau beschrieben. Einen vollständigen Überblick und den direkten Vergleich aller Werte bietet unser Download: www.ratgeber-verbraucherzentrale.de/haustechnik
Dort können Sie auch Ihre eigenen Werte eintragen und berechnen.
(→ Hintergrund Seite 142)

Mit welcher Technik lässt sich welche Effizienzhausklasse erreichen? Die nebenstehende Grafik gibt einen Überblick.

Brennwertkessel und thermische Solaranlage (Variante 0)

Dies ist die zuvor beschriebene Ausgangsvariante des Effizienzhauses 55.

Holzheizung (Variante 1a und 1b)

Diese ist am effektivsten im Effizienzhaus 40. Für den **Scheitholzvergaserkessel** (Variante 1a) müssen Meiers mit 8.000 bis 12.000 € rech-

Welche Technik schafft welche Effizienzhausklasse beim Neubau Meier?

Kein Effizienzhaus	Brennwertkessel und Solarthermie	Ausgangsplanung
	Blockheizkraftwerk	Variante 2 b
	Luft-Wärmepumpe	Variante 4 a
	Brennwertkessel und Solarthermie	Variante 5
	Hybrid-Wärmepumpe	Variante 8
Effizienzhaus 55	Brennwertkessel und Solarthermie	Variante 0
	Erd-Wärmepumpe	Variante 4 b
Effizienzhaus 40	Holzheizung	Variante 1 a
	Fernwärme	Variante 3 a
		Variante 3 b
		Variante 3 c
	Photovoltaik	Variante 6 a
	und Solarthermie	Variante 6 c
		Variante 6 e
	Holzheizung und Solarthermie	Variante 7
	Wärmepumpe und Solarthermie	Variante 9
	Wärmepumpe und Photovoltaik	Variante 10 a
		Variante 10 c
	und Solarthermie	Variante 11 a
Effizienzhaus 40 plus	Photovoltaik	Variante 6 b
	und Solarthermie	Variante 6 d
		Variante 6 f
	Wärmepumpe und Photovoltaik	Variante 10 b
		Variante 10 d
	und Solarthermie	Variante 11 b

Abb.4

nen. Unter dem Strich sparen Meiers im Mittel Investitionskosten von circa 8.500 €. Familie Meier benötigt jedoch erheblich mehr Endenergie, nämlich 11.580 kWh jährlich, entsprechend 6 bis 7 Raummeter Scheitholz. Einschließlich Betriebsstrom haben Meiers jährliche Kosten von 460 €. Wartung und Schornsteinfegerkosten sind beim Holzkessel höher. Meiers rechnen mit 200 € pro Jahr zusätzlich, sodass diese Variante höhere Betriebskosten von 60 € jährlich verursacht. Sie ist trotz höherer Betriebskosten wirtschaftlich; denn in 20 Jahren summieren sich die höheren Kosten nur auf 1.200 € und es verbleibt eine erhebliche Einsparung. Die Umweltbelastung sinkt stark auf gut 0,3 t CO_2 jährlich. Die Autarkie Wärme beträgt 0 Prozent, da Meiers das Holz vermutlich kaufen müssen und nicht selbst aus dem Wald holen wollen.

Ein **Pelletkessel** (Variante 1b) bietet zwar den Komfort einer vollautomatischen Feuerung, sie ist aber in diesem Fall unwirtschaftlich und daher nicht in der Tabelle 3 enthalten. Der Grund: Für den Pelletkessel mit Lager müssten Meiers mit Kosten von 14.000 bis 18.000 € rechnen. Durch höhere Pellet-

HINTERGRUND

Umrechnung auf Ihre Werte

Die Berechnung der Varianten zur Ausgangsplanung wurde mit einem Energiebilanzprogramm durchgeführt. Wenn die Größe Ihrer Wohnfläche um mehr als 40 Prozent nach oben oder unten abweicht, also kleiner als 60, größer als 140 Quadratmeter ist, sind die Aussagen nicht übertragbar. Beauftragen Sie dann einen Energieberater mit Berechnungen für Ihr Haus. Ansonsten können Sie die Werte der Tabelle 3 (→ Seite 164) umrechnen. Dabei hilft Ihnen ein Tool im Internet: www.ratgeber-verbraucherzentrale.de/haustechnik
Sie können dort alle Werte auf Ihre Verhältnisse anpassen; denn es wäre purer Zufall, wenn alle Annahmen bereits zuträfen. Es gibt Eingabemöglichkeiten für die Wohnfläche, Investitionskosten und Förderung, Wartungskosten, Energiekosten, Solareinstrahlung sowie Ihren Bedarf an Haushaltsstrom. Das Ergebnis ist eine Tabelle mit allen Varianten, deren Ergebnisfelder (Investition im Vergleich, Betriebskosten, Kosteneinsparung nach 20 Jahren, Amortisationszeit, CO_2, Autarkie Wärme, Autarkie Strom) entsprechend der Legende in Tabelle 3 eingefärbt sind. So können Sie mit einem Blick die für Sie günstigsten Varianten erkennen.

Vorteile und Nachteile Holzheizung

Vorteile:

+ Weit verbreitete Technik
+ Guter Primärenergiefaktor
+ Kein Gasanschluss nötig
+ Mittlere Investitionskosten beim Scheitholzkessel
+ Niedrige Energiekosten durch günstigen Holzpreis
+ Sehr niedrige Energiekosten, wenn Holz selber im Wald aufbereitet wird
+ Bei Pelletkessel hoher Komfort
+ Bei guter Planung und Ausführung hohe Effektivität
+ 100 Prozent regenerative Versorgung
+ Bei Scheitholzkessel sehr geringe, bei Pelletkessel geringe Klimabelastung
+ Normale Heizkörper einsetzbar wegen hoher Vorlauftemperatur

Nachteile:

– Holz- oder Pelletlagerung nötig
– Schornstein nötig
– Brennstoff muss vorfinanziert werden
– Hohe Investitionskosten beim Pelletkessel
– Hohe Wartungs- und Schornsteinfegerkosten
– Bei Scheitholzkessel weniger Komfort, viel Handarbeit
– Keine Förderung im Neubau
– Keine Technik für alle, da nicht genügend nachhaltig gewinnbares Holz vorhanden
– Feinstaub und Stickoxide entstehen bei der Verbrennung
– Bei hoher Nachfrage können Holz- und Pelletpreise steigen
– Keine Autarkie Wärme außer bei eigenem Wald

und Betriebsstromkosten fressen die Betriebskosten bereits nach kurzer Zeit die geringe Investitionskosteneinsparung auf. Meiers müssten für diesen höheren Komfort also tüchtig draufzahlen.

Das gemütliche Holzfeuer

Familie Meier möchte auch in den Varianten ohne Holzheizung im Wohnzimmer einen Kaminofen einbauen. Dabei gibt es einiges zu beachten:

→ Der Wärmebedarf eines Neubaus und erst recht eines Effizienzhauses ist sehr gering. Selbst ein 40 Quadratmeter großer Raum benötigt im kältesten Winter eine Heizleistung von höchstens 2 bis 3 Kilowatt. Die Heizleistung eines Kaminofens ist aber wesentlich höher und das führt unweigerlich zur Überhitzung des Raumes, die „weggelüftet" werden muss. Meiers sollten sich einen Kaminofen mit Wassertasche anschaffen, um über das Heizsystem die Überschusswärme im ganzen Haus nutzen zu können.

- Ein Neubau muss luftdicht ausgeführt werden. Deswegen benötigt der Kaminofen die Zuführung der Verbrennungsluft von außen.
- Die Investition von mehreren tausend Euro für einen guten Kaminofen mit Wassertasche wird sich kaum lohnen; denn mit jedem verheizten Raummeter Holz sparen Meiers lediglich 50 bis 100 € an Heizkosten gegenüber einer Gasheizung und viel mehr als 1 bis 2 Raummeter werden sie für diese Ofen-Zusatzheizung nicht benötigen.

Blockheizkraftwerk (Varianten 2a und 2b)

Bei dem niedrigen Wärmebedarf der Effizienzhäuser sind Blockheizkraftwerke (BHKW) wirtschaftlich nicht nützlich. Dies ist nur sinnvoll in einem Haus, das gerade eben die EnEV einhält. Das BHKW braucht zusätzlich einen Brennwertkessel zur Abdeckung der Kältespitzen im Winter. Die meisten Geräte auf dem Markt arbeiten mit einem **Verbrennungsmotor** (Variante 2a). Sie sind für das kleine, gut gedämmte Haus der Meiers überdimensioniert und können deswegen nur wenig Strom produzieren (→ Seite 61). Eine Förderung gibt es bei Neubauvorhaben nicht. Gegenüber der Ausgangsplanung verbleiben demnach Mehrkosten von rund 6.500 €. Die Amortisationszeit liegt weit über der Lebensdauer, sodass diese Anlage unwirtschaftlich ist. Diese Variante wird deswegen nicht dargestellt.

> **BEISPIEL**
>
> Meiers sind eine vierköpfige Familie und benötigen voraussichtlich 4.000 kWh Strom in ihrem neuen Heim.
>
> Beim BHKW mit Motor können davon 2.100 kWh gedeckt werden.
> Autarkie Strom =
> 2.100 / 4.000 = 52,5 Prozent.
>
> Das BHKW mit Brennstoffzelle (Variante 2b) liefert 1.970 kWh ins Hausnetz.
> Autarkie Strom =
> 1.970 / 4.000 = 49 Prozent.

Ein **BHKW mit Brennstoffzelle** (Variante 2b) könnte für Meiers interessant sein, da es dafür auch im Neubau eine attraktive Förderung gibt. Das Beispiel hat eine elektrische Leistung von 0,75 kW und eine Wärmeleistung von 1 kW. Ein Spitzenkessel ist bereits eingebaut. Das BHKW wird 25.000 bis 33.000 € kosten. Ein Gasanschluss ist nötig. Die Kosten für Heizsystem und Schornstein bleiben. Meiers können eine Förderung in Höhe von 9.300 € erhalten. Gegenüber der Ausgangsplanung verbleiben demnach Mehrkosten von circa 3.200 €.

Familie Meier benötigt für BHKW und Spitzenkessel rund 15.840 kWh Gas jährlich.

Vorteile und Nachteile BHKW

Vorteile:

+ Guter Primärenergiefaktor
+ Meistens mit Gas betrieben, darum kein Brennstofflager nötig
+ BHKW können auch mit anderen Brennstoffen betrieben werden, dann kein Gasanschluss nötig
+ Hohe Energiekosten werden durch hohen Stromerlös zum großen Teil aufgehoben
+ Niedrige Betriebskosten, wenn der erzeugte Strom zum großen Teil im eigenen Haushalt genutzt wird
+ Förderung der Stromerzeugung
+ Hohe Förderung bei BHKW mit Brennstoffzelle
+ Bei guter Planung und Ausführung hohe Effektivität
+ Zukunftsfähig, falls das Gasnetz für Sektorkopplung genutzt wird
+ Bei BHKW mit Brennstoffzelle geringe bei BHKW mit Motor mittlere Klimabelastung wegen der Stromerzeugung
+ Normale Heizkörper einsetzbar wegen hoher Vorlauftemperatur
+ Autarkie Strom teilweise erreichbar

Nachteile:

– Höherer Aufwand für gute Planung und Ausführung
– Bei BHKW mit Brennstoffzelle noch wenig Langzeiterfahrung
– Meistens Gasanschluss nötig
– Schornstein oder Abgasleitung nötig
– Hohe Investitionskosten
– Hohe Wartungs- und Schornsteinfegerkosten
– Wegen Stromerzeugung und Beantragung von Förderung höherer Verwaltungsaufwand
– Die Gaspreise können steigen
– Keine Zukunftsfähigkeit, falls keine Sektorkopplung Strom- und Gasnetz
– Keine Autarkie Wärme

Sie zahlen dafür 1.010 €. Das Brennstoffzellen-BHKW läuft, wenn die Wärme zeitnah genutzt werden kann, und produziert rund 5.230 kWh Strom jährlich. Da ein Pufferspeicher vorhanden ist, kann die Stromerzeugung teilweise dem Strombedarf im Haushalt der Meiers angepasst werden. Denn der Pufferspeicher speichert die bei der Stromproduktion parallel erzeugte Wärme, wenn sie gerade nicht gebraucht wird.

Weil die Leistung des BHKW sehr klein ist, kann es beispielsweise den Strombedarf der Waschmaschine nur teilweise decken. Meiers nutzen somit nur knapp 40 Prozent der Stromproduktion im eigenen Netz. 1.970 kWh ersetzen demnach den Stromeinkauf zu 29 Cent pro kWh. Zusätzlich gibt es eine KWK-Vergütung von 4 Cent pro kWh. Die restlichen 3.260 kWh verkaufen Meiers an ihren Netzbetreiber für etwa 4 Cent pro kWh und erhalten eine zusätzliche Vergütung von 8 Cent pro kWh. Gesamterlös demnach: 1.970 x 0,33 + 3.270 x 0,12 = 1.040 €.

Meiers rechnen mit zusätzlichen Wartungskosten von 200 € jährlich, somit liegen die Betriebskosten um 430 € niedriger als bei der Ausgangsplanung. Die Amortisationszeit von etwa 7,4 Jahren liegt unterhalb der Lebensdauer, sodass diese Anlage dank der guten Förderung wirtschaftlich ist. Energiesteuererstattung wurde nicht berücksichtigt.

Die KWK-Vergütung fällt nach 60.000 Volllaststunden weg, hier nach gut elf Jahren. Die pauschale Vergütung (→ Seite 62) wäre für Meiers niedriger als die zuvor beschriebene. Die Umweltbelastung sinkt wegen der Stromerzeugung auf circa 0,6 t CO_2 jährlich. Die Autarkie Wärme beträgt 0 Prozent. Die Autarkie Strom ist von Meiers Stromverbrauch abhängig und etwas geringer als beim BHKW mit Motor.

→ **TIPP Achtung Antrag!**
Die Förderung für ein BHKW mit Brennstoffzelle muss vor Auftragsvergabe beantragt werden. Die Beratung durch einen anerkannten Energieberater ist zwingend www.energie-effizienz-experten.de. Näheres unter www.kfw.de/433.

Fernwärme (Varianten 3a bis 3c)

Meiers haben die Möglichkeit, ihr Haus ans Fernwärmenetz anzuschließen. Da Fernwärme recht teuer ist, schneidet die Kombination mit dem sehr gut gedämmten Effizienzhaus 40 am besten ab. Kombination mit einer Brauchwassersolaranlage und einer Lüftungsanlage mit Wärmerückgewinnung reduziert die Betriebskosten am meisten und ist bei Fernwärme aus fossiler Kraft-Wärme Kopplung auch notwendig. Denn nur so lassen sich die Effizienzbedingungen erfüllen.

Bekommen Meiers Fernwärme aus erneuerbaren Quellen, so wäre es ausreichend, lediglich eine Abluftanlage vorzusehen. Dies führt zu einer größeren Investitionskosteneinsparung, allerdings auch zu höheren Betriebskosten, höherer Abhängigkeit von Preissteigerungen der Fernwärme und höherer Klimabelastung. Fernwärme hat einen guten Primärenergiefaktor, wenn sie aus Kraft-Wärme-Kopplung, industrieller Abwärme oder gar erneuerbaren Energien stammt. Familie Meier fragt nach beim Fernwärmelieferanten.

Fernwärmeübergabestation und Anschluss werden 3.000 bis 5.000 € kosten.

Sie benötigen circa 3.690 kWh Fernwärme und Betriebsstrom jährlich, wenn sie eine solarthermische Anlage und eine Lüftungsanlage mit Wärmerückgewinnung einbauen (Variante 3a,b). Bei erneuerbarer Fernwärme gibt es auch die Möglichkeit, darauf zu verzichten (Variante 3c). Der Endenergiebedarf steigt dann auf 7.180 kWh jährlich. Die höheren Betriebskosten werden jedoch durch die Investitionskosteneinsparung mehr als aufgehoben. Meiers haben keine Wartungskosten, denn sie sind im Fernwärmepreis enthalten. Ein Schornsteinfeger wird nicht benötigt, sodass die Betriebskosten pro Jahr bei Variante 3a und 3b um 350 beziehungsweise bei Variante 3c um 80 € niedriger sind als bei der Ausgangsplanung. Die Amortisation erfolgt „sofort", das heißt Meiers sparen von Anfang an gegenüber der Ausgangsplanung. Am wirtschaftlichsten ist es, wenn Meiers erneuerbare Fernwärme bekommen können und auf alle Zusatzmaßnahmen verzichten. Die Umweltbelastung sinkt auf rund 1 beziehungsweise 0,7 t CO_2 jährlich. Dieser Wert ist vom jeweiligen Fernwärmenetz und der Herkunft der Wärme stark abhängig und kann sogar negativ werden. In Tabelle 3 (→ Seite 164), Variante 3b und c finden Sie die Angabe für ein Heizwerk mit erneuerbarer Energie ohne Kraft-Wärme-Kopplung. Autarkie Wärme beträgt 0 Prozent.

Vorteile und Nachteile Fernwärme

Vorteile:

+ Bewährte Technik
+ Guter Primärenergiefaktor
+ Kein Brennstofflager nötig
+ Kein Schornstein nötig
+ Keine Wartungs- und Schornsteinfegerkosten
+ Niedrige Investitionskosten
+ Förderung von innovativen Wärmenetzen kann zu günstigem Fernwärmepreis führen
+ Geringer Planungs- und Installationsaufwand
+ Zukunftsfähig
+ Genossenschaftliche Lösungen möglich
+ Nutzung von erneuerbarer Wärme und industrieller Abwärme möglich
+ Das Wärmenetz kann auf anderen Wärmeerzeuger umgestellt werden
+ Geringe Klimabelastung
+ Im Allgemeinen normale Heizkörper einsetzbar. Bei Fernwärme 4.0 (→ Seite 32) ist die Vorlauftemperatur höchstens 60 Grad und Heizkörper müssen eventuell etwas größer ausfallen.

Nachteile:

- Nur möglich, wenn Baugebiet an Wärmenetz angeschlossen ist oder wird
- Abhängigkeit vom Wärmenetzbetreiber
- Wärmepreise können steigen
- Keine Autarkie Wärme

Wärmepumpen (Varianten 4a und 4b)

In knapp einem Drittel aller Neubauten wird eine Wärmepumpe eingebaut. Davon sind etwa drei Viertel **Luft-Wärmepumpen** (Variante 4a). Ist dies auch für die Familie Meier eine gute Lösung? Die Luft-Wärmepumpe ist am sinnvollsten im EnEV-Haus. Eine Wärmepumpe arbeitet effektiv, wenn Sie keine allzu hohe Temperatur liefern muss (→ Seite 75). Familie Meier plant deswegen eine Fußbodenheizung mit maximaler Vorlauftemperatur von 35 Grad ein. Dann erreicht die Wärmepumpe eine Jahresarbeitszahl (JAZ, → Seite 74) über 3,3. Sie dient auch zur Warmwasserbereitung und genügt deswegen den Anforderungen im EEWärmeG. Wegen des guten Primärenergiefaktors müssen Meiers keine weiteren Maßnahmen einplanen, um die EnEV zu erfüllen. Die Luft-Wärmepumpe mit Installation wird 8.000 bis 12.000 € kosten. Schornsteinkosten entfallen. Meiers werden für die Fußbodenheizung 4.000 bis 8.000 € ausgeben müssen. Eine Förderung für Wärmepumpen gibt es im Neubau nur für innovative Systeme (→ Seite 158). Familie Meier spart gegenüber der Ausgangsplanung Investitionskosten von 8.000 €.

Sie benötigen jährlich rund 3.500 kWh Strom zum Betrieb der Wärmepumpe einschließlich Betriebsstrom. Meiers bekommen einen Wärmepumpen-Sondertarif. Ihre Jahreskosten betragen 790 €. Eine Wärmepumpe ist nahezu wartungsfrei. Zur Sicherheit planen Meiers aber mal 50 € jährlich ein. Schornsteinfegerarbeiten entfallen und die Betriebskosten pro Jahr sind um 40 € höher als bei der Ausgangsplanung. In 20 Jahren zahlen Meiers lediglich 800 € mehr an Betriebskosten, sodass eine erhebliche Ersparnis verbleibt. Die Umweltbelastung steigt wegen des derzeitigen Strommixes mit noch hohem Kohleanteil auf 2,2 t CO_2 jährlich. Doch die Umweltbelastung wird umso geringer, je mehr die Stromproduktion durch erneuerbare Energien erfolgt. Die Autarkie Wärme beträgt dank der Nutzung von Umweltwärme 62 Prozent.

Erde ist eine gleichmäßigere Wärmequelle als Luft. Dadurch nutzen **Erd-Wärmepumpen** (Variante 4b) den Strom effektiver. Allerdings kommen Kosten für eine Erdbohrung hinzu. Es gibt feste Vorgaben für die Erd-Wärmepumpe im Effizienzhaus 55, was die beste Wirtschaftlichkeit ergibt. Familie Meier möchte auch in diesem Fall eine Fußbodenheizung einbauen. Dann erreicht die Wärmepumpe eine Jahresarbeitszahl über 4,3. Kosten für Wärmepumpe, Abluftanlage und Fußbodenheizung liegen genauso hoch wie bei der Luft-Wärmepumpe. Hier kommen aber noch die Kosten für die Erdsonde hinzu: Der Wärmebedarf des Effizienzhauses liegt bei circa 4 kW, sodass Meiers eine Sonde von gut 61 Meter Länge benötigen. Diese kostet etwa 3.400 €. Trotz guter Jahresarbeitszahl handelt es sich hier nicht um ein innovatives

Vorteile und Nachteile Wärmepumpe

Vorteile:

+ Bewährte Technik
+ Einsatz fast immer möglich
+ Guter Primärenergiefaktor
+ Kein Brennstofflager nötig
+ Kein Schornstein nötig
+ Niedrige Wartungs- und keine Schornsteinfegerkosten
+ Mittlere Investitionskosten
+ Zukunftsfähig
+ Bei Erd-Wärmepumpe geringe Klimabelastung
+ Klimabelastung sinkt, wenn der Anteil an erneuerbarem Strom zunimmt
+ Hohe Autarkie Wärme

Nachteile:

- Luft-Wärmepumpe nur möglich, wenn Lärmbelästigung der Nachbarn ausgeschlossen ist
- Erd-Wärmepumpe nur möglich, wenn der Untergrund geologisch geeignet ist
- Gute Planung und Ausführung nötig
- Für hohe Jahresarbeitszahl ist Einbau einer Fußbodenheizung nötig
- Nur wenige Anbieter von Wärmepumpen-Sondertarifen
- Strompreise können steigen
- Hohe Belastung des Stromnetzes im Winter
- Bei Luft-Wärmepumpe mit heutigem Strommix höhere Umweltbelastung als in der Ausgangsplanung

System und Meiers erhalten keine Förderung. Familie Meier hat gegenüber der Ausgangsplanung um 3.100 € niedrigere Investitionskosten.

Sie benötigen jährlich nur noch rund 2.480 kWh Strom zum Betrieb der Wärmepumpe. Ihre Jahreskosten betragen mit Wärmepumpen-Sondertarif 580 €. Zur Sicherheit planen Meiers auch hier Wartungskosten von 50 € jährlich ein. Ihre Betriebskosten pro Jahr sind um 170 € niedriger als bei der Ausgangsplanung. So erwirtschaftet diese Anlage von Anfang an einen Überschuss – die Amortisation erfolgt „sofort". Die Umweltbelastung sinkt selbst bei derzeitigen Strommix auf etwa 1,6 t CO_2 jährlich und verschwindet im Fall von hundertprozentiger erneuerbarer Stromerzeugung. Die Autarkie Wärme steigt wegen besserer Nutzung von Umweltwärme auf 73 Prozent.

Thermische Solaranlage zur Heizungsunterstützung (Variante 5)

In der Ausgangsplanung der Familie Meier ist bereits eine kleine thermische Solaranlage enthalten. Der Energieberater untersucht, ob sich eine Vergrößerung dieser Anlage auf eine heizungsunterstützende Anlage lohnen könnte (→ Seite 96). Dies ist nur beim EnEV-Haus sinnvoll. Meiers wählen eine Anlage mit 12 Quadratmeter Flachkollektoren auf dem Dach sowie einem 950-Liter-Kombispeicher für Warmwasserbereitung und Heizungswasser im Haustechnikraum. Diese braucht allerdings weiterhin einen Brennwertkessel für sonnenarme Zeiten. Die Solaranlage erzielt einen guten Primärenergiefaktor. Meiers müssen keine weiteren Maßnahmen einplanen, um die EnEV zu erfüllen.

Die Haustechnik kostet 6.000 bis 8.000 € für den Brennwertkessel, 8.000 bis 12.000 € für die solarthermische Anlage und 1.000 bis 2.000 € für die Abluftanlage. Unter dem Strich müssen Meiers im Mittel nur 500 € mehr investieren. Dank der Solaranlage wird das Haus der Meiers für Heizung und Warmwasser etwas weniger Gas benötigen. Für Wartung und Schornsteinfeger rechnen Meiers mit 200 € pro Jahr, sodass die jährlichen Be-

Vorteile und Nachteile der thermischen Solaranlage/ Anlage zur Heizungsunterstützung

Vorteile:

+ Weit verbreitete Technik
+ Guter Primärenergiefaktor
+ Etwas Autarkie Wärme dank thermischer Solaranlage
+ Niedrige Energiekosten
+ Mittlere Wartungskosten
+ Konkurrenz zwischen den Anbietern kann günstigen Gaspreis ergeben
+ Bei guter Planung und Ausführung hohe Effektivität
+ Normale Heizkörper einsetzbar wegen hoher Vorlauftemperatur
+ Passt ins regenerative Versorgungssystem, wenn im Gasnetz zunehmend Bio-, Wind- und Sonnengas transportiert wird.

Nachteile:

– Gasanschluss nötig
– Abhängigkeit von Gaslieferanten
– Tarife können geändert werden – es kann Preissteigerungen geben
– Dach muss für thermische Solaranlage geeignet sein
– Umweltbelastung durch Kohlendioxid und andere Stoffe
– Kaum Klima-Entlastung
– Mittlere Investitionskosten
– Keine Förderung im Neubau
– Aussterbende Technik, falls keine Kopplung Strom mit Gasnetz erfolgt
– Erneuerbares Gas könnte sehr teuer sein

triebskosten circa 40 € niedriger als bei der Ausgangsplanung liegen (→ Seite 135). Diese Anlage erbringt einen kleinen Gewinn; denn die Amortisationszeit ist wesentlich kürzer als die Lebensdauer. Die Umwelt wird mit 1,9 t CO_2 jährlich belastet. Meiers erzielen durch die größere solarthermische Anlage eine etwas höhere Autarkie Wärme von 27 Prozent.

Photovoltaik und Elektroheizung (Varianten 6a bis 6f)

Die Preise für Photovoltaikanlagen sind in den vergangenen Jahren enorm gefallen. Ist es demnach sinnvoll, das Haus der Meiers vollständig mit Strom zu beheizen? Wie viel Strom kann auf dem eigenen Dach gewonnen werden, und wie viel müssen Meiers aus dem Netz zukaufen? Die Kombination mit dem Effizienzhaus 40 ist am sinnvollsten, insbesondere weil hier dank der Photovoltaikanlage die Möglichkeit für das Effizienzhaus 40 plus besteht. Bei der Berechnung des Primärenergiebedarfs darf die monatliche Stromerzeugung der Photovoltaikanlage mit dem in diesem Monat für Heizung und Warmwasser benötigten Strom verrechnet werden. Die Varianten **6a und 6b** benötigen zusätzlich zum Erreichen der Primärenergieanforderung den Einbau einer Lüftungsanlage mit Wärmerückgewinnung und kleiner Wärmepumpe, die Wärme der Abluft entzieht und die Zuluft damit vorheizt.

Die Haustechnik besteht aus einer netzgekoppelten 5-Kilowattpeak (kWp)-Photovoltaikanlage auf dem Dach (benötigte Dachfläche rund 33 Quadratmeter, → Seite 109), Elektro-Strahlungsheizplatten in den Räumen statt Heizkörpern und einem Warmwasserspeicher mit geregeltem Elektroheizstab (→ Seite 106). Sie kostet 2.000 bis 4.000 € für den Warmwasserspeicher mit geregeltem Heizstab, 8.000 bis 10.000 € für die Photovoltaikanlage, 3.000 bis 5.000 für die Heizplatten mit Verkabelung und 8.000 bis 12.000 € für die Lüftungsanlage mit zusätzlicher eingebauter Wärmepumpe. Die Kosten für Gasanschluss und Schornstein entfallen. Dank der hohen Effizienzhaus-Förderung müssen Meiers unter dem Strich im Mittel lediglich 500 € mehr investieren.

Die Photovoltaikanlage produziert jährlich circa 4.790 kWh Strom. Davon benötigt die Haustechnik etwa 2.290 kWh. Meiers möchten es auch zu Zeiten ohne Sonnenschein warm haben. Weitere 1.540 kWh müssen sie für 450 € einkaufen. Von der Produktion der Photovoltaikanlage verbleiben 2.500 kWh. Diese können Meiers zum Teil im Haushalt verbrauchen und den Rest ins Netz einspeisen. Weil die Stromproduktion und der Verbrauchszeitpunkt oft nicht übereinstimmen, ist ein Anteil von 30 Prozent realistisch, in diesem Fall 750 kWh. Diese Strommenge müssen Meiers nicht einkaufen und sparen so bei heutigem Strompreis 220 € pro Jahr. Für die restlichen

HINTERGRUND

Passivhaus

Wird der bauliche Wärmeschutz so sehr verbessert, dass die benötigte Heizwärme über passive Sonneneinstrahlung durch die Fenster und Zuheizen in der Lüftungsanlage erfolgen kann, spricht man von einem Passivhaus. Ein klassisches Heizsystem ist hier nicht mehr erforderlich.

Anforderungen an ein Passivhaus

- Heizlast höchstens 10 Watt pro Quadratmeter.
- Heizwärme höchstens 15 Kilowattstunden pro Quadratmeter jährlich.
- Luftdichtheit besser als 0,6 Luftwechsel pro Stunde.
- Primärenergie für Heizung, Warmwasser, Stromanwendungen höchstens 120 Kilowattstunden pro Quadratmeter jährlich.
- Nachgewiesen durch die Software: Passivhaus-Projektierungs-Paket

Erfüllung der Anforderungen

- Sehr gute Wärmedämmung bis ins Detail, um Wärmebrücken zu vermeiden.
- Dreifachwärmeschutzverglasung in gedämmten Fensterrahmen.
- Lückenlose, luftdichte Ausführung, Lüftungsanlage mit Wärmerückgewinnung
- Effektive Elektrogeräte

Näheres beim Passivhaus-Institut
→ www.passiv.de Dort gibt es auch Listen von zertifizierten Bauelementen.

1.750 kWh erhalten sie die Einspeisevergütung von gut 12 Cent pro kWh, 210 € jährlich.

Gas-, Wartungs- und Schornsteinfegerkosten gibt es bei dieser Variante nicht. Für mögliche Reparaturen und Versicherung der Photovoltaikanlage rechnen Meiers mit 150 € pro Jahr, sodass die jährlichen Betriebskosten 630 € niedriger als bei der Ausgangsplanung liegen. So erhalten Meiers dank der Stromerzeugung einen hohen Gewinn. Die Umwelt wird von 0,6 t CO_2 jährlich entlastet, da Stromerzeugung durch Kohlekraftwerke ersetzt wird. Die effektive Lüftungsanlage und die Photovoltaik ergeben eine hohe Autarkie Wärme von 83 Prozent. Die Autarkie Strom ist vom Stromverbrauch der Meiers abhängig.

Alternativ erreicht eine solare Brauchwasseranlage in Kombination mit einer Lüftungsanlage mit Wärmerückgewinnung ohne Wärmepumpe (Variante 6c und 6d) das Effizienzhaus-Ziel. Bei den Investitionskosten fallen hier die Kosten für den Brauchwasserspeicher weg. Betriebskosten sind geringer, Kosteneinsparung und Klimaentlastung höher.

Der Wärmebedarf eines Effizienzhauses 40 ist so gering, dass die Wärme ohne Belästigung durch hohe Luftbewegungen über die Lüftungsanlage zugeführt werden kann. Dies ist das Prinzip des Passivhauses (→ Kasten). Der Energieberater rät Familie Meier außerdem, die meisten Fenster vom Norden in den

Süden zu verlegen, um die Solargewinne zu vergrößern.

Das **Passivhaus** (Variante 6e und 6f) benötigt eine Lüftungsanlage mit Wärmerückgewinnung und integrierter Klein-Wärmepumpe und Heizregister und für die Warmwasserbereitung eine thermische Brauchwasser-Solaranlage mit Speicher, in dem auch der von der Photovoltaikanlage versorgte elektrische Heizstab eingebaut ist. Dadurch steigen trotz Wegfall des Heizsystems die Investitionskosten etwas an. Gleichzeitig werden die Betriebskosten negativ, das heißt, Meiers sparen gegenüber der Ausgangsplanung nicht nur alle Heizkosten, sondern sie zahlen außerdem weniger für den Haushaltsstrom. **Das Passivhaus erzielt so die höchste Kosteneinsparung aller Varianten.**

Alle Varianten 6 eignen sich für das Plus-Paket: Die nötige Lüftungsanlage mit Wärmerückgewinnung und die Photovoltaikanlage sind bereits vorhanden. Eine Lithium-Ionen-Batterie mit 5 kWh nutzbarer Speicherfähigkeit (Kapazität) zu 7.000 bis 8.000 € und eine Visualisierungseinrichtung zu 500 bis 1.500 € werden eingebaut. So erhöht sich der Eigenstromanteil auf rund 60 Prozent. Eine Förderung für die Batterie in Höhe von 750 € können Meiers beantragen (→ Tipp Seite 154). Als Rücklage für Reparaturen rechnen sie zusätzlich mit 100 € jährlich.

Der um 5.000 € höhere Tilgungszuschuss, die Batterieförderung und der höhere Strom-

Vorteile und Nachteile der Elektroheizung plus Photovoltaikanlage

Vorteile:

+ Kein Gasanschluss oder Brennstofflager nötig
+ Hohe Autarkie Wärme
+ Geringe, mit Batteriespeicher mittlere Autarkie Strom
+ Förderung für Batteriespeicher möglich
+ Feste Einspeisevergütung für 20 Jahre
+ Durch hohe Effizienzhaus-Förderung niedrige Investitionskosten
+ Niedrige Betriebskosten
+ Mittlere Wartungskosten
+ Bei guter Planung und Ausführung hohe Effektivität
+ Strahlungsheizung
+ Beim Passivhaus Wegfall des herkömmlichen Heizungssystems
+ Klimaentlastung durch Verdrängung von Kohlestrom
+ Passt ins regenerative Versorgungssystem

Nachteile:

– Abhängigkeit von Stromlieferanten
– Tarife können geändert werden – es kann Preissteigerungen geben
– Dach muss für Photovoltaikanlage geeignet sein
– Belastung des Stromnetzes im Winter
– Höherer Grundpreis wegen geringer Stromabnahme möglich

erlös reichen nicht zur Deckung der Mehrkosten und die Wirtschaftlichkeit verschlechtert sich etwas gegenüber der entsprechenden Variante ohne Batteriespeicher.

→ **TIPP Fördermittel KfW**
Batteriespeicher werden durch die KfW, die bundeseigene Förderbank, mit günstigem Kredit und Tilgungszuschuss gefördert. Den Kredit beantragen Sie bei Ihrer Hausbank vor Beginn. Die Höhe des Tilgungszuschusses sank in regelmäßigen Abständen. In Tabelle 3 auf Seite 164 sind es die nun geltenden 10 Prozent. Näheres unter www.kfw.de/275.

Holzheizung und große thermische Solaranlage – Sonnenhaus (Variante 7)

Was passiert, wenn Familie Meier das Sonnenhaus-Konzept übernimmt (→ Seite 111, Näheres unter www.sonnenhaus-institut.de, weiter „das Sonnenhaus", dann „Was ist ein Sonnenhaus?")? Das ist in der Kombination mit dem Effizienzhaus 40 am effektivsten. Meiers benötigen dafür eine große thermische Solaranlage mit 22 Quadratmeter Flachkollektoren und einen 3.000-Liter-Solar-Kombispeicher. An diesem Speicher ist für kalte Wintertage ein Kaminofen mit Wassertasche angeschlossen, einem vom Speicherwasser durchflossenen Wärmetauscher (→ Seite 53). Die Haustechnik kostet 6.000 bis 7.000 € für den Kaminofen, 14.000 bis 16.000 € für die thermische Solaranlage einschließlich Speicher und 1.000 bis 2.000 € für die Abluftanlage. Die Kosten für Heizsystem und Schornstein entsprechen denen der Ausgangsplanung. Die Solaranlage deckt über 60 Prozent des Bedarfs für Warmwasser und Heizung (solarer Deckungsgrad). Eine solche Anlage gilt als innovatives System und ist auch im Neubau förderfähig. Unter dem Strich müssen Meiers insbesondere wegen der hohen Effizienzhausförderung im Mittel 300 € weniger investieren.

→ **TIPP Fördermittel BAFA**
Innovative Systeme werden vom BAFA auch im Neubau gefördert. Der Antrag muss vor Beginn gestellt werden. Näheres unter www.bafa.de, dann „Energie", „Heizen mit erneuerbarer Energie", „Solarthermie", „Anlagen im Neubau".

Das Haus der Meiers wird für Heizung, Warmwasser und Betriebsstrom jährlich circa 4.810 kWh benötigen. Das sind etwa 2 bis 3 Raummeter Scheitholz. Einschließlich Betriebsstrom müssen Meiers 260 € jährlich zahlen. Für Wartung und Schornsteinfegerkosten rechnen sie mit 200 € pro Jahr, sodass die jährlichen Betriebskosten 340 € niedriger als bei der Ausgangsplanung liegen. Die Amortisation erfolgt „sofort", das heißt, Meiers erwirtschaften von Anfang an einen

Vorteile und Nachteile der Holzheizung mit großer thermischer Solaranlage

Vorteile:

+ Eingeführte Technik
+ Kein Gasanschluss nötig
+ Guter Primärenergiefaktor
+ Förderung möglich
+ Niedrige Energiekosten durch günstigen Holzpreis
+ Sehr niedrige Energiekosten, wenn Holz selber im Wald aufbereitet wird
+ Mittlere Wartungskosten
+ Bei guter Planung und Ausführung hohe Effektivität
+ Normale Heizkörper einsetzbar wegen hoher Vorlauftemperatur
+ Sehr geringe Klimabelastung
+ Passt ins regenerative Versorgungssystem
+ Autarkie Wärme durch große thermische Solaranlage

Nachteile:

– Holzlager nötig
– Schornstein nötig
– Brennstoff muss vorfinanziert werden
– Hohe Investitionskosten
– Bei Scheitholz weniger Komfort und viel Handarbeit
– Dach muss für thermische Solaranlage geeignet sein
– Feinstaub und Stickoxide entstehen bei der Verbrennung
– Keine Technik für alle, da nicht genügend nachhaltig gewinnbares Holz vorhanden
– Falls hohe Nachfrage, können die Holz- und Pelletpreise steigen

Gewinn. Die Umwelt wird nur mit 0,3 t CO_2 jährlich belastet. Meiers erzielen 48 Prozent Autarkie Wärme in Bezug auf die Ausgangsplanung.

Hybrid-Wärmepumpe (Variante 8)

Eine Hybrid-Wärmepumpe vereint eine Luft-Wärmepumpe mit einem Brennwertkessel (→ Seite 114). Sie ist am wirtschaftlichsten beim EnEV-Haus einsetzbar. Etwa 80 Prozent der benötigten Wärme kommt von der Wärmepumpe mit einer Jahresarbeitszahl von gut 3,3. Somit ist das EEWärmeG erfüllt. Eine Fußbodenheizung ist nicht nötig, da in der für die Wärmepumpe ungünstigen Zeit der Brennwertkessel die Wärme liefert. Meiers müssen auch keine weiteren Maßnahmen einplanen, um die EnEV zu erfüllen. Die Hybrid-Wärmepumpe mit integriertem Brennwertgerät wird 8.000 bis 12.000 € kosten. Schornsteinkosten, Gasanschluss und Heizsystem sind gleich hoch wie in der Ausgangsplanung (→ Seite 134). Eine Förderung für Wärmepumpen gibt es im Neubau nur für innovative Systeme (→ Seite 158). Familie Meier spart gegenüber der Ausgangsplanung Investitionskosten von circa 6.500 €.

Sie benötigen jährlich etwa 2.900 kWh Strom zum Betrieb der Haustechnik und rund 1.650 kWh Gas für den Brennwertkessel. Meiers bekommen einen Wärmepumpen-Sondertarif. Ihre Jahreskosten betragen so 750 €. Eine Wärmepumpe ist zwar nahezu wartungsfrei, aber der Brennwertkessel nicht. Meiers planen 200 € jährlich für Wartung und Schornsteinfeger ein. Die Betriebskosten pro

Vorteile und Nachteile Hybrid-Wärmepumpe

Vorteile:

+ Einsatz fast immer möglich
+ Guter Primärenergiefaktor
+ Kein Brennstofflager nötig
+ Für hohe Jahresarbeitszahl ist keine Fußbodenheizung nötig
+ Konkurrenz zwischen den Anbietern kann günstigen Gaspreis ergeben
+ Mittlere Investitionskosten
+ Mittlere Wartungskosten
+ Keine hohe Belastung des Stromnetzes im Winter
+ Passt ins regenerative Versorgungssystem, wenn im Gasnetz zunehmend Bio-, Wind- und Sonnengas transportiert wird.
+ Klimabelastung sinkt, wenn der Anteil an erneuerbarem Strom zunimmt
+ Mittlere Autarkie Wärme

Nachteile:

- Schornstein nötig
- Gasanschluss nötig
- Abhängigkeit von Gaslieferanten
- Gastarife können geändert werden – es kann Preissteigerungen geben
- Hybrid-Wärmepumpe nur möglich, wenn Lärmbelästigung der Nachbarn ausgeschlossen ist
- Gute Planung und Ausführung nötig
- Nur wenige Anbieter von Wärmepumpen-Sondertarifen
- Strompreise können steigen
- Mittlerer Energieverbrauch
- Umweltbelastung durch Kohlendioxid und andere Stoffe
- Keine Förderung im Neubau
- Aussterbende Technik, falls keine Kopplung Strom mit Gasnetz erfolgt
- Erneuerbares Gas könnte sehr teuer sein
- Bei Hybrid-Wärmepumpe mit heutigem Strommix höhere Umweltbelastung als in der Ausgangsplanung

Jahr sind zwar um 150 € höher als bei der Ausgangsplanung. In 20 Jahren zahlen Meiers aber lediglich 3.000 € mehr an Betriebskosten und es verbleibt eine Ersparnis. Die Umweltbelastung steigt wegen des derzeitigen Strommixes mit noch hohem Kohleanteil auf 2,2 t CO_2 jährlich. Die Umweltbelastung sinkt jedoch mit steigendem Anteil der erneuerbaren Energien an der Stromproduktion. Die Autarkie Wärme beträgt dank der Nutzung von Umweltwärme 51 Prozent.

Die folgenden Varianten 9 bis 11 sind am sinnvollsten in der Kombination mit dem Effizienzhaus 40 (→ Seite 138).

Erd-Wärmepumpe in Kombination mit thermischer Solaranlage (Variante 9)

Die thermische Solaranlage gibt die Überschusswärme des Sommers über die Erdsonde ans Erdreich ab und ermöglicht so eine bessere Jahresarbeitszahl (→ Seite 74). Meiers wählen 12 Quadratmeter Flachkollektor auf dem Dach und einen 800-Liter-Kombispeicher im Haustechnikraum. Die Wärmepumpe benötigt eine Sondenbohrung von 61 Metern. Solaranlage und Wärmepumpe nutzen gemeinsam die Sonde und den Speicher. Die Wärmepumpe erreicht so mit Fußbodenheizung eine Jahresarbeitszahl von gut 5,4. Ein solches System gilt als innovativ und wird auch im Neubau gefördert (→ Tipp). Die Wärmepumpe mit Installation wird 8.000 bis

Vorteile und Nachteile Erd-Wärmepumpe mit thermischer Solaranlage

Vorteile:

+ Bewährte Technik
+ Guter Primärenergiefaktor
+ Kein Brennstofflager nötig
+ Kein Schornstein nötig
+ Niedrige Energiekosten
+ Niedrige Wartungs- und keine Schornsteinfegerkosten
+ Wegen guter Förderung niedrige Investitionskosten
+ Zukunftsfähig
+ Geringe Klimabelastung
+ Klimabelastung sinkt, wenn der Anteil an erneuerbarem Strom zunimmt
+ Hohe Autarkie Wärme

Nachteile:

- Erd-Wärmepumpe nur möglich, wenn der Untergrund geologisch geeignet ist
- Dach muss für thermische Solaranlage geeignet sein
- Gute Planung und Ausführung nötig
- Für hohe Jahresarbeitszahl ist Einbau einer Fußbodenheizung nötig
- Nur wenige Anbieter von Wärmepumpen-Sondertarifen
- Strompreise können steigen
- Belastung des Stromnetzes im Winter

12.000 € kosten. Hinzu kommen rund 3.400 € für die Erdsonde. Die Solaranlage schlägt mit 9.000 bis 11.000 € zu Buche. Für die Fußbodenheizung werden Meiers 4.000 bis 8.000 € ausgeben müssen. Familie Meier hat dank Förderung für innovative Anlage und Effizienzhaus gegenüber der Ausgangsplanung lediglich 400 € höhere Investitionskosten.

Sie benötigen nur rund 1.340 kWh Strom jährlich zum Betrieb der Haustechnik. Ihre Jahreskosten betragen mit Wärmepumpen-Sondertarif 340 €. Allerdings sollten Meiers abwägen, ob bei einem so geringen Stromverbrauch der zusätzliche Aufwand für die Zweitarifmessung angemessen ist – die Einsparung liegt um die 50 € jährlich. Zur Sicherheit planen Meiers Wartungskosten von 100 € jährlich ein. Ihre Betriebskosten pro Jahr sind um 360 € niedriger als bei der Ausgangsplanung. So erwirtschaftet sich diese Anlage bereits nach gut einem Jahr. Die Umweltbelastung sinkt selbst bei derzeitigem Strommix auf 0,8 Tonnen CO_2 jährlich und verschwindet im Fall von hundertprozentiger erneuerbarer Stromerzeugung. Familie Meier erzielt eine hohe Autarkie Wärme von 85 Prozent.

→ TIPP Fördermittel

Innovative Systeme werden vom BAFA auch im Neubau gefördert. Der Antrag muss vor Beginn gestellt werden. Näheres unter www.bafa.de, dann „Energie", „Heizen mit erneuerbarer Energie", „Wärmepumpen", „Anlagen im Neubau".

Wärmepumpen in Kombination mit Photovoltaikanlage (Varianten 10a bis 10d)

Es liegt nahe, dass Familie Meier den Strom für die Wärmepumpe mit der eigenen Photovoltaikanlage erzeugt (→ Seite 119). Durch den hohen solaren Anteil sind alle folgenden Varianten **Sonnenhäuser**. Sie nutzen eine leistungsgeregelte Wärmepumpe, die von der Photovoltaikanlage angesteuert werden kann, um möglichst wenig Netzstrom für die Wärmepumpe zu benötigen. Ein Wärmepumpenstrom-Sondertarif ist dann allerdings nicht mehr möglich. Familie Meier möchte eine gute Jahresarbeitszahl erreichen und plant deswegen mit Fußbodenheizung. Zunächst untersucht der Energieberater den Einbau einer **Luft-Wärmepumpe** (Variante 10a, b) mit einer Jahresarbeitszahl über 3,3. Wegen des guten Primärenergiefaktors und der Anrechnung eines Teils des Photovoltaikstromes müssen Meiers keine weiteren Maßnahmen einplanen. Die Luft-Wärmepumpe mit Installation wird 8.000 bis 12.000 € kosten. Für die 5-kWp-Photovoltaikanlage fallen 8.000 bis 10.000 € an. Schornsteinkosten entfallen. Die Fußbodenheizung wird 4.000 bis 8.000 € kosten. Eine Förderung für Wärmepumpen gibt es im Neubau nur für innovative Systeme (→ linke Spalte). Familie Meier hat gegenüber der Ausgangsplanung nur um 1.000 € höhere Investitionskosten.

Die Photovoltaikanlage produziert jährlich circa 4.790 kWh Strom. Davon benötigt die Haustechnik etwa 1.250 kWh. Weitere rund 1.170 kWh zu 340 € müssen Meiers einkaufen. Von der Produktion der Photovoltaikanlage verbleiben rund 3.540 kWh. Diese können Meiers zum Teil im Haushalt verbrauchen und den Rest ins Netz einspeisen. Ein Eigenverbrauchsanteil von 30 Prozent ist realistisch, in diesem Fall circa 1.060 kWh. Diese Strommenge müssen Meiers nicht einkaufen und sparen so bei heutigem Strompreis 300 € pro Jahr. Für die restlichen 2.480 kWh erhalten sie die Einspeisevergütung. Eine Wärmepumpe und eine Photovoltaikanlage sind zwar nahezu wartungsfrei, jedoch ist es sinnvoll, jährlich einen Betrag für Reparaturen zurückzulegen und die Anlage zu versichern. Meiers planen dafür 200 € jährlich ein. Der Schornsteinfeger entfällt, sodass die Betriebskosten pro Jahr um 860 € niedriger sind als bei ihrer Ausgangsplanung (→ Seite 135). Sie sind negativ, das heißt, Meiers zahlen keinerlei Wärmekosten und weniger Stromkosten. In gut einem Jahr hat sich die Mehrinvestition amortisiert, sodass eine erhebliche Ersparnis verbleibt. Meiers entlasten die Umwelt durch Kohlestromverdrängung um 1,5 t CO_2 jährlich. Die Autarkie Wärme beträgt dank der Nutzung von Umweltwärme und Photovoltaikstrom 87 Prozent und Meiers erzielen abhängig von ihrem Stromverbrauch auch eine geringe Autarkie Strom.

Wie sieht es aus bei einer **Erd-Wärmepumpe** (Variante 10c, d)? Sie erreicht eine Jahresarbeitszahl über 4,3. Die Kosten entsprechen denjenigen bei der Luft-Wärmepumpe. Hinzu kommt die Sonde mit etwa 3.400 €. Familie Meier hat gegenüber der Ausgangsplanung um rund 4.400 € höhere Investitionskosten.

Vom Photovoltaikstrom benötigt die Haustechnik circa 1.220 kWh jährlich. Weitere 1.040 kWh müssen sie für 300 € einkaufen. Von der Produktion der Photovoltaikanlage verbleiben circa 3.570 kWh. Meiers können davon etwa 1.070 kWh im eigenen Haushalt verbrauchen und sparen so 310 € pro Jahr. Für den Rest erhalten sie die Einspeisevergütung. Meiers planen wie bei der Luft-Wärmepumpe 200 € jährlich für Reparaturrücklage und Versicherung ein. Die Betriebskosten pro Jahr sind um 910 € niedriger als bei ihrer Ausgangsplanung. In weniger als fünf Jahren hat sich die Mehrinvestition amortisiert, sodass eine erhebliche Ersparnis verbleibt. Die Umweltentlastung beträgt wegen der Verdrängung von Kohlestrom 1,6 t CO_2 jährlich. Die Autarkie Wärme beträgt dank der Nutzung von Umweltwärme und Photovoltaikstrom 89 Prozent und Meiers erzielen abhängig von ihrem Stromverbrauch auch eine geringe Autarkie Strom.

Vorteile und Nachteile Kombination Wärmepumpe mit Photovoltaik

Vorteile:
+ Bewährte Technik
+ Guter Primärenergiefaktor
+ Förderung für Batteriespeicher möglich
+ Niedrige Investitionskosten dank Effizienzhausförderung
+ Feste Einspeisevergütung für 20 Jahre
+ Kein Gasanschluss oder Brennstofflager nötig
+ Kein Schornstein nötig
+ Mittlere Wartungs- und keine Schornsteinfegerkosten
+ Zukunftsfähig
+ Passt ins regenerative Versorgungssystem
+ Klimaentlastung durch Nutzung von Umweltwärme und Verdrängung von Kohlestrom
+ Hohe Autarkie Wärme
+ Geringe, mit Batteriespeicher mittlere Autarkie Strom

Nachteile:
- Luft-Wärmepumpe nur möglich, wenn Lärmbelästigung der Nachbarn ausgeschlossen ist
- Erd-Wärmepumpe nur möglich, wenn der Untergrund geologisch geeignet ist
- Dach muss für Photovoltaikanlage geeignet sein
- Keine Förderung für Wärmepumpe im Neubau
- Gute Planung und Ausführung nötig
- Für hohe Jahresarbeitszahl ist Einbau einer Fußbodenheizung nötig
- Abhängigkeit von Stromlieferanten
- Kein Wärmepumpen-Sondertarif
- Strompreise können steigen
- Belastung des Stromnetzes im Winter

Für alle Varianten ist das 40-Plus-Paket (→ Variante 6) sinnvoll. Familie Meier muss für dessen Vorgaben eine Lüftungsanlage mit Wärmerückgewinnung einbauen lassen. Trotz hoher Förderung für das Pluspaket und den Batteriespeicher und höherem Stromerlös verschlechtert sich die Wirtschaftlichkeit gegenüber der Variante ohne Batterie. Alle Varianten erzielen hohe Kosteneinsparungen, kurze Amortisationszeiten, Klimaentlastung durch Verdrängung von Kohlestrom und hohe Autarkiegrade.

Erd-Wärmepumpe in Kombination mit thermischer Solaranlage und Photovoltaikanlage (Varianten 11a und 11b)

Wie in Variante 9 wählen Meiers eine Erd-Wärmepumpe kombiniert mit einer thermischen Solaranlage. Nun soll die Wärmepumpe noch mit Photovoltaikstrom vom eigenen Dach versorgt werden (Variante 11 a). Sie wählen dazu die Anlage von Variante 10. Die Wärmepumpe erreicht wieder eine Jahresarbeitszahl von gut 5,4 und kann gefördert werden (→ Tipp Seite 158). Kosten wie bei den Varianten 9 und 10. Familie Meier hat gegenüber der Ausgangsplanung wegen der umfangreichen Anlagentechnik trotz Förderung um circa 9.400 € höhere Investitionskosten.

Vom Photovoltaikstrom benötigt die Wärmepumpe etwa 730 kWh jährlich. Weitere rund 610 kWh müssen sie für 180 € einkaufen. Von der Produktion der Photovoltaikanlage verbleiben etwa 4.060 kWh. Meiers können davon rund 1.220 kWh im eigenen Haushalt verbrauchen und sparen so 350 € pro Jahr. Für den Rest erhalten sie die Einspeisevergütung. Meiers planen 250 € jährlich für Reparaturrücklage und Versicherung ein. Die Betriebskosten pro Jahr sind um 1.070 € niedriger als bei der Ausgangsplanung – sie haben keine Heizkosten und weniger Stromkosten. In weniger als neun Jahren hat sich die Mehrinvestition amortisiert, sodass eine erhebliche Ersparnis verbleibt. Meiers entlasten die Umwelt durch Kohlestromverdrängung von 2,2 t CO_2 jährlich. Die Autarkie Wärme beträgt dank der Nutzung von Umweltwärme und Photovoltaikstrom 93 Prozent und Meiers erzielen abhängig von ihrem Stromverbrauch auch eine mittlere Autarkie Strom.

Autarkhäuser bringen Freiräume

Prof. Dipl.-Ing. Timo Leukefeld ist Experte für das Thema Wohnen der Zukunft und vernetzte energieautarke Gebäude und Energiebotschafter der Bundesregierung. Mit seinen fundierten wissenschaftlichen Fachkenntnissen und langjährigen praktischen Erfahrungen spannt er den Bogen weit und sorgt immer wieder für erstaunliche Einsichten.

„Bei uns ist die Sonne Energiequelle für Strom, Wärme und intelligente Mobilität. Langzeitspeicher halten jederzeit Energie für uns bereit. So können wir verschwenderisch leben: das Licht einfach mal brennen lassen, viele Kilometer mit dem Auto fahren. Ganz ohne Belastung – weder für das Portemonnaie noch für die Umwelt. Ich lebe meine Vision einer echten gemeinschaftlichen Neuausrichtung in Energiefragen: Wir leben mit größeren Handlungsspielräumen und mehr Selbstbestimmung, die aus Unabhängigkeit erwachsen.“

Nach Abzug des für die Haustechnik benötigten Stromes verbleibt mehr, als der Haushalt Meier im Jahr benötigt. Das Haus der Meiers wird zum Plusenergiehaus: Im

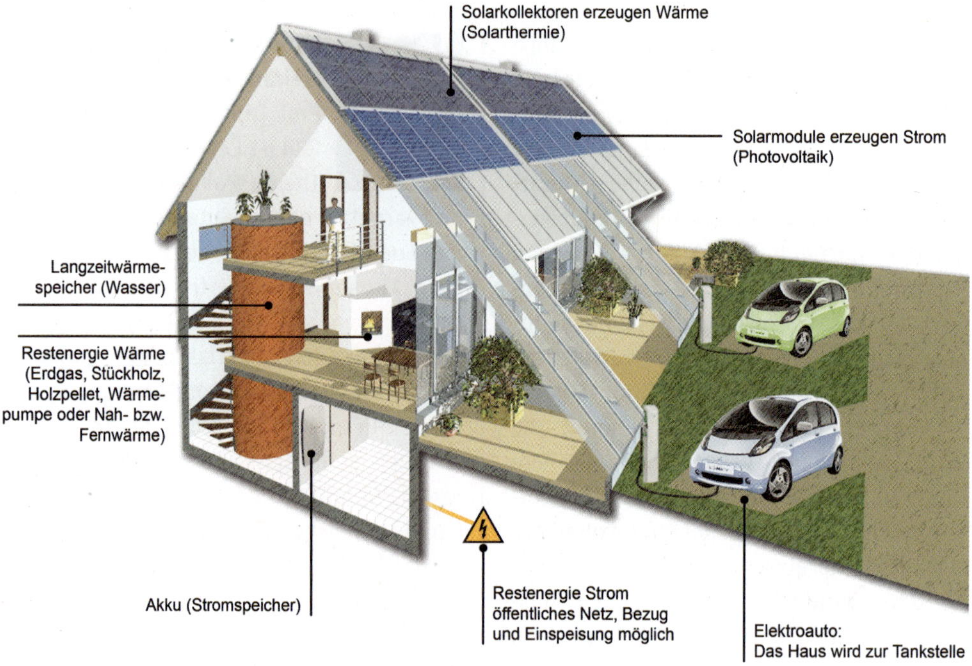

Abb. 5: Autarkhaus.

Verlauf des Jahres erzeugt die Photovoltaikanlage mehr Strom als Haustechnik und Haushalt benötigen.

Das Plus-Paket (Variante 11b) entspricht Variante 10. Dieses komplexe System ähnelt dem Autarkhausprinzip von Prof. Leukefeld (→ Abbildung 5). Familie Meier kann den im Sommer ins Netz eingespeisten Überschussstrom wie in der Abbildung skizziert zum Laden von Elektroautos einsetzen und hat somit eine „fahrende Speichererweiterung".

Zusammenfassung

Tabelle 3 gibt einen Überblick über die Haustechnikvarianten bei der Neubauplanung der Familie Meier. Im Buch haben wir nicht alle Varianten abgedruckt.

Vorteile und Nachteile Erd-Wärmepumpe mit thermischer Solaranlage und Photovoltaik

Vorteile:

+ Bewährte Technik
+ Guter Primärenergiefaktor
+ Förderung möglich
+ Feste Einspeisevergütung für 20 Jahre
+ Kein Gasanschluss oder Brennstofflager nötig
+ Kein Schornstein nötig
+ Mittlere Wartungs- und keine Schornsteinfegerkosten
+ Zukunftsfähig
+ Passt ins regenerative Versorgungssystem
+ Klimaentlastung durch Nutzung von Umweltwärme und Verdrängung von Kohlestrom
+ Hohe Autarkie Wärme
+ Mittlere, mit Batteriespeicher hohe Autarkie Strom, Plusenergiehaus

Nachteile:

– Erd-Wärmepumpe nur möglich, wenn der Untergrund geologisch geeignet ist
– Dach muss für Photovoltaik- und thermische Solaranlage geeignet und ausreichend groß sein
– Hohe Investitionskosten
– Gute Planung und Ausführung nötig
– Komplexes System benötigt gute Regelung und Energiemanagementsystem
– Für hohe Jahresarbeitszahl ist Einbau einer Fußbodenheizung nötig
– Abhängigkeit von Stromlieferanten
– Kein Wärmepumpen-Sondertarif
– Strompreise können steigen
– Belastung des Stromnetzes im Winter

→ **TIPP Im Netz individuell berechnen**
Die vollständige Tabelle finden Sie im Internet: www.ratgeber-verbraucherzentrale.de/haustechnik. Dort haben Sie auch die Möglichkeit, eigene Zahlenwerte einzutragen und mit diesen zu rechnen.

Je nach Fragestellung hat die eine oder andere Variante die Nase vorn. In Tabelle 3 können Meiers ablesen, was für sie am günstigsten ist. Dann müssen Sie noch bedenken, ob diese Variante bei Ihnen technisch möglich ist. Beispiel: Die Luft-Wärmepumpe mit Photovoltaik, Variante 10a, punktet in fast allen Bereichen. Meiers haben aber nur ein kleines Grundstück und die Luft-Wärmepumpe ist nur mit Belästigung der Nachbarschaft unterzubringen. Sie müssen überlegen, welche Kriterien Ihnen am wichtigsten sind.

Tabelle 3: Haustechnikvarianten beim Neubau Meier

	Ausgangsplanung	Variante 1a Holzvergaser	Variante 2b BHKW mit Brennstoffzelle	Variante 3a Fernwärme, fossil + Solarthermie	Variante 3c Fernwärme, erneuerbar	Variante 4b Erd-Wärmepumpe
Effizienzhaus	**kein**	**40**	**kein**	**40**	**40**	**55**
Bauliche Verbesserung		10.000 €		10.000 €	10.000 €	6.500 €
Wärmeerzeuger	7.000 €	10.000 €	29.000 €	4.000 €	4.000 €	13.400 €
Solarthermie	4.500 €			4.500 €		
Photovoltaik						
Schornstein	1.500 €	1.500 €	1.500 €			
Gasanschluss	2.000 €		2.000 €			
Heizsystem	4.000 €	4.000 €	4.000 €	4.000 €	4.000 €	6.000 €
Lüftungsanlage	6.500 €	1.500 €	1.500 €	6.500 €	1.500 €	1.500 €
Visualisierung für Plus-Paket						
Batteriespeicher						
Investition	25.500 €	27.000 €	38.000 €	29.000 €	19.500 €	27.400 €
Förderung		10.000 €	9.300 €	10.000 €	10.000 €	5.000 €
verbleibende Investition	25.500 €	17.000 €	28.700 €	19.000 €	9.500 €	22.400 €
Investition im Vergleich	0 €	–8.500 €	3.200 €	–6.500 €	–16.000 €	–3.100 €
Endenergie (kWh/a - kWh pro Jahr)	7.000 kWh/a	11.580 kWh/a	15.840 kWh/a	3.690 kWh/a	7.180 kWh/a	2.480 kWh/a
Energiekosten pro Jahr	600 €	460 €	1.010 €	450 €	720 €	580 €
Stromproduktion pro Jahr	0 kWh/a	0 kWh/a	5.230 kWh/a	0 kWh/a	0 kWh/a	0 kWh/a
davon Strom selbstgenutzt	0 kWh/a	0 kWh/a	1.970 kWh/a	0 kWh/a	0 kWh/a	0 kWh/a
Stromerlös pro Jahr	0 €	0 €	1.040 €	0 €	0 €	0 €
Wartungskosten etc. pro Jahr	200 €	400 €	400 €	0 €	0 €	50 €
Betriebskosten pro Jahr	800 €	860 €	370 €	450 €	720 €	630 €
Kosteneinsparung nach 20 Jahren	0 €	7.300 €	2.340 €	13.500 €	17.600 €	6.500 €
Amortisationszeit (a - Jahre)		142 a	7,4 a	sofort	sofort	sofort
CO_2 (t/a - Tonnen pro Jahr)	2,0 t/a	0,3 t/a	0,6 t/a	1,0 t/a	1,0 t/a	1,6 t/a
Autarkie Wärme	24%	0%	0%	60%	22%	73%
Autarkie Strom	0%	0%	49%	0%	0%	0%
Einstufung im Energieausweis	B	C	C	A	B	A+

- Investitionskosten: höchstens 1.000 € Zusatzkosten
- Betriebskosten: höchstens 200 € jährlich
- Kosteneinsparung: mindestens 10.000 € über 20 Jahre
- Amortisationszeit: höchstens 10 Jahre
- Kohlendioxidbelastung: höchstens 0,5 Tonnen jährlich
- Autarkie Wärme: mindestens 50 Prozent
- Autarkie Strom: mindestens 50 Prozent

(Nutzwärme 9.200 kWh/a, Stromverbrauch 4.000 kWh/a)

Variante 6 e Photovoltaik, Luftheizung, Solarthermie; Passivhaus	Variante 6 f Photovoltaik, Luftheizung, Solarthermie, Speicher; Passivhaus	Variante 7 Holzheizung, Solarthermie; Sonnenhaus	Variante 8 Hybrid-wärmepumpe	Variante 9 Erd-Wärme-pumpe, Solarthermie	Variante 10 a Luft-Wärme-pumpe, Photovoltaik; Sonnenhaus	Variante 10 b Luft-Wärme-pumpe, Photovoltaik, Speicher; Sonnenhaus	Variante 11 a Erd-Wärme-pumpe, Solarthermie, Photovoltaik; Sonnenhaus
40	**40 plus**	**40**	**kein**	**40**	**40**	**40 plus**	**40**
10.000 €	10.000 €	10.000 €		10.000 €	10.000 €	10.000 €	10.000 €
3.000 €	3.000 €	6.500 €	10.000 €	13.400 €	10.000 €	10.000 €	13.400 €
4.500 €	4.500 €	15.000 €		10.000 €			10.000 €
9.000 €	9.000 €				9.000 €	9.000 €	9.000 €
		1.500 €	1.500 €				
			2.000 €				
		4.000 €	4.000 €	6.000 €	6.000 €	6.000 €	6.000 €
10.000 €	10.000 €	1.500 €	1.500 €	1.500 €	1.500 €	6.500 €	1.500 €
	1.000 €					1.000 €	
	7.500 €					7.500 €	
36.500 €	45.000 €	38.500 €	19.000 €	40.900 €	36.500 €	50.000 €	49.900 €
10.000 €	15.750 €	13.300 €	0 €	15.000 €	10.000 €	15.750 €	15.000 €
26.500 €	29.250 €	25.200 €	19.000 €	25.900 €	26.500 €	34.250 €	34.900 €
1.000 €	3.750 €	–300 €	–6.500 €	**400 €**	**1.000 €**	8.750 €	9.400 €
950 kWh/a	950 kWh/a	4.810 kWh/a	4.550 kWh/a	1.340 kWh/a	1.170 kWh/a	910 kWh/a	610 kWh/a
280 €	280 €	260 €	750 €	340 €	340 €	260 €	180 €
3.630 kWh/a	3.630 kWh/a	0 kWh/a	0 kWh/a	0 kWh/a	3.540 kWh/a	3.630 kWh/a	4.060 kWh/a
1.090 kWh/a	2.180 kWh/a	0 kWh/a	0 kWh/a	0 kWh/a	1.060 kWh/a	2.180 kWh/a	1.220 kWh/a
620 €	810 €	0 €	0 €	0 €	600 €	810 €	700 €
150 €	250 €	200 €	200 €	100 €	200 €	300 €	250 €
–190 €	–280 €	460 €	950 €	440 €	–60 €	–250 €	–270 €
18.800 €	17.850 €	7.100 €	3.500 €	6.800 €	16.200 €	12.250 €	12.000 €
1,0 a	3,5 a	sofort	43 a	1,1 a	1,2 a	8,3 a	8,8 a
–1,7 t/a	–1,7 t/a	0,3 t/a	2,2 t/a	0,8 t/a	–1,5 t/a	–1,7 t/a	–2,2 t/a
90%	90%	48%	51%	85%	87%	90%	93%
27%	55%	0%	0%	0%	27%	55%	31%
A+	A+	A	A	A+	A+	A+	A+

Tipp: Die vollständige Tabelle mit allen im Text beschriebenen Technikvarianten finden Sie im Internet unter www.ratgeber-verbraucherzentrale.de/haustechnik
Dort haben Sie auch die Möglichkeit, eigene Zahlenwerte einzutragen und mit diesen zu rechnen.

In Tabelle 3 finden sie Zahlenwerte. Hier ein paar Anmerkungen zu den nicht selbstverständlichen Zeilen:

Investitionskosten sind Durchschnittswerte, Stand Ende 2017 ohne Angabe von Bandbreiten. Grün bei Kosteneinsparung..

Negative *Betriebskosten*, wenn Familie Meier die Heizkosten auf null senkt und geringere Stromkosten als bei der Ausgangsplanung hat.

Die Zeile *Amortisationszeit* ist auf den ersten Blick etwas verwirrend: Die schwarzen Zahlen entsprechen der üblichen Angabe: Die Amortisationszeit gibt an, wann die Mehrinvestition sich durch die Betriebskosteneinsparung erwirtschaftet hat. Diese Zahl sollte möglichst klein sein, in jedem Fall kleiner als die Lebensdauer. Nun gibt es aber Fälle mit geringerer Investition als die Ausgangsplanung – grüne Zahlen. Hier gibt die Amortisationszeit an, wie lange es dauert, bis höhere Betriebskosten die Einsparung der Investition aufgefressen haben. Diese Zahl sollte möglichst groß sein, in jedem Fall größer als die Lebensdauer.

Nun gibt es noch Fälle mit Amortisationszeit „sofort“, dann haben Meiers von Anfang an eine Einsparung.

Die *CO_2-Belastung* gilt für den derzeitigen Zustand. Im Zuge von Sektorkopplung und zunehmender erneuerbarer Strom- und Gasproduktion verbessern sich diese Werte jedoch, allerdings auch der Wert der Ausgangsplanung. Es ist schwer voraussehbar, was da zukunftsfähig ist. Negative Werte bedeuten Klimaentlastung.

Autarkie Strom ist für einen Jahresstromverbrauch von 4.000 kWh angegeben.

Die Einstufung im Energieausweis (→ Seite 36) bezieht sich auf den Endenergiebedarf. Sie ist wichtig, wenn das Haus vermietet oder verkauft werden soll.

In den meisten Fällen ist es für Familie Meier sinnvoll, ein Effizienzhaus zu wählen (→ Tabelle 3). Eine Luft-Wärmepumpe (Variante 4a) und erst recht eine Hybrid-Wärmepumpe (Variante 8) wird im Effizienzhaus unwirtschaftlicher. Ein BHKW (Variante 2) und eine solarthermische Heizungsunterstützung (Variante 5) sind im Effizienzhaus vollkommen unwirtschaftlich.

Die günstigsten Varianten sind für den Neubau von Familie Meier Effizienzhausvarianten mit Photovoltaikanlage, am besten als Passivhaus, oder der Anschluss an die Fernwärme.

Gesamtlösungen für Neubaugebiete

Wegen der geringen Abnahmemengen bei heutigen Neubauten lohnt sich in vielen Fällen eher die Verlegung eines Wärmenetzes (→ Seite 66) als eines Gasnetzes im Neubaugebiet. Dies gilt insbesondere, wenn sehr

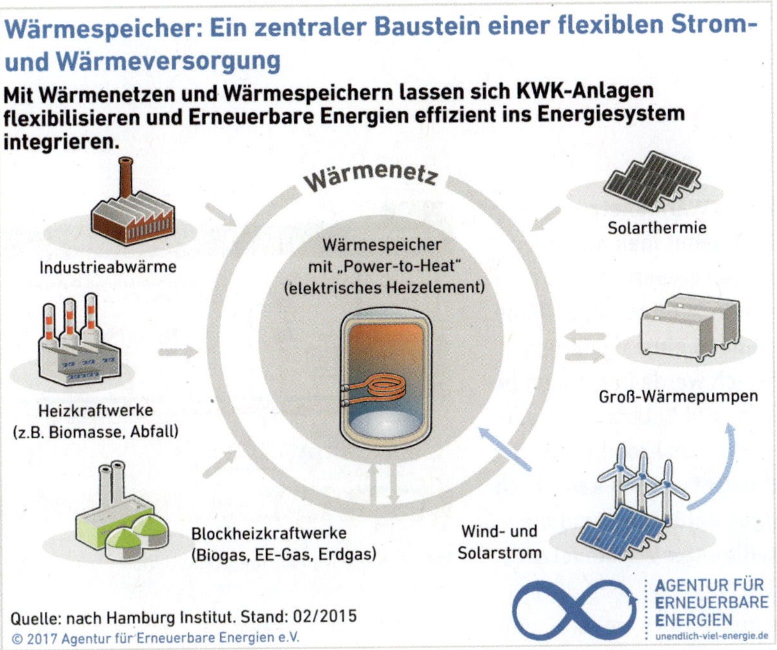

Abb. 6: Wärmespeicher in Wärmenetzen.

kostengünstige und klimaschonende Wärmequellen zur Verfügung stehen, die nur zentral genutzt werden können: die Abwärme eines nahgelegenen Industriebetriebes, ein Holzhackschnitzelkessel, eine Groß-Wärmepumpe, eine große thermische Solaranlage oder eine Kombination aller dieser Quellen mit einem Zentralspeicher, in dem wie mit einem großen Tauchsieder überschüssiger Wind- und Solarstrom in Wärme umgewandelt werden kann. Vorteilhaft ist die Mischung von Nutzern, sodass übers Jahr eine gleichmäßigere Wärmeabnahme erfolgt als in einem Wohnhaus alleine. Beispielsweise benötigt ein Freibad die meiste Wärme im Sommer und im Winter keine, was beim Wohnhaus genau andersherum ist. Oder eine Schule wird hautsächlich über Tag und in der Woche genutzt, während ein Wohnhaus den höchsten Energiebedarf abends und am Wochenende hat.

Familie Meier kann dann die sehr günstigen Varianten 3 nutzen. Auch ein zentrales BHKW ist wirtschaftlicher zu betreiben als viele Einzel-BHKW in den Wohnhäusern, die lediglich an der Grenze zur Wirtschaftlichkeit liegen. Eine genossenschaftliche Lösung liegt nahe, in der alle Wärmenutzer eine Stimme haben und nicht von den Entscheidungen eines kommerziellen Betreibers des Wärmenetzes abhängen.

Für Familie Meier sind auch alle Varianten mit Wärmepumpe interessant. In Ihrem dicht besiedelten Neubaugebiet ist es aller-

Kaltes Wärmenetz – wie kommt man dran?

Bernd Felgentreff über sich selbst: „Vor 26 Jahren habe ich mich einmal mit dem Satz vorgestellt: Ich werde in meinem beruflichen Leben so viel Solartechnik umsetzen, dass ein kleines Atomkraftwerk dadurch abgeschaltet werden kann – Ich muss noch einiges dafür tun – und die Idee Kalter, intelligenter Wärmenetze soll dabei helfen."

„Als Erstes: Sie müssten es wollen – und zweitens: Sie müssten es gemeinsam wollen. Danach sollten Sie sich bemühen, einen Vollkostenvergleich machen zu lassen. Einen Vergleich, der die wirklichen Gesamtkosten einer Einzelheizung gegen die Systemtechnik Kalter, intelligenter Wärmenetze antreten lässt. Der die Chance bietet, dass des Einen Abwärme, Nutzenergie für den Anderen, überschüssiger Strom des Einen CO_2-Reduktion des Anderen ist. Bei gleichem Aufwand erntet ein Sonnenkollektor im „Kalten Netz" fast das Doppelte an Wärme im Jahr, als im Einfamilienhaus. Willkommen in einer sonnigen Zukunft!"

dings schwer, Luft-Wärmepumpen ohne Belästigung der Nachbarn unterzubringen. Ein **kaltes Nahwärmenetz** mit zentraler Wär-

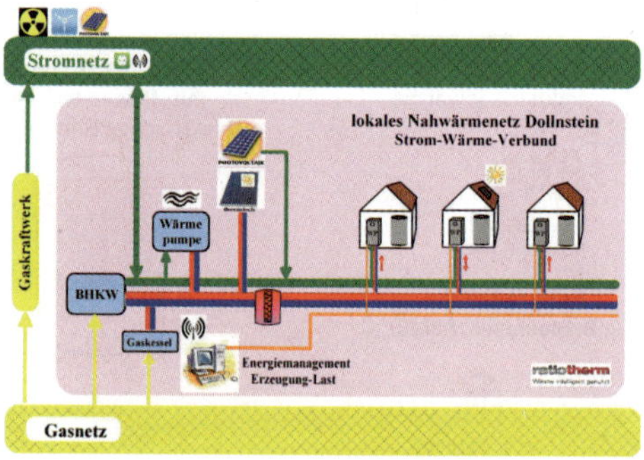

Abb. 7: Kalte Nahwärme Dollnstein.

mequelle kann für sie interessant sein, wenn die dadurch bewirkten Kosten geringer sind als diejenigen für die eigene Wärmesonde oder wenn die eigene Wärmesonde aus geologischen Gründen nicht möglich ist (→ Seite 84).

Ein besonders ausgeklügeltes Beispiel zeigt Abbildung 7: Im oberbayrischen Dollnstein wird Abwärme aus einem zentralen BHKW durch eine zentrale Wärmepumpe genutzt, um das Wärmenetz auf der geforderten, niedrigen Temperatur von 30 Grad zu halten. Außerdem speist eine thermische Solaranlage ein, die bei diesen niedrigen Temperaturen mit dem sehr hohen Wirkungsgrad von bis zu 75 Prozent arbeitet. Der Primärenergiebedarf sinkt so auf etwa die Hälfte im Vergleich zu einem üblichen Fernwärmenetz (www.energy-mag.com, im Suchfeld eingeben „Das kalte Netz").

Altbau

Sie wohnen in einem Bestandsgebäude mit einer Heizungsanlage, die bereits in die Jahre gekommen ist? Da gibt es zahlreiche Möglichkeiten, Ihr Portemonnaie und die Umwelt zu entlasten. Es muss nicht unbedingt der „große Wurf" sein, bei dem der Wärmeerzeuger ausgetauscht wird – falls dieser noch zufriedenstellend ohne größere Reparaturen funktioniert und noch keine „rote Karte" vom Schornsteinfeger erhalten hat.

Optimierung der Heizungsanlage

Zunächst sollten Sie Ihr Heizsystem unter die Lupe nehmen. Das geht kostengünstig mit dem von der Verbraucherzentrale angebotenen Heiz-Check (→ Tipp nächste Seite).

Je nachdem, was diese Überprüfung bei Ihnen ergeben hat, sind folgende Maßnahmen sinnvoll:

Neue Thermostatventile: Mithilfe eines Thermostatventils bestimmen Sie die Raumtemperatur. Jedes Grad Raumtemperatur mehr erfordert etwa fünf bis sechs Prozent mehr Heizenergieverbrauch. Nutzen Sie diese Einzelraumregelung und passen Sie die Temperatur der Räume an Ihre Bedürfnisse an. Wenn Sie nicht zu Hause sind, können Sie die Temperatur in einzelnen Räumen oder in der ganzen Wohnung absenken. Ältere Thermostatventile können klemmen. Außerdem ist die Temperaturregelung bei neuen Thermostatventilen feinfühliger. Wenn Sie neue Ventilunterteile einbauen lassen, sollten es in jedem Fall voreinstellbare sein (→ nächste Seite).

Falls das Unterteil noch in Ordnung ist, können Sie den Thermostatkopf gegen ein elektronisches Thermostatventil tauschen. Dies bietet die Möglichkeit, Absenk- und Aufheizzeiten gradgenau zu programmieren. Außerdem schließt es während des Lüftens. Elektronische Thermostatventile sind sehr sinnvoll, wenn Sie die Räume unterschiedlich nutzen. So können Sie beispielsweise das Bad passend zu Ihren Duschgewohnheiten vorheizen und den Tag über im Absenkbetrieb lassen. Die abgesenkte Temperatur sollte jedoch nicht unter 16 Grad liegen, da es sonst Feuchtigkeits- und Schimmelprobleme geben kann (→ Kasten Seite 125).

Hydraulischer Abgleich: Die Einzelraumregelung durch ein Thermostatventil funktioniert allerdings nur, wenn die Heizzentrale eine zur Außentemperatur passende Vorlauftemperatur zur Verfügung stellt und wenn das gesamte Heizsystem richtig abgeglichen ist. Im Haus ohne hydraulischen Abgleich sucht sich das Heizungswasser den Weg des geringsten Widerstands, und das ist der am nächsten zum Heizkessel liegende

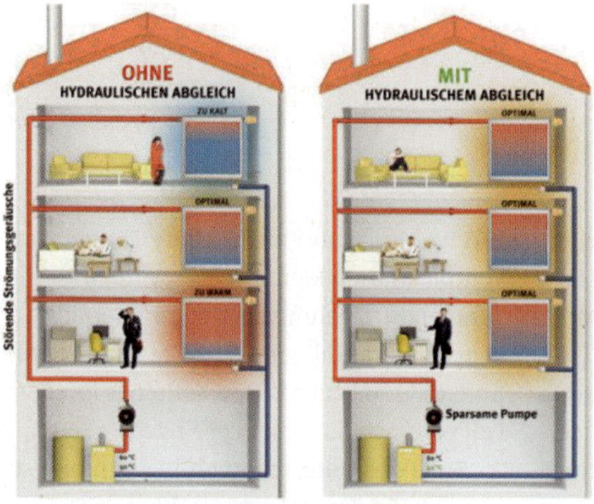

Abb. 8: Prinzip des hydraulischen Abgleichs.

Heizkörper. Dieser wird eher zu warm. Weiter weg liegende Heizkörper bleiben „lau". Beim hydraulisch abgeglichenen System werden sämtliche Heizkörper gleichmäßig durchströmt und alle Räume erhalten eine angenehme Temperatur.

→ TIPP Heiz-Check

Sie können bei der Verbraucherzentrale einen Heiz-Check beauftragen www.verbraucherzentrale-energieberatung.de, weiter „Beratung" und „Heiz-Check", Termine unter der kostenfreien Telefonnummer 0800 – 809 802 400. Während der Heizperiode kommt ein Experte zu Ihnen. Er stellt mit Messgeräten fest, ob Ihre Heizungsanlage optimal funktioniert, und macht Verbesserungsvorschläge.Sie zahlen dafür 40 €, für nachweislich einkommensschwache Haushalte ist der Heiz-Check kostenlos.

Für den hydraulischen Abgleich müssen voreinstellbare Thermostatventile eingebaut oder vorhandene Ventile mit einem voreinstellbaren Ventileinsatz nachgerüstet werden. Ein solcher Ventileinsatz enthält einen Zylinder mit unterschiedlich breiten Schlitzblenden. Wenn der Thermostatkopf abgenommen wird, kommt ein Zahlenkranz zum Vorschein, der mit einem Spezialschlüssel auf den richtigen Wert für den Durchfluss eingestellt wird.

Der Heizungsbauer errechnet diesen Wert anhand des Wärmebedarfs des Raumes und der Daten des Heizkörpers. Es gibt mittlerweile Heizungspumpen, die den hydraulischen Abgleich unterstützen. Ein hydraulischer Abgleich muss nachgewiesen werden, wenn Sie Fördermittel für die Heizungsanlage bei KfW oder BAFA beantragen. Es gehört zur Pflicht des Heizungsbauers, einen hydraulischen Abgleich durchzuführen, wenn ein neuer Wär-

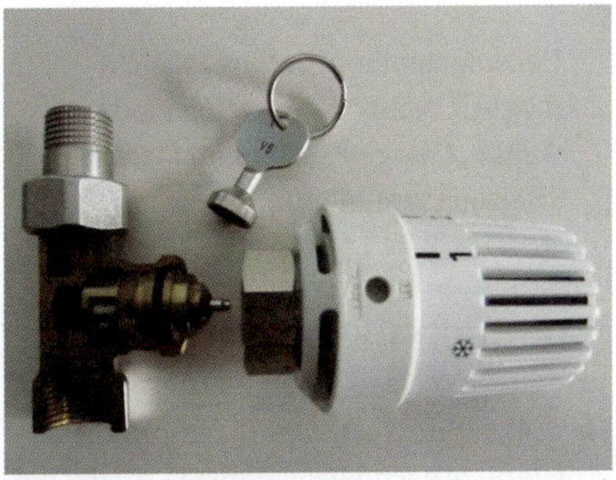

Abb. 9: Voreinstellbares Thermostatventil.

Abb. 10: Ungedämmte Rohre am Wasserspeicher.

meerzeuger eingebaut wird. Dies gilt auch für Fußbodenheizungen. Im Verteilerschrank der Fußbodenheizung kann der hydraulische Abgleich der Heizschleifen erfolgen. Die Einstellung erfolgt anhand der direkt ablesbaren Durchflusswerte. Ein hydraulischer Abgleich kostet im Ein-/Zweifamilienhaus zwar 5 bis 10 € je Quadratmeter Wohnfläche. Doch Sie sparen dafür – bei heutigen Gaskosten – jährlich zwischen 33 Cent bis zu einem Euro pro Quadratmeter Wohnfläche ein. In den meisten Fällen amortisiert sich der hydraulische Abgleich in wenigen Jahren.

Rohrdämmung: Wenn es im Heizungskeller so aussieht wie auf der Abbildung 10, braucht man sich nicht über hohe Heizkosten wundern. Es sollte kein blankes Metall zu sehen sein. Wird die Rohrleitung in ausreichender Stärke gedämmt, lassen sich pro Meter Rohr bis zu 14 € Heizkosten jährlich sparen. Die Dämmstärke sollte mindestens so dick sein wie die Leitung und keinesfalls unter zwei Zentimeter liegen. Die Kosten für diese Maßnahme liegen je nach Material und Dämmstärke zwischen 3 und 10 € pro Meter. Diese Kosten haben sich schon nach höchstens einem Jahr wieder eingespielt. Packen Sie auch alle Armaturen und Übergangsmuttern zum Speicher ein.

→ TIPP Surftipp

Weitere Spartipps und eine Videoanleitung gibt es unter www.verbraucherzentrale.nrw/heizspartipps

Neue Umwälzpumpe: Große Stromfresser können im Heizungskeller verborgen sein: die Umwälzpumpen der Heizungsanlage. Über zehn Jahre alte Heizungspumpen sollten Sie gegen Hocheffizienzpumpen austauschen. Eine Heizungspumpe läuft lange Zeit – viele Tausend Stunden pro Jahr. Sie wird meistens so eingebaut, wie sie ausgeliefert wurde und das heißt, sie steht auf höchster Stufe. Die Leistung beträgt dann typischerweise über 50 Watt. Eine solche Pumpe kann durchaus 300 bis 500 Kilowattstunden jährlich benötigen, was beim heutigen Strompreis 80 bis 140 € pro Jahr entspricht. Als Sofortlösung können Sie den Wahlschalter an der Pumpe auf die kleinste Stufe stellen. Sie werden vermutlich keinen Unterschied bei der Heizleistung feststellen. Über den Daumen reicht nämlich pro Heizkörper eine Pumpenleistung von einem Watt. Sie müssten demnach über 50 Heizkörper haben! Sollten Sie feststellen, dass es mit kleinster Pumpenleistung irgendwo in Ihrem Haus nicht ausreichend warm wird, so ist das ein Zeichen für ein schlecht abgeglichenes System (→ Seite 169). Die Verringerung der Pumpenleistung bewirkt eine Stromeinsparung von etwa 50 Prozent. Weitaus mehr können Sie durch eine neue Hocheffizienzpumpe erreichen – typische Einsparung: 80 bis 90 Prozent. Die Installationskosten einer neuen Pumpe von 250 bis 350 € erwirtschaften Sie demnach in zwei bis vier Jahren.

→ **TIPP Fördermittel**
Die Heizungsoptimierung wird mit 30 Prozent der Kosten gefördert. Sie müssen sich vor Beginn der Maßnahme registrieren. Eine doppelte Förderung dieser Maßnahme im Rahmen der Heizungsmodernisierung ist nicht möglich. Näheres → www.bafa.de, weiter „Energie“, „Energieeffizienz“, „Heizungsoptimierung“.

Haustechnikvarianten

Sie wollen Ihre Heizungsanlage grundlegend erneuern? Je nachdem, womit Sie zurzeit heizen, gibt es viele Möglichkeiten. Sie begleiten auf den folgenden Seiten mehrere Beispielfamilien auf Ihrem Weg zur energiesparenden Heizung. Alle wohnen im selben Haustyp, einem Einfamilienhaus aus den 1970er Jahren mit nicht ausgebautem Dach und unbeheiztem Keller, wo auch die Heizungsanlage steht. Die Maße (Höhe, Breite, Fläche) entsprechen dem Neubau Meier (→ Tabelle 1, Seite 134), die Dämmwerte stehen in der Abbildung.

→ **TIPP Energieberatung vor Ort**
Jedes Haus ist anders. Die Abschätzungen für die Beispielfamilien auch mit Anpassungsrechnung (→ Seite 142) werden sicher nur zum Teil Ihrer Situation entsprechen. Eine passgenaue Einschätzung kann nur bei Ihnen zu Hause erfolgen. Das BAFA fördert mit Zuschüssen eine umfangreiche Energieberatung vor Ort mit schriftlichem Beratungsbericht und Maßnahmenerläuterung.

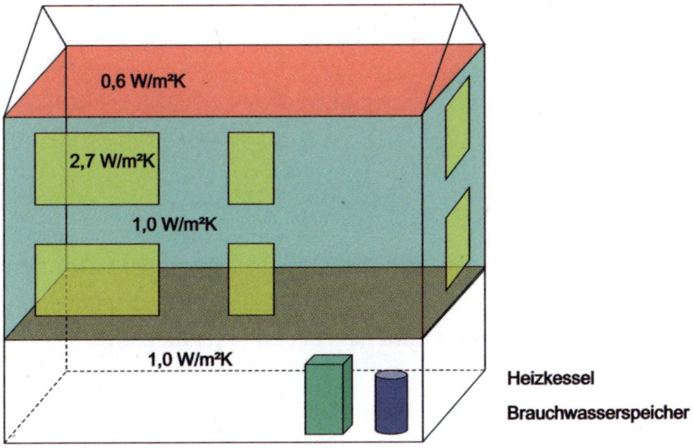

Abb. 11: Ist-Zustand Altbau, Wärmebrückenzuschlag 0,1 W/m²K.

Näheres unter www.bafa.de, weiter „Energie“, „Energieberatung“, „Energieberatung Wohngebäude“, „Beratene“. Weniger umfangreich, aber kostengünstiger sind die Beratungsangebote der Verbraucherzentralen: www.verbraucherzentrale-energieberatung.de

Die Familien wollen lediglich die Haustechnik ändern. Würde das Haus auch auf Stand der Technik gedämmt, so gelten die im Kapitel „Neubau“ beschriebenen Erläuterungen zu den Varianten. Allerdings gibt es für die Altbausanierung erheblich mehr Fördermöglichkeiten (➞ die folgenden Seiten), was die Wirtschaftlichkeit gegenüber Tabelle 3 verbessert. Auf Seite 142 finden Sie eine Erläuterung, wie Sie die Werte der Tabellen für Bestandsgebäude entsprechend umrechnen können.

In keinem Fall wird der Einbau einer Lüftungsanlage berücksichtigt. Aus hygienischen Gründen und zur Vorbeugung vor Schimmel wäre eine Abluftanlage aber sicher sinnvoll. Da sich dadurch der Energieeinsatz kaum ändert, finden Sie deren Kosten nicht in den Tabellen. Der Einbau einer Zentralanlage ist im Altbau mit erheblichem Aufwand verbunden, den keine der Beispielfamilien auf sich nehmen will. Prinzipiell wäre eine dezentrale Lüftungsanlage mit Wärmerückgewinnung einsetzbar. Diese kostet bei den benötigten 4 Geräten circa 4.000 €. Sie benötigt Strom und gewinnt etwa das Fünffache der elektrischen Energie als Wärme zurück. Beim Lüftungswärmeverlust der Beispielfamilien und einer Wärmerückgewinnung von etwa 80 Prozent muss die Wärme teurer sein als 13 Cent pro Kilowattstunde. Dies ist nur bei der vierten Beispielfamilie Güngör mit Elektroheizung der Fall. Dort gibt es jedoch bereits so viele wirtschaftliche Möglichkeiten, dass nicht auch noch eine Lüftungsanlage untersucht wurde. Aus den gleichen Gründen haben die Beispielfamilien den im Zusammenhang mit Lüftungsanlagen möglicherweise sinnvollen Einsatz von Solar-Luftkollektoren (➞ Seite 102) nicht weiter betrachtet.

Eine Förderung über die Kreditanstalt für

Wiederaufbau mit Kredit oder Zuschuss ist prinzipiell möglich (→ Tipp Seite 45). Bei den Beispielfamilien wurde diese jedoch nicht berücksichtigt.

Im Teil „Anlagentechniken" (ab Seite 47) finden Sie für alle Varianten passende Checklisten und im Kapitel „Neubau" (ab Seite 133) die entsprechenden Bewertungstabellen.

→ TIPP Umrechnung auf Ihre Werte
Hier gelten angepasst die Anmerkungen von Seite 142 im Neubaukapitel.

Familie Schulte heizt mit Öl

Die Ölheizung der Familie Schulte ist zwar in die Jahre gekommen. Ein Fachbetrieb hatte aber immerhin kürzlich dem Öltank einen guten Zustand bescheinigt. Familie Schulte ist sich nun nicht sicher, ob sie bei Öl bleiben will und hat deswegen eine Energieberatung durchführen lassen. Abbildung 12 (→ Seite 184) gibt einen Überblick der wirtschaftlich sinnvollen Varianten. Die Ergebnisse der wichtigsten Varianten sind in Tabelle 4 auf Seite 182 zusammengestellt. (Die restlichen finden Sie im Internet → Seite 163)

Ist-Zustand: Der Ölpreis ist momentan recht niedrig und so haben Schultes trotz des alten Kessels einschließlich Wartung mittlere Betriebskosten von rund 2.500 € jährlich. Öl ist ein kohlenstoffreicher Brennstoff. Deswegen liegt die Klimabelastung bei 11 Tonnen Kohlendioxid (t CO_2) jährlich und damit deutlich höher als bei einer Gasheizung.

Heizungsoptimierung (→ Seite 169)

Schultes möchten den Ölkessel noch ein wenig weiter betreiben, aber bereits jetzt die Heizungsanlage optimieren. Sie lassen neue, voreinstellbare Thermostatventile und eine Hocheffizienzpumpe einbauen. Alle offenliegenden Heizungsrohre und Warmwasserleitungen werden gedämmt und ein hydraulischer Abgleich durchgeführt (→ Seite 169). Diese Maßnahmen kosten Schultes im Schnitt 1.500 €. Für die Heizungspumpe und den hydraulischen Abgleich können sie 30 Prozent Förderung bekommen (→ Seite 172), die restlichen 500 € bleiben ungefördert. Die Betriebskosten sinken auf etwa 2.060 €, sodass sich die Investition bereits in drei Jahren gerechnet hat. Die Klimabelastung sinkt auf 9 t CO_2 jährlich.

Neuer Brennwertkessel (Varianten 0a bis 0c → Seite 47)

Schultes wollen den Ölkessel durch einen neuen **Öl-Brennwertkessel** (Variante 0a) ersetzen. Einen Teil dieser Kosten hätten sie in jedem Fall allein zu tragen, da sie ja weiterhin heizen müssen. Fiktiv werden dafür zwei Drittel der Kosten für den neuen Kessel abgezogen, hier 6.000 €. Einschließlich der für ein Brennwertgerät notwendigen Schornsteinsanierung mit Kunststoffrohr, einem neuen Warmwasserspeicher und der Heizungsoptimierung verbleiben circa 6.170 €. Das senkt die Betriebskosten von ursprünglich 2.500 auf 1.860 € und erwirtschaftet die Mehrkosten in zehn Jahren. Die Klimabelastung sinkt weiter auf 7,9 t CO_2 jährlich.

Die Erdgasleitung liegt in der Nähe ihres Hauses. Schultes erwägen deswegen den Einbau eines **Gas-Brennwertkessels** (Variante 0b). Dieser ist zwar günstiger als ein Ölkessel, durch die zusätzlichen Kosten für den Gasanschluss bleiben die Gesamtkosten aber bestehen. Weil Gas teurer ist als Öl, steigen die Betriebskosten auf 1.960 € und die Amortisationszeit verlängert sich auf elf Jahre. Das kohlenstoffärmere Gas belastet die Umwelt nur noch mit 6,5 t CO_2 jährlich.

Ein **Gas-Brennwertgerät** mit untergebautem Warmwasserspeicher ist so kompakt, dass Schultes es sich ins Badezimmer stellen können und die Abwärme im Haus genutzt wird. Dafür müssen einige Leitungen verlegt werden, was rund 1.500 € kostet. Das Gerät wird **raumluftunabhängig** (Variante 0c) betrieben, das heißt durch den Raum zwischen Schornstein und Abgasrohr kommt die Verbrennungsluft, wird durch die Abgase vorgewärmt, was den Wirkungsgrad verbessert. Der Verbrauch sinkt und die Betriebskosten sind mit 1.840 € ein klein wenig geringer als beim Öl-Brennwertkessel. Durch die höhere Investition steigt die Amortisationszeit zwar leicht auf zwölf Jahre, die Kosteneinsparung über 20 Jahre ist allerdings größer und die Klimabelastung mit 6 Tonnen pro Jahr kleiner als bei der Kelleraufstellung.

Holzheizung (Varianten 1a und 1b → Seite 51)

Schultes haben keine Möglichkeit für einen Gasanschluss, können aber Scheitholz günstig einkaufen und scheuen die Mühe des Nachlegens nicht. Sie wollen einen neuen **Scheitholz-Vergaserkessel** (Variante 1a) einbauen. Ein Holzkessel kann nur schwierig geregelt werden, deswegen ist ein **Pufferspeicher** nötig. Außerdem benötigen Schultes nun ein Holzlager; denn Scheitholz sollte einige Jahre gelagert werden, um auszutrocknen. Holzvergaserkessel beim Austausch eines Ölkessels werden mit 3.000 € gefördert. Unter dem Strich zahlen Schultes einschließlich der Heizungsoptimierung nun 6.500 €. Dank des günstigen Holzpreises liegen die Betriebskosten trotz des durch den schlechteren Wirkungsgrad gestiegenen Energieverbrauchs bei 1.660 € und die Amortisationszeit sinkt auf acht Jahre. Holz ist ein nachwachsender Rohstoff mit wenig Bearbeitungsschritten und deswegen sehr geringer Klimabelastung von 0,5 t CO_2 jährlich.

Schultes möchten komfortabel mit einem **Pelletkessel** (Variante 1b) heizen. Sie lassen Ihr Öllager zum Pelletlager umbauen. Der Pelletkessel ist wesentlich besser zu regeln und benötigt deswegen einen kleineren Pufferspeicher. Die Förderung steigt zwar auf 4.800 €, aber durch die wesentlich höheren Kosten steigt die Investition auf 8.700 €. Die effektivere Verbrennung mit geringerem Energieverbrauch wird durch die höheren Brennstoffkosten aufgefressen und die Betriebskosten liegen bei 1.860 €. Dadurch sinkt die Kosteneinsparung und die Amortisationszeit steigt auf 14 Jahre. Auch die Umweltbelastung steigt zwar auf 1,3 t CO_2 jährlich, weil Pellets unter Energieeinsatz hergestellt werden, liegt aber im Vergleich zum Ist-Zustand außerordentlich niedrig.

→ **TIPP Fördermittel**

Das BAFA fördert den Einbau von effektiven Holzheizungen im Altbau. Es gibt Zuschüsse für Heizkessel mit Pellets oder Holzhackschnitzeln sowie Scheitholzvergaserkessel. Bei Kaminöfen werden nur Pelletöfen mit Wassertasche gefördert. Förderbedingungen und Anträge gibt es unter www.bafa.de, weiter „Energie“, „Heizen mit erneuerbaren Energien“, „Biomasse“. Auf den Seiten des BAFA finden Sie Listen von förderfähigen Holzheizungen. Wählen Sie ein Gerät mit Brennwertnutzung oder spezieller Abgasreinigung, gibt es zusätzliche Gelder. Der Antrag muss vor Maßnahmenbeginn gestellt werden. Werden alte Öl- oder Gaskessel ausgetauscht, gibt es einen zusätzlichen Bonus von 20 Prozent der Förderung zuzüglich 600 € für die Optimierung. Wegen Doppelförderung ist dann die oben erwähnte Förderung der Optimierung nicht zusätzlich möglich. Für diese und alle weiteren erwähnten Maßnahmen kann es zusätzlich Förderungen von Ländern und/oder Kommunen geben. Eine Zusammenstellung finden Sie unter www.foerderdatenbank.de.

Blockheizkraftwerk (BHKW), stromerzeugende Heizung (Varianten 2a und 2b → Seite 59)

Schultes beabsichtigen, einen Teil Ihres Strombedarfes durch ein BHKW zu decken. **BHKW mit Motor** (Variante 2a) sind eine altbewährte Technik. Abzüglich der Förderung (→ Tipp Seite 177) verbleiben Schultes 19.200 € Investitionskosten. Die pauschale Förderung nach KWKG (→ Seite 62) ist für Schultes günstiger als eine Förderung des erzeugten Stromes. Das BHKW mit Spitzenkessel benötigt mehr Gas als ein Brennwertkessel, produziert dafür aber rund 6.750 Kilowattstunden (kWh) Strom jährlich. Trotz eines Eigenstromanteils von 30 Prozent ist dies BHKW unwirtschaftlich.

BHKW mit Brennstoffzelle (Variante 2b) werden sehr gut gefördert, sind allerdings teuer und es gibt bislang wenig Langzeiterfahrung. Schultes entscheiden sich dafür, sich die gesamte KWKG-Förderung sofort auszahlen zu lassen. Sie erhalten allerdings nicht die höhere Förderung von 8 Cent pro kWh für den eingespeisten Strom, sondern nur 4 Cent pro kWh für alles. Die Gesamtkosten liegen bei circa 18.400 €. Durch höhere Eigenstromnutzung von knapp 40 Prozent – eine Brennstoffzelle hat ein günstigeres Verhältnis Strom zu Wärme – ergeben sich Betriebskosten von 1.450 €. Die Amortisationszeit liegt bei 18 Jahren. Dies ist im Hinblick auf die neue Technik zu lange. Die Klimabelastung liegt bei 3,2 t CO_2 jährlich und Autarkie Strom bei 58 Prozent.

→ TIPP Fördermittel

BHKW werden im Altbau vom BAFA gefördert. Näheres unter www.bafa.de, weiter „Energie", „Energieeffizienz", „Kraft-Wärme-Kopplung". Der Antrag muss vor Renovierungsbeginn gestellt werden. Hier finden Sie auch Hinweise zur Stromvergütung nach dem Kraft-Wärme-Kopplungs-Gesetz (KWKG). Zur Förderung von Brennstoffzellen → Tipp Seite 146.

Fernwärme (Varianten 3a und 3b → Seite 66)

Schultes haben die Möglichkeit, sich an das in ihrem Gebiet neu verlegte Fernwärmenetz anzuschließen. Sie benötigen lediglich eine Übergabestation und einen neuen Warmwasserspeicher und lassen selbstverständlich die Heizungsanlage optimieren. Verrechnet mit den ohnehin angesetzten Kosten und der Optimierungsförderung, bleiben lediglich 170 €. Fernwärme ist zwar teurer als Öl, durch die effektivere Nutzung und den Wegfall der Wartungskosten zahlen Schultes aber nur 2.390 € Betriebskosten und haben die Kosten in gut einem Jahr erwirtschaftet. Kommt die Fernwärme aus Kraft-Wärme-Kopplung mit Kohle, Öl oder Gas betrieben (Variante 3a, **Fernwärme fossil**), liegt die Klimabelastung bei 5,8 t CO_2 jährlich. **Fernwärme mit erneuerbarer Wärme** (Variante 3b), beispielsweise ein Holzhackschnitzel-Heizwerk, verringert die Klimabelastung auf 3 t CO_2 jährlich. Je nach Quelle der Wärme kann die Klimabelastung sogar „negativ" werden, das heißt Schultes entlasten das Klima.

Wärmepumpen (Varianten 4a bis 4c → Seite 72)

Wärmepumpen arbeiten am effektivsten mit einer Fußbodenheizung (Variante 4a). Doch Familie Schulte möchte nicht das ganze Haus umräumen und will bei Heizkörpern bleiben. Die Folge: Eine Luft-Wärmepumpe (Variante 4b) ist nun so uneffektiv, dass sie sich während der Lebensdauer nicht erwirtschaftet. **Eine Erd-Wärmepumpe** (Variante 4c) verschlechtert ihre Effizienz ebenfalls, erreicht aber mit Heizkörpern eine Jahresarbeitszahl von gut 3,7: Schultes erhalten dank der Erdwärme das 3,7-Fache an Nutzwärme im Verhältnis zum dafür eingesetzten Strom. Schultes benötigen für ihr schlecht gedämmtes Gebäude eine hohe Heizleistung und deswegen eine oder mehrere Erdsonden von insgesamt 190 Metern Länge, zu Kosten von circa 10.500 €. Gut ausgeführt, sind diese eine Investition in die Zukunft mit einer Lebensdauer von über 50 Jahren. Eine Wärmepumpe, die Heizkörper versorgt, benötigt einen Pufferspeicher. Wärmepumpen werden zwar vom BAFA gefördert (→ Tipp Seite 80), aber in diesem Fall ist die Jahresarbeitszahl dafür zu schlecht. Es bleibt lediglich die Förderung der Optimierung und Kosten von rund 17.670 €. Die Betriebskosten sinken zwar auf 1.530 €, aber die Amortisationszeit von gut 18 Jahren liegt sehr hoch. Die Umweltbelastung von 4,3 t CO_2 jährlich wegen des zurzeit noch hohen Kohlestromanteils sinkt mit wachsendem Anteil der erneuerbaren Energien. Durch Nutzung von Umweltwärme 67 Prozent Autarkie Wärme.

Thermische Solaranlagen (Varianten 5a und 5b → Seite 94)

Schultes möchten einen Teil des Ölverbrauchs durch Sonnenwärme ersetzen. **Eine Anlage zur Brauchwassererwärmung** (Variante 5a) benötigt einen Flachkollektor von circa 6 Quadratmetern und einen Solarspeicher von 300 Litern. Gut 60 Prozent der Wärme für das Brauchwasser kommt so von der Sonne. Thermische Solaranlagen werden gefördert (→ Tipp). Mit Öl-Brennwertkessel, Schornsteinsanierung und Heizungsoptimierung verbleiben 8.200 €. Die Betriebskosten sinken auf 1.660 €, sodass sich die höheren Kosten in zehn Jahren erwirtschaftet haben und eine hohe Kosteneinsparung bleibt. Die Umweltbelastung sinkt gegenüber dem Öl-Brennwertkessel auf 6,9 t CO_2 jährlich.

Eine Anlage zur Heizungsunterstützung (Variante 5b) braucht etwa 12 Quadratmeter Flachkollektor und einen 800-Liter-Kombispeicher. Sie kann gut 60 Prozent der Brauchwassererwärmung und 10 Prozent der Heizwärme abdecken. Sie wird zwar besser gefördert, ist aber auch teurer, sodass Schultes unterm Strich 11.900 € aus eigener Tasche zahlen. Die Betriebskosten sinken weiter auf 1.580 €. Die Amortisationszeit steigt aber durch die höheren Kosten auf 13 Jahre. Dafür sinkt die Klimabelastung auf 6,5 t CO_2 jährlich.

→ TIPP Fördermittel

Im Altbau wird der Einbau von thermischen Solaranlagen durch das BAFA gefördert (Näheres → www.bafa.de, dann „Energie“, „Heizen mit erneuerbaren Energien“, „Solarthermie“). Der Antrag muss ebenfalls vor Maßnahmenbeginn gestellt werden, es gibt den Zusatzbonus und das Verbot der Doppelförderung und möglicherweise Programme der Länder und/oder Kommunen.

Wärme durch Strom und Photovoltaikanlage (Varianten 6a bis 6c → Seite 104)

Der Einbau einer Elektroheizung ist für Schultes völlig unwirtschaftlich. Ebenso elektrische Warmwasserbereitung mit Heizstab (Variante 6a). Eine **Brauchwasser-Wärmepumpe in Kombination mit einer** 5-Kilowattpeak (kWp) -**Photovoltaikanlage** (Variante 6b) ist jedoch sinnvoll. Die Heizung versorgt ein Öl-Brennwertkessel. Ein Brauchwasserspeicher mit aufgesetzter Luft-Wasser-Wärmepumpe wird höchstens 4.000 € kosten. Ölkessel, Schornsteinsanierung, Heizungsoptimierung und die Photovoltaikanlage machen zusammen circa 18.170 €. Die Jahresproduktion der Photovoltaikanlage ist mit 4.790 kWh erheblich größer als der gleichzeitige Bedarf der Wärmepumpe und es bleiben für Haushalt und Netzeinspeisung 3.130 kWh übrig. Die Warmwasserbereitung in der sonnenarmen Zeit begnügt sich mit Strom im Wert von circa 60 €. Der Stromerlös stammt zur guten Hälfte aus dem vermiedenen Stromverbrauch für den eigenen Haushalt: Erfahrungsgemäß können Schultes 30 Prozent des Stromes im eigenen Haushalt nutzen. Insgesamt müssen Schultes mit 1.080 € Betriebskosten rechnen. Über 20 Jahre erwirtschaften sie durch diese Investition über 10.000 € und die Anlagen rechnen sich in 13 Jahren. Die Umweltbelastung mit 4,2 t CO_2 jährlich ist bereits recht niedrig und Familie Schulte erzielt eine Autarkie Strom von 24 Prozent.

Eine etwa doppelt so große Autarkie Strom können Schultes durch den Einbau einer **Lithium-Ionen-Batterie** mit einer Speicherfähigkeit (Kapazität) von 5 kWh erreichen (Variante 6c). Sie wird etwa 7.500 € kosten – die Preise für Batteriespeicher fallen allerdings zurzeit weiter – und mit 750 € gefördert (→ Tipp Seite 154). Der höhere Stromerlös wird größtenteils von den höheren Wartungskosten für die Batterie aufgefressen, sodass die Wirtschaftlichkeit sich verschlechtert und die Amortisationszeit auf 17 Jahre ansteigt. Ob das die Batterie aushält?

Holzheizung in Kombination mit thermischer Solaranlage (Varianten 7a und 7b → Seite 111)

Ein „Solarhaus" benötigt eine sehr große Kollektorfläche und einen mehrere Kubikmeter großen Wasserspeicher. Dieser ist im Keller der Schultes nicht unterzubringen. Sie beschränken sich deswegen auf eine Solaranlage zur Heizungsunterstützung (→ Variante 5b) und koppeln den **Holzvergaserkessel** (→ Variante 1a) mit dem Pufferspeicher (Variante 7a). Die Mehrkosten betragen dank guter Förderung für diese Kombination (→ Tipps auf Seite 176 und 178) circa 10.500 €. Die Betriebskosten von 1.500 € liegen zwar erheblich höher als bei Variante 6b und 6c. Durch die niedrigeren Investitionskosten sinkt jedoch die Amortisationszeit auf elf Jahre. Der nachwachsende Brennstoff Holz sorgt für niedrige Klimabelastung mit nur 0,5 t CO_2 jährlich.

Die komfortablere Lösung mit **Pelletkessel** (Variante 7b) ist trotz höherer Förderung mit 13.700 € teurer – Komfort fordert seinen Preis. Die Betriebskosten erhöhen sich auf 1.650 € und die Amortisationszeit steigt auf 16 Jahre – das sollte der Pelletkessel mitmachen. Die Klimabelastung steigt auf immer noch niedrige 1,2 t CO_2 jährlich.

Hybrid-Wärmepumpe (Varianten 8a bis 8d → Seite 114)

Die Luft-Wärmepumpe kann Heizkörper nicht effektiv versorgen. Hier hilft der eingebaute Brennwertkessel: Er kann hohe Temperaturen liefern und die Wärmepumpe insbesondere in der kalten Jahreszeit unterstützen. Es gibt preisgünstige kompakte Gas-Geräte (Variante 8b). Eine Variante mit Ölkessel (Variante 8a) ist unwirtschaftlich.

Die Wärmepumpe ist nun so effektiv, dass sie gefördert werden kann (→ Tipp Seite 80) und die Mehrkosten nur rund 7.980 € betragen. Sie übernimmt etwa 80 Prozent der jährlichen Wärmeproduktion. Höhere Betriebskosten von 1.840 € ergeben bei niedrigerer Investition eine Amortisationszeit von zwölf Jahren. Die Umweltbelastung von 4,9 t CO_2 jährlich verringert sich, wenn Strom zunehmend erneuerbar produziert wird. Schultes erzielen eine Autarkie Wärme von 47 Prozent. Familie Schulte möchte zur Energiewende beitragen. Sie errichten eine **Photovoltaikanlage**. Diese versorgt zum großen Teil die Wärmepumpe (Variante 8c). Der Bezug aus dem öffentlichen Stromnetz sinkt auf 3.760 kWh und es bleiben 2.710 kWh für Haushalt und Netzeinspeisung. Auch durch Stromerlöse sinken die Betriebskosten auf 1.340 € jährlich. Die Amortisationszeit verschlechtert sich auf 15 Jahre. Weil der Photovoltaikstrom Kohlestrom verdrängt, sinkt die Klimabelastung auf 1,8 t CO_2 jährlich. Autarkie Wärme steigt auf 58 Prozent und Schultes erreichen 20 Prozent Autarkie Strom.

Auch in diesem Fall kann der **Batteriespeicher** (Variante 8d; → Variante 6c) die Autarkie Strom in etwa verdoppeln. Dadurch verschlechtert sich aber die Wirtschaftlichkeit so sehr, dass es nun 20 Jahre lang dauert, bis sich die Kosten eingespielt haben. Diese Lösung ist nur interessant, wenn Schultes mit steigenden Strompreisen rechnen.

Erd-Wärmepumpe in Kombination mit Solarthermie (Variante 9 → Seite 116)

Durch eine Heizungsunterstützungsanlage (→ Variante 5b) kann überschüssige Sommerwärme über die Sonde ins Erdreich gespeichert werden. So verbessert sich die Jahresarbeitszahl der Erd-Wärmepumpe auf über 4,5 und erfüllt nun die Voraussetzung der Innovationsförderung (→ Tipp Seite 158). Im Altbau gibt es zusätzlich den Bonus für Heizungserneuerung (→ Tipp Seite 176). Die höhere Jahresarbeitszahl verlangt nun mehr Wärme aus der Erde und die Sondenbohrung muss insgesamt 203 Meter lang sein. Die Sonde wird teurer. Durch die gute Förderung bleiben die Mehrkosten mit rund 15.000 € im Rahmen. Die Betriebskosten sinken durch die hohe Nutzung von Umweltwärme auf 1.130 €, die Amortisationszeit liegt mit elf Jahren sicherlich unterhalb der Lebensdauer und die Kosteneinsparung in 20 Jahren liegt bei über 12.000 €. Bei heutigem Strommix wird das Klima mit 2,9 t CO_2 jährlich belastet mit sinkender Tendenz. Die Autarkie Wärme beträgt 77 Prozent.

Wärmepumpe in Kombination mit Photovoltaik (Varianten 10a bis 10d → Seite 119):

Wie bei Variante 4c erläutert, kommt für Schultes nur eine **Erd-Wärmepumpe** in Frage (Variante 10c). Als Förderung gibt es wegen der schlechten Jahresarbeitszahl nur diejenige für Heizungsoptimierung und die Mehrkosten liegen bei etwa 26.670 €. Die Nutzung des Photovoltaikstroms ergibt für Schultes niedrige Betriebskosten von circa 1.080 €. Durch die hohen Investitionskosten liegt aber die Amortisationszeit mit 19 Jahren am oberen Ende der Skala. Die Klimabelastung mit nur 1,2 t CO_2 jährlich ist dagegen niedrig, die Autarkie Wärme mit 78 Prozent hoch und die Autarkie Strom liegt bei 20 Prozent.Der Einbau eines Batteriespeichers (Variante 10d) führt zur Unwirtschaftlichkeit.

Kombination von Erd-Wärmepumpe mit Solarthermie und Photovoltaik (Varianten 11a und 11b → Seite 116 und 119)

Schultes müssen nun die hohen Mehrkosten von circa 24.000 € durch die komplexe Anlagentechnik von **Wärmepumpe** und **Solarthermie** und **Photovoltaikanlage** (Variante 11a) tragen – etwas versüßt durch die hohe Förderung (→ Variante 9). Dank Photovoltaikstrom für die Anlagen, für den eigenen Haushalt und an den Netzbetreiber verkauft, betragen die Betriebskosten nur noch rund 580 €. Die Kosteneinsparung in 20 Jahren steigt auf über 14.000 € und die Amortisationszeit von 13 Jahren liegt sicher unterhalb der Lebensdauer. Die Umwelt wird durch Verdrängung von Kohlestrom von 0,1 t CO_2 jährlich entlastet. Autarkie Wärme ist nun auf 86 Prozent gestiegen und Autarkie Strom auf 23 Prozent.

Bei dieser Varianten ist die Wirtschaftlichkeit so gut, dass selbst die hohen Kosten des **Batteriespeichers** (Variante 11b) die Amortisationszeit nur auf 16 Jahre verlängern. Das liegt sicherlich noch im Rahmen für die sonstige Anlage, verlangt aber eine sehr gute Batterie.

Zusammenfassung

Tabelle 4 und Abbildung 12 geben einen Überblick über die Haustechnikvarianten für Familie Schulte, die bislang mit Öl geheizt hat.

Tabelle 4: Haustechnikvarianten beim Altbau Schulte

	Ist-Zustand Öl-Heizung	Heizungs-optimierung	Variante 0 a Öl-Brenn-wertkessel außerhalb der thermi-schen Hülle	Variante 1 a Holzver-gaser	Variante 2 b BHKW mit Brennstoff-zelle	Variante 3 a Fernwärme fossil
Wärmeerzeuger			9.000 €	10.000 €	29.000 €	4.000 €
Instandhaltungsanteil			-6.000 €	-6.000 €	-6.000 €	-6.000 €
Brennstofflager				1.000 €		
Wasserspeicher			1.000 €	3.000 €	2.000 €	1.000 €
Solarthermie						
Photovoltaik						
Schornstein			1.000 €		1.000 €	
Gasanschluss					2.000 €	
Heizsystem		1.500 €	1.500 €	1.500 €	1.500 €	1.500 €
Batteriespeicher						
Investition	0 €	1.500 €	6.500 €	9.500 €	29.500 €	500 €
Förderung		330 €	330 €	3.000 €	11.100 €	330 €
Investition im Vergleich	0 €	1.170 €	6.170 €	6.500 €	18.400 €	170 €
Endenergie (kWh/a - kWh pro Jahr)	36.410 kWh/a	29.300 kWh/a	25.660 kWh/a	35.850 kWh/a	29.570 kWh/a	25.960 kWh/a
Energiekosten pro Jahr	2.300 €	1.860 €	1.660 €	1.260 €	1.890 €	2.390 €
Stromproduktion pro Jahr	0 kWh/a	0 kWh/a	0 kWh/a	0 kWh/a	6.390 kWh/a	0 kWh/a
davon Strom selbstgenutzt	0 kWh/a	0 kWh/a	0 kWh/a	0 kWh/a	2.320 kWh/a	0 kWh/a
Stromerlös pro Jahr	0 €	0 €	0 €	0 €	840 €	0 €
Wartungskosten etc. pro Jahr	200 €	200 €	200 €	400 €	400 €	0 €
Betriebskosten pro Jahr	2.500 €	2.060 €	1.860 €	1.660 €	1.450 €	2.390 €
Kosteneinsparung nach 20 Jahren	0 €	7.630 €	6.630 €	10.300 €	2.600 €	2.030 €
Amortisationszeit (a - Jahre)		2,7 a	9,6 a	8 a	17,5 a	1,5 a
CO2 (t/a - Tonnen pro Jahr)	11,2 t/a	9,0 t/a	7,9 t/a	0,5 t/a	3,2 t/a	5,8 t/a
Autarkie Wärme	0%	0%	0%	0%	0%	0%
Autarkie Strom	0%	0%	0%	0%	58%	0%
Einstufung im Energieausweis	H	H	G	H	G	G

- Investitionskosten: höchstens 5.000 € Zusatzkosten
- Betriebskosten: höchstens 1.500 € jährlich
- Kosteneinsparung: mindestens 5.000 € über 20 Jahre
- Amortisationszeit: höchstens 10 Jahre
- Kohlendioxidbelastung: höchstens 2 Tonnen jährlich
- Autarkie Wärme: mindestens 50 Prozent
- Autarkie Strom: mindestens 50 Prozent

(Nutzwärme 20.270 kWh/a, Stromverbrauch 4.000 kWh/a)

Variante 4 c Erd-Wärme-pumpe mit Heizkörpern	Variante 5 a Solare Brauch-wasseran-lage und Öl-Brennwert	Variante 6 b Photovoltaik und Brauch-wasser-WP und Öl-Brennwert	Variante 7 a Holzheizung und solare Heizungs-unterstüt-zung	Variante 8 b Gas-Hybrid-wärmepumpe	Variante 9 Erd-Wärme-pumpe und Solar-thermie	Variante 10 c Erd-Wärme-pumpe und Photovoltaik	Variante 11 a Erd-Wärme-pumpe und Solarthermie und Photo-voltaik
20.500 €	9.000 €	9.000 €	10.000 €	10.000 €	21.200 €	20.500 €	21.200 €
–6.000 €	–6.000 €	–6.000 €	–6.000 €	–6.000 €	–6.000 €	-6.000 €	–6.000 €
			1.000 €				
2.000 €		4.000 €		2.000 €		2.000 €	
	4.500 €		10.000 €		10.000 €		10.000 €
		9.000 €				9.000 €	9.000 €
	1.000 €	1.000 €		1.000 €			
				2.000 €			
1.500 €	1.500 €	1.500 €	1.500 €	1.500 €	1.500 €	1.500 €	1.500 €
18.000 €	10.000 €	18.500 €	16.500 €	10.500 €	26.700 €	27.000 €	35.700 €
330 €	1.800 €	330 €	6.000 €	2.520 €	11.700 €	330 €	11.700 €
17.670 €	8.200 €	18.170 €	10.500 €	7.980 €	15.000 €	26.670 €	24.000 €
6.750 kWh/a	22.300 kWh/a	20.220 kWh/a	30.420 kWh/a	10.780 kWh/a	4.660 kWh/a	4.560 kWh/a	2.930 kWh/a
1.480 €	1.460 €	1.260 €	1.100 €	1.590 €	1.030 €	1.320 €	850 €
0 kWh/a	0 kWh/a	3.130 kWh/a	0 kWh/a	0 kWh/a	0 kWh/a	2.600 kWh/a	3.060 kWh/a
0 kWh/a	0 kWh/a	940 kWh/a	0 kWh/a	0 kWh/a	0 kWh/a	780 kWh/a	920 kWh/a
0 €	0 €	530 €	0 €	0 €	0 €	440 €	520 €
50 €	200 €	350 €	400 €	250 €	100 €	200 €	250 €
1.530 €	1.660 €	1.080 €	1.500 €	1.840 €	1.130 €	1.080 €	580 €
1.730 €	8.600 €	10.230 €	9.500 €	5.220 €	12.400 €	1.730 €	14.400 €
18,2 a	9,8 a	12,8 a	10,5 a	12,1 a	10,9 a	18,8 a	12,5 a
4,3 t/a	6,9 t/a	4,2 t/a	0,5 t/a	4,9 t/a	2,9 t/a	1,2 t/a	–0,1 t/a
67%	0%	0%	0%	47%	77%	78%	86%
0%	0%	24%	0%	0%	0%	20%	23%
B	G	G	H	D	A	A	A+

Tipp: Die vollständige Tabelle mit allen im Text beschriebenen Technikvarianten finden Sie im Internet unter www.ratgeber-verbraucherzentrale.de/haustechnik
Dort haben Sie auch die Möglichkeit, eigene Zahlenwerte einzutragen und mit diesen zu rechnen.

Welche Haustechnik ist für Familie Schulte wirtschaftlich sinnvoll?

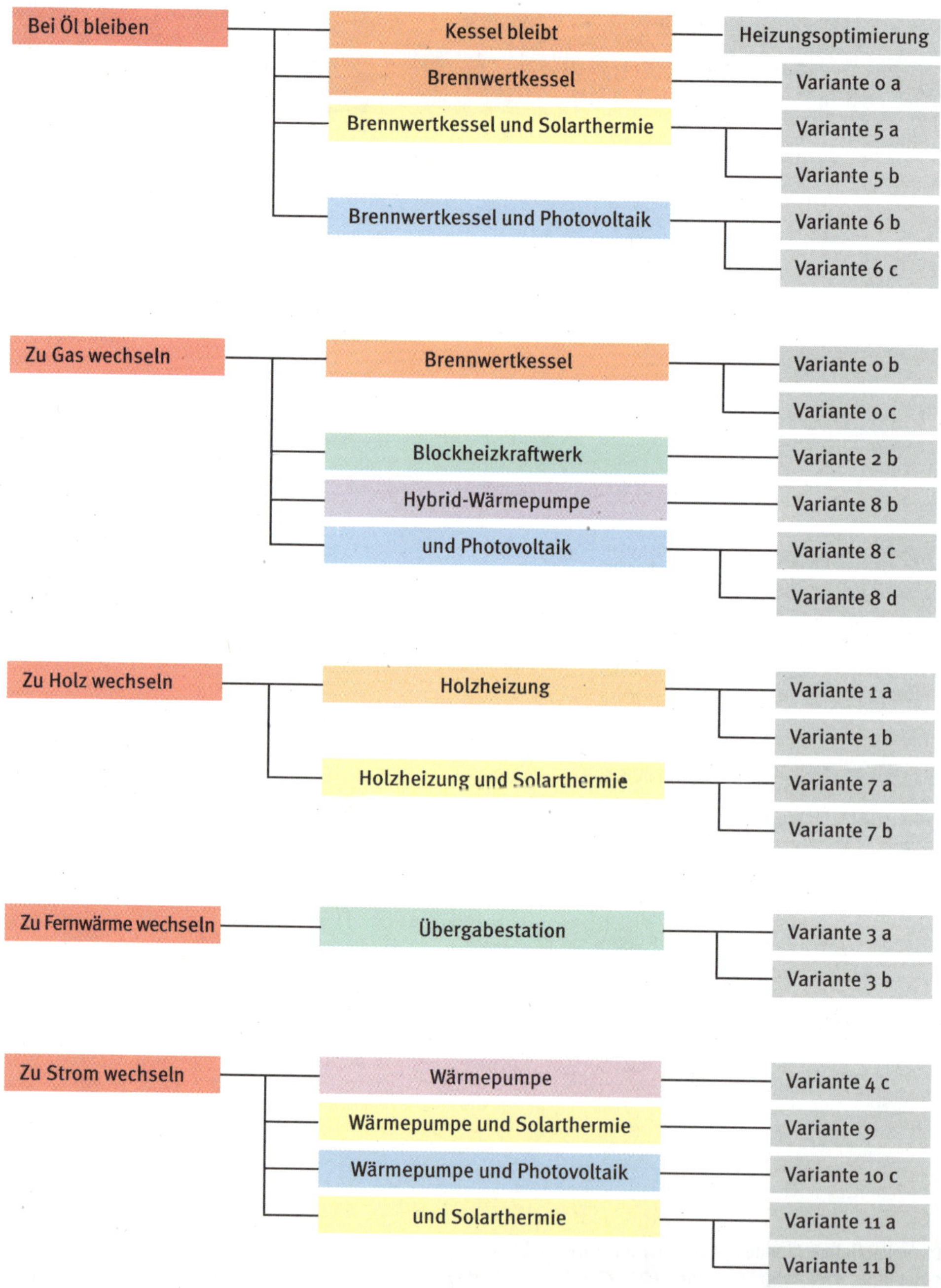

Abb. 12

In der nebenstehenden Grafik finden Sie die Energieträgerauswahl (hellrote Kästen) mit der Angabe von Zusatztechniken. Rechts daneben stehen dann die entsprechenden Varianten, wie sie oben beschrieben wurden. Wie beim Neubau (→ Seite 164) gibt es farbige Unterlegung der Zahlen in der Tabelle 4, wenn Bedingungen erfüllt sind.

Je nach Fragestellung hat die eine oder die andere Variante die Nase vorn. In der Tabelle 4 können Schultes ablesen, was für sie am günstigsten ist. Erläuterung der Zeilen sinngemäß beim Neubau auf Seite 166.

Es gibt mehrere günstige Varianten mit kurzer Amortisationszeit, sei es mit Holzheizung, Fernwärme oder auch Öl-Brennwertkessel. In jedem Fall sollten Schultes ihr Heizsystem optimieren, auch wenn keine sofortige Kesselerneuerung ansteht. Die günstigsten Varianten sind für das Haus von Familie Schulte mit höheren Investitionskosten und etwas längeren Amortisationszeiten verbunden: die Kombination der Erd-Wärmepumpe mit der thermischen Solaranlage zur Heizungsunterstützung mit und ohne Photovoltaik.

Familie Jansen heizt mit Gas

Die Gasheizung der Familie Jansen stammt aus den frühen 1990er Jahren. Demnächst möchten sie den Heizkessel erneuern und möglicherweise zu einem anderen Energieträger wechseln. Im Zuge der Sektorkopplung (→ Seite 28) wird es zwar vermutlich auch in Zukunft Gas geben – aus erneuerbarer Quelle. Es ist allerdings nicht absehbar, welche Preise dann gelten. Es gibt viele wirtschaftlich interessante Möglichkeiten mit noch etwas besserem Ergebnis als bei Familie Schulte, da Gas momentan etwas teurer als Öl ist (Stand Herbst 2017). Abbildung 13 (→ Seite 189) zeigt einen Überblick der wirtschaftlich sinnvollen Varianten. Die Ergebnisse sind in Tabelle 5 auf Seite 190 zusammengestellt. (Die übrigen Varianten finden Sie im Internet → Seite 140.) Die Beschreibung der Varianten entspricht in vielen Fällen derjenigen bei Familie Schulte. Für Details und Förderprogramme sehen Sie bitte dort nach (ab Seite 174). Im Folgenden finden Sie nur die Abweichungen.

Ist-Zustand: Der Gaspreis ist momentan recht niedrig und so haben Jansens trotz des alten Kessels einschließlich Wartung mittlere Betriebskosten von circa 2.620 € jährlich. Gas ist ein kohlenstoffarmer Brennstoff. Deswegen liegt die Klimabelastung nur bei 9 t CO_2 jährlich. Immerhin weniger als mit Öl.

Heizungsoptimierung (→ Seite 169)

Die Betriebskosten sinken auf rund 2.150 €, sodass sich die Investition bereits in gut zwei Jahren gerechnet hat. Die Klimabelastung sinkt auf 7,2 t CO_2 jährlich.

Neuer Brennwertkessel (Varianten 0b und 0c → Seite 47)

Für Familie Jansen kommt nur ein **Gas-Brennwertkessel** (Variante 0b) infrage. Steht dieser wieder im Heizungskeller, so haben Jansens Mehrkosten von rund 5.670 €. Dabei ist für den Instandhaltungsanteil bei allen Varianten mit Kesselaustausch wegen des geringeren Anschaffungspreises eines Gaskessels nur 4.500 € angesetzt. Die Betriebskosten sinken auf 1.960 € und die Amortisationszeit verlängert sich auf neun Jahre. Die Umweltbelastung sinkt auf 6,5 t CO_2 jährlich.

Das **Gas-Brennwertgerät raumluftunabhängig** betrieben (Variante 0c) führt zu Mehrkosten von etwa 7.170 €. Die Betriebskosten sind mit 1.840 € geringer. Die Amortisationszeit beträgt wieder neun Jahre, die Kosteneinsparung über 20 Jahre ist allerdings größer und die Klimabelastung mit 6 Tonnen pro Jahr kleiner.

Holzheizung (Varianten 1a und 1b → Seite 51)

Jansens wollen einen neuen **Scheitholz-Vergaserkessel** (Variante 1a) einbauen. Sie haben Mehrkosten von circa 8.000 €. Die Betriebskosten liegen bei rund 1.660 € und die Amortisationszeit beträgt acht Jahre. Sehr geringe Klimabelastung von 0,5 t CO_2 jährlich.

Beim **Pelletkessel** (Variante 1b) müssen Jansens mit etwa 10.200 € Mehrkosten rechnen. Die Betriebskosten liegen bei 1.860 €. Dadurch sinkt die Kosteneinsparung und die Amortisationszeit steigt auf 13 Jahre. Auch die Umweltbelastung steigt auf 1,3 t CO_2 jährlich.

Blockheizkraftwerk (BHKW), stromerzeugende Heizung (Varianten 2a und 2b → Seite 59)

Das **BHKW mit Motor** (Variante 2a) verursacht Mehrkosten von circa 18.700 € mit pauschaler KWK-Vergütung (→ Seite 62). Die Amortisationszeit steigt auf 20 Jahre, sodass Jansens diese Variante nicht weiter beachten.

Beim **BHKW mit Brennstoffzelle** (Variante 2b) liegen die Gesamtkosten mit circa 17.900 € (mit pauschaler KWK-Vergütung) etwas niedriger. In diesem Fall ergeben sich Betriebskosten von circa 1.450 € und die Amortisationszeit sinkt auf 15 Jahre – auch das ein hoher Wert für neue Technik. Die Klimabelastung liegt bei 3,2 t CO_2 jährlich und Autarkie Strom bei 58 Prozent.

Fernwärme (Varianten 3a und 3b → Seite 66)

Familie Jansen hat Mehrkosten von etwa 1.670 €, Betriebskosten von rund 2.390 € und die Kosten in sieben Jahren erwirtschaftet. Fernwärme aus fossiler Kraftwärme-Kopplung (Variante 3a, **Fernwärme fossil**) verursacht eine Klimabelastung von 5,8 t CO_2 jährlich. **Fernwärme mit erneuerbarer Wärme** (Variante 3b) verringert die Klimabelastung auf drei t CO_2 jährlich.

Wärmepumpen (Varianten 4a bis 4c → Seite 72)

Eine **Erd-Wärmepumpe (Variante 4c)** bringt Mehrkosten von circa 19.170 €. Die Betriebskosten sinken auf rund 1.530 €, aber die Amortisationszeit von 18 Jahren liegt sehr hoch. Die Umweltbelastung liegt beim heutigen Strommix bei 4,3 t CO_2 jährlich. Durch Nutzung von Umweltwärme 67 Prozent Autarkie Wärme.

Thermische Solaranlagen (Varianten 5a und 5b → Seite 94)

Jansens möchten einen Teil des Gasverbrauchs durch Sonnenwärme ersetzen. Eine **Anlage zur Brauchwassererwärmung** (Variante 5a) mit Gas-Brennwertkessel bringt circa 7.700 € Mehrkosten. Die Betriebskosten sinken auf etwa 1.740 €, sodass sich die höheren Kosten in neun Jahren erwirtschaftet haben und eine hohe Kosteneinsparung bleibt. Die Umweltbelastung sinkt auf 5,6 t CO_2 jährlich.

Bei einer **Anlage zur Heizungsunterstützung** (Variante 5b) mit Gas-Brennwertkessel bleiben unterm Strich 11.400 €. Die Betriebskosten sinken weiter auf circa 1.670 €. Die Amortisationszeit steigt aber auf zwölf Jahre. Dafür sinkt die Klimabelastung auf 5,3 t CO_2 jährlich.

Wärme durch Strom und Photovoltaikanlage (Varianten 6a bis 6c → Seite 104)

Eine **Brauchwasser-Wärmepumpe in Kombination mit einer Photovoltaikanlage** (Variante 6b) und einem Gas-Brennwertkessel gibt Mehrkosten von circa 17.670 €. Familie Jansen hat dann Betriebskosten von rund 1.160 €. Über 20 Jahre erwirtschaften sie durch diese Investition über 11.000 € und die Anlagen rechnen sich in zwölf Jahren. Die Umweltbelastung von drei t CO_2 jährlich ist recht niedrig und Familie Jansen erzielt eine Autarkie Strom von 24 Prozent.

Eine etwa doppelt so große Autarkie Strom können Jansens durch den Einbau einer **Lithium-Ionen-Batterie** erreichen (Variante 6c). Die Wirtschaftlichkeit verschlechtert sich und die Amortisationszeit steigt auf 16 Jahre, was für die Batterielebensdauer hochgegriffen ist.

Holzheizung in Kombination mit Solarthermie (Varianten 7a und 7b → Seite 111)

Mit **Holz-Vergaserkessel** (Variante 7a) liegen die Mehrkosten bei circa 12.000 €. Die Betriebskosten von rund 1.500 € liegen zwar erheblich höher als bei Variante 6. Durch die niedrigeren Investitionskosten sinkt jedoch die Amortisationszeit auf elf Jahre. Niedrige Klimabelastung von nur 0,5 t CO_2 jährlich.

Mit **Pelletkessel** (Variante 7b) kommen circa 15.200 € zustande. Die Betriebskosten steigen auf 1.650 € und die Amortisationszeit auf 16 Jahre. Die Klimabelastung steigt auf immer noch niedrige 1,2 t CO_2 jährlich.

Hybrid-Wärmepumpe (Varianten 8b bis 8d → Seite 114)

Die **Gas-Hybridwärmepumpe** (Variante 8b) ergibt Mehrkosten von circa 7.480 €. Sie übernimmt etwa 80 Prozent der jährlichen Wärmeproduktion. Betriebskosten von rund 1.840 € ergeben eine Amortisationszeit von zehn Jahren. Umweltbelastung von 4,9 t CO_2 jährlich bei heutigem Strommix. Familie Jansen erzielt eine Autarkie Wärme von 47 Prozent.

Die Kombination mit **Photovoltaikanlage** (Variante 8c) führt zu Mehrkosten von circa 16.480 €. Betriebskosten sinken auf rund 1.340 € jährlich. Die Amortisationszeit verschlechtert sich zwar auf 13 Jahre, aber die Kosteneinsparung steigt. Klimabelastung sinkt auf 1,8 t CO_2 jährlich. Autarkie Wärme steigt auf 58 Prozent und Jansens erreichen 20 Prozent Autarkie Strom.

Auch in diesem Fall kann der **Batteriespeicher** (Variante 8d) die Autarkie Strom in etwa verdoppeln. Dadurch verschlechtert sich aber die Wirtschaftlichkeit so sehr, dass es nun 18 Jahre lang dauert, bis sich die Kosten eingespielt haben. Diese Lösung ist nur interessant, wenn Familie Jansen mit steigenden Strompreisen rechnet.

Erd-Wärmepumpe in Kombination mit Solarthermie (Variante 9 → Seite 116)

Durch die gute Förderung bleiben die Mehrkosten mit circa 16.500 € überschaubar. Die Betriebskosten sinken auf rund 1.130 €, die Amortisationszeit liegt mit elf Jahren sicherlich unterhalb der Lebensdauer und die Kosteneinsparung in 20 Jahren liegt bei über 13.000 €. Beim heutigen Strommix wird das Klima mit 2,9 t CO_2 jährlich belastet mit sinkender Tendenz. Die Autarkie Wärme beträgt 77 Prozent.

Wärmepumpe in Kombination mit Photovoltaik (Varianten 10a bis 10d → Seite 119)

Eine **Erd-Wärmepumpe** (Variante 10c) bringt Mehrkosten von circa 28.170 €. Jansens haben niedrige Betriebskosten von rund 1.080 €. Die Amortisationszeit liegt mit 18 Jahren am oberen Ende der Skala. Die Klimabelastung mit 1,2 t CO_2 jährlich ist niedrig, die Autarkie Wärme mit 78 Prozent hoch und die Autarkie Strom liegt bei 20 Prozent. Der Einbau eines Batteriespeichers (Variante 10d) führt zur Unwirtschaftlichkeit.

Kombination von Erd-Wärmepumpe mit Solarthermie und Photovoltaik (Varianten 11a und 11b → Seite 116, 119)

Jansens müssen nun die hohen Mehrkosten von circa 25.500 € (Variante 11a) tragen. Die Betriebskosten betragen nur noch etwa 580 €. Die Kosteneinsparung in 20 Jahren steigt auf über 15.000 € und die Amortisationszeit von 13 Jahren liegt sicher unterhalb der Lebensdauer. Die Umwelt wird von 0,1 t CO_2 jährlich entlastet. Autarkie Wärme ist nun auf 86 Prozent gestiegen und Autarkie Strom auf 23 Prozent.

Welche Haustechnik ist für Familie Jansen wirtschaftlich sinnvoll?

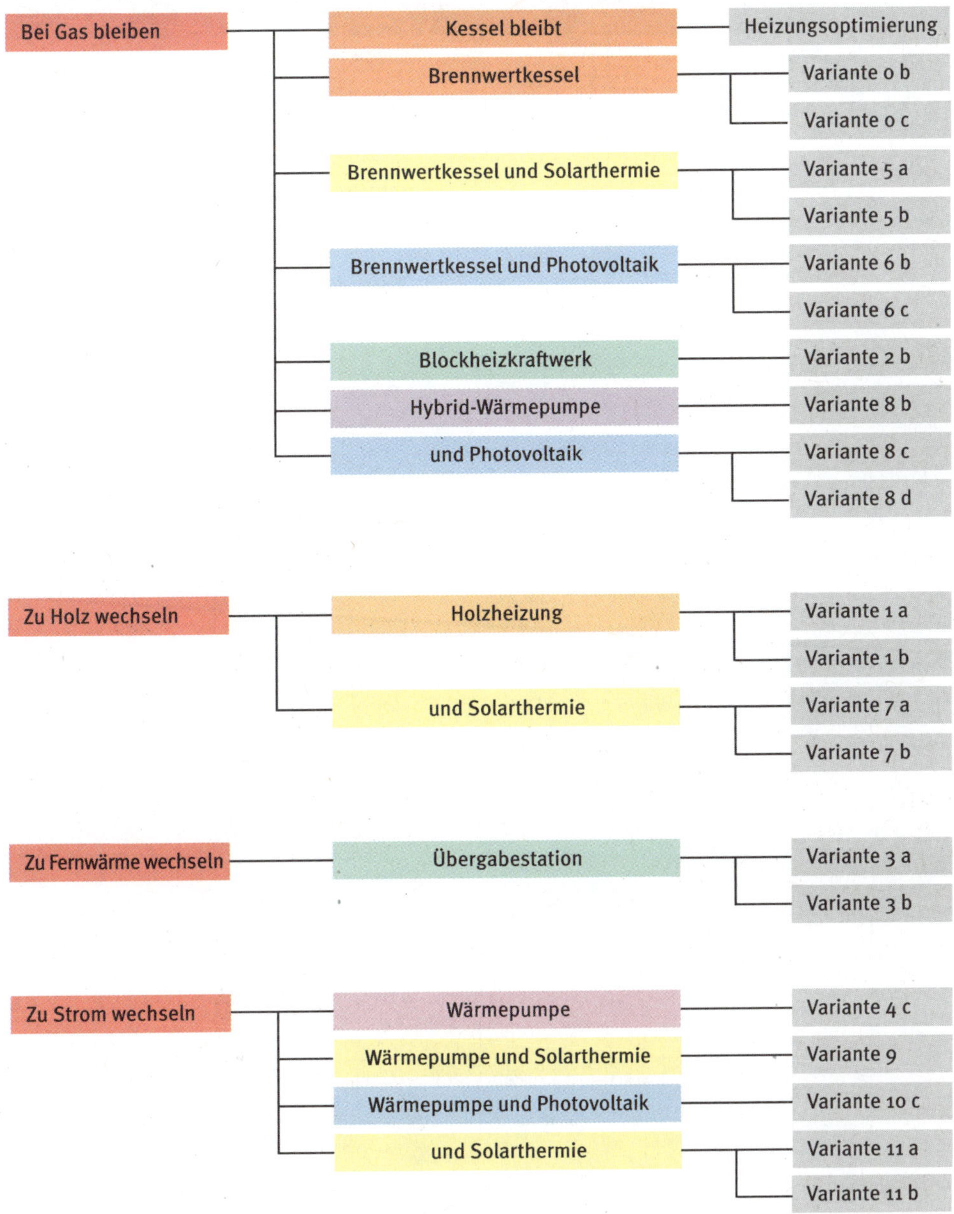

Abb. 13

Tabelle 5: Haustechnikvarianten beim Altbau Jansen

	Ist-Zustand Gas-Heizung	Heizungs-optimierung	Variante o c Gas-Brenn-wertkessel innerhalb der thermi-schen Hülle	Variante 1 a Holzver-gaser	Variante 2 b BHKW mit Brennstoff-zelle	Variante 3 a Fernwärme fossil
Wärmeerzeuger			7.000 €	10.000 €	29.000 €	4.000 €
Instandhaltungsanteil			–4.500 €	–4.500 €	–4.500 €	–4.500 €
Brennstofflager				1.000 €		
Wasserspeicher			1.000 €	3.000 €	2.000 €	1.000 €
Solarthermie						
Photovoltaik						
Schornstein			1.000 €		1.000 €	
Gasanschluss						
Heizsystem		1.500 €	3.000 €	1.500 €	1.500 €	1.500 €
Batteriespeicher						
Investition	0 €	1.500 €	7.500 €	11.000 €	29.000 €	2.000 €
Förderung		330 €	330 €	3.000 €	11.100 €	330 €
Investition im Vergleich	0 €	1.170 €	7.170 €	8.000 €	17.900 €	1.670 €
Endenergie (kWh/a - kWh pro Jahr)	36.320 kWh/a	29.230 kWh/a	23.790 kWh/a	35.850 kWh/a	29.570 kWh/a	25.960 kWh/a
Energiekosten pro Jahr	2.420 €	1.950 €	1.640 €	1.260 €	1.890 €	2.390 €
Stromproduktion pro Jahr	0 kWh/a	0 kWh/a	0 kWh/a	0 kWh/a	6.390 kWh/a	0 kWh/a
davon Strom selbstgenutzt	0 kWh/a	0 kWh/a	0 kWh/a	0 kWh/a	2.320 kWh/a	0 kWh/a
Stromerlös pro Jahr	0 €	0 €	0 €	0 €	840 €	0 €
Wartungskosten etc. pro Jahr	200 €	200 €	200 €	400 €	400 €	0 €
Betriebskosten pro Jahr	2.620 €	2.150 €	1.840 €	1.660 €	1.450 €	2.390 €
Kosteneinsparung nach 20 Jahren	0 €	8.230 €	8.430 €	11.200 €	5.500 €	2.930 €
Amortisationszeit (a - Jahre)		2,5 a	9,2 a	8,3 a	15,3 a	7,3 a
CO_2 (t/a - Tonnen pro Jahr)	9,0 t/a	7,2 t/a	6,0 t/a	0,5 t/a	3,2 t/a	5,8 t/a
Autarkie Wärme	0%	0%	0%	0%	0%	0%
Autarkie Strom	0%	0%	0%	0%	58%	0%
Einstufung im Energieausweis	H	H	G	H	G	G

- Investitionskosten: höchstens 5.000 € Zusatzkosten
- Betriebskosten: höchstens 1.500 € jährlich
- Kosteneinsparung: mindestens 5.000 € über 20 Jahre
- Amortisationszeit: höchstens 10 Jahre
- Kohlendioxidbelastung: höchstens 2 Tonnen jährlich
- Autarkie Wärme: mindestens 50 Prozent
- Autarkie Strom: mindestens 50 Prozent

(Nutzwärme 20.270 kWh/a, Stromverbrauch 4.000 kWh/a)

Variante 4 c Erd-Wärme-pumpe mit Heizkörpern	Variante 5 a Solare Brauch-wasseran-lage und Gas-Brennwert	Variante 6 b Photovoltaik und Brauch-wasser-WP und Gas-Brennwert	Variante 7 a Holzheizung und solare Heizungs-unterstüt-zung	Variante 8 b Gas-Hybrid-wärmepumpe	Variante 9 Erd-Wärme-pumpe und Solar-thermie	Variante 10 c Erd-Wärme-pumpe und Photovoltaik	Variante 11 a Erd-Wärme-pumpe und Solarthermie und Photo-voltaik
20.500 €	7.000 €	7.000 €	10.000 €	10.000 €	21.200 €	20.500 €	21.200 €
–4.500 €	–4.500 €	–4.500 €	–4.500 €	–4.500 €	–4.500 €	–4.500 €	–4.500 €
			1.000 €				
2.000 €		4.000 €		2.000 €		2.000 €	
	4.500 €		10.000 €		10.000 €		10.000 €
		9.000 €				9.000 €	9.000 €
	1.000 €	1.000 €		1.000 €			
1.500 €	1.500 €	1.500 €	1.500 €	1.500 €	1.500 €	1.500 €	1.500 €
19.500 €	9.500 €	18.000 €	18.000 €	10.000 €	28.200 €	28.500 €	37.200 €
330 €	1.800 €	330 €	6.000 €	2.520 €	11.700 €	330 €	11.700 €
19.170 €	7.700 €	17.670 €	12.000 €	7.480 €	16.500 €	28.170 €	25.500 €
6.750 kWh/a	22.300 kWh/a	20.240 kWh/a	30.420 kWh/a	10.780 kWh/a	4.660 kWh/a	4.560 kWh/a	2.930 kWh/a
1.480 €	1.540 €	1.340 €	1.100 €	1.590 €	1.030 €	1.320 €	850 €
0 kWh/a	0 kWh/a	3.130 kWh/a	0 kWh/a	0 kWh/a	0 kWh/a	2.600 kWh/a	3.060 kWh/a
0 kWh/a	0 kWh/a	940 kWh/a	0 kWh/a	0 kWh/a	0 kWh/a	780 kWh/a	920 kWh/a
0 €	0 €	530 €	0 €	0 €	0 €	440 €	520 €
50 €	200 €	350 €	400 €	250 €	100 €	200 €	250 €
1.530 €	1.740 €	1.160 €	1.500 €	1.840 €	1.130 €	1.080 €	580 €
2.630 €	9.900 €	11.530 €	10.400 €	8.120 €	13.300 €	2.630 €	15.300 €
17,6 a	8,8 a	12,1 a	10,7 a	9,6 a	11,1 a	18,3 a	12,5 a
4,3 t/a	5,6 t/a	3,0 t/a	0,5 t/a	4,9 t/a	2,9 t/a	1,2 t/a	–0,1 t/a
67%	0%	0%	0%	47%	77%	78%	86%
0%	0%	24%	0%	0%	0%	20%	23%
B	G	G	H	D	A	A	A+

Tipp: Die vollständige Tabelle mit allen im Text beschriebenen Technikvarianten finden Sie im Internet unter www.ratgeber-verbraucherzentrale.de/haustechnik
Dort haben Sie auch die Möglichkeit, eigene Zahlenwerte einzutragen und mit diesen zu rechnen.

Bei dieser Variante ist die Wirtschaftlichkeit so gut, dass selbst die hohen Kosten des Batteriespeichers (Variante 11b) die Amortisationszeit nur auf 15 Jahre verlängern. Das liegt sicherlich noch im Rahmen für die sonstige Anlage, verlangt aber eine sehr gute Batterie.

Zusammenfassung

Tabelle 5 und Abbildung 13 geben einen Überblick über die Haustechnikvarianten für Familie Jansen, die bislang mit Gas geheizt hat.

Es gibt mehrere günstige Varianten mit kurzer Amortisationszeit, sei es mit Holzheizung, Fernwärme, dem Gas-Brennwertkessel oder der Hybrid-Wärmepumpe. In jedem Fall sollte Familie Jansen ihr Heizsystem optimieren, auch wenn keine sofortige Kesselerneuerung ansteht. Die günstigsten Varianten sind für den Altbau von Familie Jansen mit höheren Investitionskosten und etwas längeren Amortisationszeiten verbunden: Die Kombination der Erd-Wärmepumpe mit der solarthermischen Anlage zur Heizungsunterstützung mit und ohne Photovoltaik.

Familie Korte heizt mit Holz

Der Scheitholzkessel der Familie Korte hat seine Macken. Macht es Sinn, zu einem anderen Energieträger zu wechseln? Holz ist schließlich ein erneuerbarer Energieträger und somit zukunftsfähig – und preiswert obendrein. Allerdings ist es mühsam, mit Holz zu heizen. Es gibt nur wenige wirtschaftlich interessante Möglichkeiten, da Scheitholz so billig ist. Die Ergebnisse sind in Tabelle 6 und Abbildung 14 zusammengestellt (→ Seite 195). Die Beschreibung der Varianten entspricht in vielen Fällen derjenigen bei Familie Schulte. Für Details und Förderprogramme sehen Sie bitte dort nach (ab Seite 174). Im Folgenden finden Sie nur die Abweichungen.

Ist-Zustand: Kortes haben einschließlich Wartung mittlere Betriebskosten von circa 1.840 € jährlich. Holz als nachwachsender Rohstoff belastet das Klima nur mit 0,4 t CO_2 jährlich.

Heizungsoptimierung (→ Seite 169)

Familie Korte muss im Schnitt 1.170 € zahlen. Die Betriebskosten sinken auf rund 1.620 €, sodass sich die Investition bereits in fünf Jahren gerechnet hat. Die Klimabelastung sinkt auf 0,3 t CO_2 jährlich.

Holzheizung (Varianten 1a und 1b → Seite 51)

Kortes wollen einen neuen **Scheitholz-Vergaserkessel** (Variante 1a) einbauen. Da der alte abgängig ist, werden die vollen Kesselkosten als Instandhaltungsanteil abgezogen. Der neue Scheitholz-Vergaserkessel benötigt für effektiven Betrieb und um die Förderbedingungen einzuhalten (→ Tipp Seite 176) einen ausreichend großen Pufferspeicher. Den Bonus für den Kesselaustausch gibt es nur bei Öl- oder Gaskesseln. Dafür kann hier die Optimierungsförderung angerechnet werden. Familie Korte trägt Mehrkosten von circa 2.170 €. Der neue Kessel benötigt erheblich weniger Holz, aber Betriebsstrom für das Gebläse und die Regelung. Das gab es beim alten Kessel nicht. Die Betriebskosten liegen bei rund 1.660 € und die Amortisationszeit beträgt zwölf Jahre. Die Klimabelastung steigt durch den Betriebsstrom etwas auf 0,5 t CO_2 jährlich. Ein **Pelletkessel** ist nicht wirtschaftlich.

Thermische Solaranlagen (Varianten 5a und 5b → Seite 94)

Kortes möchten einen Teil des Holzverbrauchs durch Sonnenwärme ersetzen. Eine Anlage zur **Brauchwassererwärmung** mit **Holzvergaserkessel** (Variante 5a) verursacht nur Mehrkosten von circa 2.670 €, da nun der Pufferspeicher durch den Solarspeicher ersetzt wird. Die Betriebskosten sinken auf rund 1.530 €, sodass sich die höheren Kosten in neun Jahren erwirtschaftet haben und eine Kosteneinsparung bleibt. Die Umweltbelastung bleibt bei 0,5 t CO_2 jährlich. Eine Anlage mit **Pelletkessel** ist unwirtschaftlich.

Wärme durch Strom und Photovoltaikanlage (Varianten 6a bis 6e → Seite 104)

Eine **Brauchwasser-Wärmepumpe in Kombination mit einer Photovoltaikanlage** (Variante 6b) und Holz-Vergaserkessel führt bei Familie Korte zu Mehrkosten von circa 12.170 €. Kortes können mit etwa 920 € Betriebskosten rechnen. Über 20 Jahre erwirtschaften sie durch diese Investition über 6.000 € und die Anlagen rechnen sich in 13 Jahren. Die Umweltbelastung ist negativ, das heißt Kortes entlasten die Umwelt von 1,7 t CO_2 jährlich. Familie Korte erzielt eine Autarkie Strom von 24 Prozent.

Eine etwa doppelt so große Autarkie Strom können Kortes durch den Einbau einer **Lithium-Ionen-Batterie** erreichen (Variante 6c). Die Wirtschaftlichkeit verschlechtert sich und die Amortisationszeit steigt auf 19 Jahre. Diese Lösung ist nur sinnvoll, wenn Kortes mit steigenden Strompreisen rechnen.

Im Zusammenhang mit **Photovoltaik** und **Brauchwasser-Wärmepumpe** liegt ein **Pelletkessel** (Variante 6d) an der Grenze zur Wirtschaftlichkeit. Die Mehrkosten betragen circa 16.670 €, Betriebskosten rund 1.130 € und die Amortisationszeit liegt bei 23 Jahren, sodass nach 20 Jahren ein überschaubares Defizit bleibt.

Holzheizung in Kombination mit thermischer Solaranlage (Varianten 7a und 7b → Seite 111)

Die **Solaranlage zur Heizungsunterstützung** mit **Holzvergaserkessel** (Variante 7a) bringt Familie Korte Mehrkosten von circa

6.670 €. Die Betriebskosten von rund 1.500 € liegen erheblich höher als bei Varianten 6b bis 6e. Die Anlage liegt mit 20 Jahren Amortisationszeit an der Grenze zur Wirtschaftlichkeit. Die Klimabelastung liegt bei 0,5 t CO_2 jährlich. Die komfortablere Lösung mit Pelletkessel ist leider unwirtschaftlich.

Erd-Wärmepumpe in Kombination mit Solarthermie (Variante 9 → Seite 116)

Durch die gute Förderung bleiben die Mehrkosten mit circa 13.120 € im Rahmen. Die Betriebskosten sinken auf rund 1.130 €, die Amortisationszeit liegt mit 18 Jahren vermutlich unterhalb der Lebensdauer. Bei heutigem Strommix wird das Klima mit 2,9 t CO_2 jährlich belastet mit sinkender Tendenz. Die Autarkie Wärme beträgt 77 Prozent.

Kombination von Erd-Wärmepumpe mit Solarthermie und Photovoltaik (Varianten 11a und 11b → Seite 116, 119)

Kortes müssen nun die hohen Mehrkosten von circa 22.120 € durch die komplexe Anlagentechnik von **Wärmepumpe** und **Solarthermie** und **Photovoltaikanlage** (Variante 11a) tragen. Die Betriebskosten sinken auf etwa 580 €. Die Amortisationszeit von 18 Jahren liegt vermutlich unterhalb der Lebensdauer. Die Umwelt wird durch Verdrängung von Kohlestrom von 0,1 t CO_2 jährlich entlastet. Autarkie Wärme ist nun auf 86 Prozent gestiegen und Autarkie Strom auf 23 Prozent. Der Einbau eines **Batteriespeichers** ist unwirtschaftlich.

Zusammenfassung

Tabelle 6 und nebenstehende Abbildung geben einen Überblick über die Haustechnikvarianten für Familie Korte, die bislang mit Holz geheizt hat.

Es gibt nur zwei Varianten mit kurzer Amortisationszeit: die Heizungsoptimierung und der Holzvergaserkessel mit solarer Brauchwasseranlage. In jedem Fall sollte Familie Korte ihr Heizsystem optimieren, auch wenn keine sofortige Kesselerneuerung ansteht. Überlegenswert sind auch Kombinationen mit einer Photovoltaikanlage. Kortes können vom Holz zum Strom wechseln mit der Kombination der Erd-Wärmepumpe mit der solarthermischen Anlage zur Heizungsunterstützung mit und ohne Photovoltaik. Diese Varianten sind für Familie Korte mit höheren Investitionskosten und längeren Amortisationszeiten verbunden.

Welche Haustechnik ist für Familie Korte wirtschaftlich sinnvoll?

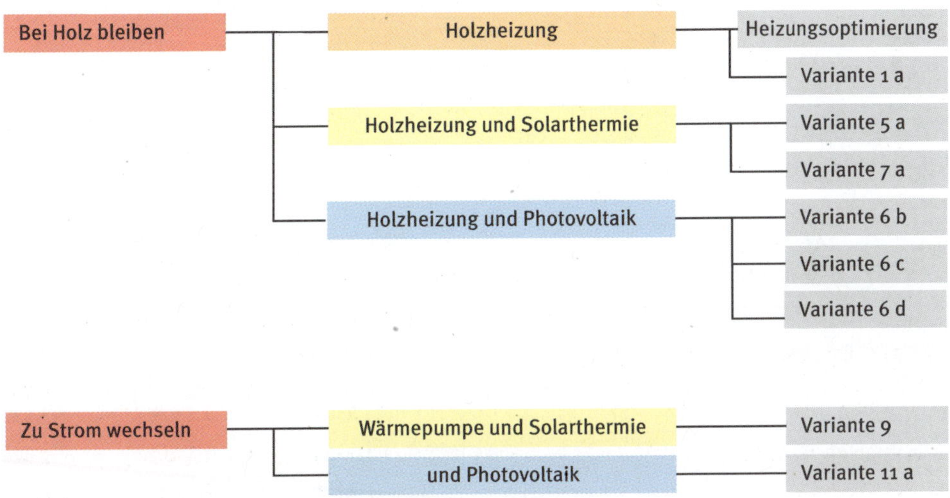

Abb. 14

→ TIPP Im Netz individuell berechnen

Die vollständige Tabelle finden Sie im Internet: www.ratgeber-verbraucherzentrale.de/haustechnik

Es gibt viele zusätzliche Varianten – wie auch bei den Familien Schulte und Jansen –, die im Buch bei Familie Korte nicht besprochen wurden. Die Beschreibung dieser Varianten finden Sie bei Familie Schulte (→ Seite 174). Die Tabelle im Internet ermöglicht Ihnen auch, eigene Zahlenwerte einzutragen und mit diesen zu rechnen.

Tabelle 6: Haustechnikvarianten beim Altbau Korte

	Ist-Zustand Holzheizung	Heizungs-optimierung	Variante 1 a Holzvergaser	Variante 5 a Solare Brauchwasseranlage und Vergaserkessel
Wärmeerzeuger			10.000 €	10.000 €
Instandhaltungsanteil			–10.000 €	–10.000 €
Brennstofflager				
Wasserspeicher			3.000 €	
Solarthermie				4.500 €
Photovoltaik				
Schornstein				
Gasanschluss				
Heizsystem		1.500 €	1.500 €	1.500 €
Batteriespeicher				
Investition	0 €	1.500 €	4.500 €	6.000 €
Förderung		330 €	2.330 €	3.330 €
Investition im Vergleich	0 €	1.170 €	2.170 €	2.670 €
Endenergie (kWh/a - kWh pro Jahr)	43.850 kWh/a	36.900 kWh/a	35.850 kWh/a	31.960 kWh/a
Energiekosten pro Jahr	1.440 €	1.220 €	1.260 €	1.130 €
Stromproduktion pro Jahr	0 kWh/a	0 kWh/a	0 kWh/a	0 kWh/a
davon Strom selbstgenutzt	0 kWh/a	0 kWh/a	0 kWh/a	0 kWh/a
Stromerlös pro Jahr	0 €	0 €	0 €	0 €
Wartungskosten etc. pro Jahr	400 €	400 €	400 €	400 €
Betriebskosten pro Jahr	1.840 €	1.620 €	1.660 €	1.530 €
Kosteneinsparung nach 20 Jahren	0 €	3.230 €	1.430 €	3.530 €
Amortisationszeit (a - Jahre)		5,3 a	12,1 a	8,6 a
CO_2 (t/a - Tonnen pro Jahr)	0,4 t/a	0,3 t/a	0,5 t/a	0,5 t/a
Autarkie Wärme	0%	0%	0%	0%
Autarkie Strom	0%	0%	0%	0%
Einstufung im Energieausweis	H	H	H	H

- Investitionskosten: höchstens 5.000 € Zusatzkosten
- Betriebskosten: höchstens 1.500 € jährlich
- Kosteneinsparung: mindestens 5.000 € über 20 Jahre
- Amortisationszeit: höchstens 10 Jahre
- Kohlendioxidbelastung: höchstens 2 Tonnen jährlich
- Autarkie Wärme: mindestens 50 Prozent
- Autarkie Strom: mindestens 50 Prozent

(Nutzwärme 20.270 kWh/a, Stromverbrauch 4.000 kWh/a)

	Variante 6 b Photovoltaik und Brauchwasser-WP und Vergaser-kessel	Variante 6 c Photovoltaik und Brauchwasser-WP und Vergaserkes-sel und Batterie-speicher	Variante 6 d Photovoltaik und Brauchwasser-WP und Pelletkessel	Variante 7 a Holzheizung und solare Heizungs-unterstützung	Variante 9 Erd-Wärmepumpe und Solar-thermie	Variante 11 a Erd-Wärme-pumpe und Solarthermie und Photo-voltaik
	10.000 €	10.000 €	14.000 €	10.000 €	21.200 €	21.200 €
	−10.000 €	−10.000 €	−10.000 €	−10.000 €	−10.000 €	−10.000 €
			2.000 €			
	4.000 €	4.000 €	4.000 €			
				10.000 €	10.000 €	10.000 €
	9.000 €	9.000 €	9.000 €			9.000 €
	1.500 €	1.500 €	1.500 €	1.500 €	1.500 €	1.500 €
		7.500 €				
	14.500 €	22.000 €	20.500 €	11.500 €	22.700 €	31.700 €
	2.330 €	3.080 €	3.830 €	4.830 €	9.580 €	9.580 €
	12.170 €	18.920 €	16.670 €	6.670 €	13.120 €	22.120 €
	27.460 kWh/a	27.460 kWh/a	21.450 kWh/a	30.420 kWh/a	4.660 kWh/a	2.930 kWh/a
	910 €	910 €	1.130 €	1.100 €	1.030 €	850 €
	3.130 kWh/a	3.130 kWh/a	3.190 kWh/a	0 kWh/a	0 kWh/a	3.060 kWh/a
	940 kWh/a	1.860 kWh/a	960 kWh/a	0 kWh/a	0 kWh/a	920 kWh/a
	540 €	700 €	550 €	0 €	0 €	520 €
	550 €	650 €	550 €	400 €	100 €	250 €
	920 €	860 €	1.130 €	1.500 €	1.130 €	580 €
	6.230 €	680 €	−2.470 €	130 €	1.080 €	3.080 €
	13,2 a	19,3 a	23,5 a	19,6 a	18,5 a	17,6 a
	−1,7 t/a	−1,7 t/a	−1,8 t/a	0,5 t/a	2,9 t/a	−0,1 t/a
	0%	0%	0%	0%	77%	86%
	24%	47%	24%	0%	0%	23%
	G	G	G	H	A	A+

Tipp: Die vollständige Tabelle mit allen im Text beschriebenen Technikvarianten finden Sie im Internet unter www.ratgeber-verbraucherzentrale.de/haustechnik
Dort haben Sie auch die Möglichkeit, eigene Zahlenwerte einzutragen und mit diesen zu rechnen.

Familie Güngör heizt mit Strom

Familie Güngör hat Nachtspeicheröfen. Ihr Warmwasser bereiten sie mit einem elektrischen Durchlauferhitzer im Bad und einem Untertischspeicher in der Küche. Die Anlage funktioniert noch, aber Familie Güngör ärgert sich schon lange über ihre hohen Energiekosten. Strom ist der mit Abstand teuerste Energieträger, das ändert sich auch nicht durch den NT-Sondertarif (→ Seite 69). Es gibt deswegen zahlreiche wirtschaftlich sinnvolle Varianten. Die Ergebnisse sind in Tabelle 7 und Abbildung 15 zusammengestellt (→ Seite 203). Die Beschreibung der Varianten entspricht in vielen Fällen derjenigen bei Familie Schulte. Für Details und Förderprogramme sehen Sie bitte dort nach (ab Seite 174). Im Folgenden finden Sie nur die Abweichungen. Für alle Varianten benötigen Güngörs ein Heizsystem mit Rohrleitungen und Heizkörpern zu Kosten zwischen 6.000 und 10.000 €. Dieses ist selbstverständlich gut gedämmt und hydraulisch abgeglichen. In diesem Zuge soll auch die Warmwasserbereitung zentral erfolgen. Für den Speicher rechnen sie mit 500 bis 1.500 €, für Rohrleitungen zu Küche und Bad mit 2.000 bis 4000 €. Bei den thermischen Solaranlagen gibt es ohnehin einen Speicher. Dagegen benötigen Wärmepumpen, Holzkessel und BHKW zusätzliche Pufferspeicher. Instandhaltungskosten können sie nicht abziehen, da ja ihre Anlage weiterhin funktionsfähig wäre.

→ **TIPP Fußbodenheizung und Wärmedämmung**
Der Einbau einer Fußbodenheizung würde zu noch höheren Energieeinsparungen führen. Insbesondere alle Varianten mit Wärmepumpe hätten dann eine bessere Jahresarbeitszahl. Aber das ist im Bestandsgebäude mit erheblichem Aufwand verbunden, den Familie Güngör scheut. Haben Sie bereits eine Fußbodenheizung mit wasserführenden Rohren und einem elektrisch beheizten Blockspeicher oder Speichertanks im Keller? Dann werden die beschriebenen Varianten für Sie erheblich günstiger! Bei den hohen Betriebskosten für die Elektroheizung lohnen sich bauliche Verbesserungen besonders. Lassen Sie sich im Rahmen einer Energieberatung aufzeigen, welche Dämmmaßnahmen für Sie sinnvoll sind (→ Tipp Seite 172).

Ist-Zustand: Güngörs haben mittlere Betriebskosten von rund 4.530 € jährlich. Im heutigen Strommix ist ein großer Teil Kohlestrom enthalten. Deswegen liegt die Klimabelastung bei enormen 13 Tonnen Kohlendioxid (t CO_2) jährlich.

Neuer Brennwertkessel (Varianten 0b und 0c → Seite 47)

Familie Güngör hat die Möglichkeit, sich ans Erdgasnetz anschließen zu lassen. Sie erwägen deswegen den Einbau eines **Gas-Brennwertkessels im Keller** (Variante 0b). Gesamtkosten der Maßnahme circa 23.000 €. Die Betriebskosten sinken auf rund 1.960 € und die Amortisationszeit beträgt neun Jahre. Umweltbelastung nur 6,5 t CO_2 jährlich.

Zu den gleichen Kosten können sie das **Gas-Brennwertgerät** in der Wohnung aufstellen und es **raumluftunabhängig** (Variante 0c) betreiben. Der Verbrauch sinkt und die Betriebskosten sind mit 1.840 € geringer. Die Amortisationszeit bleibt bei neun Jahren, die Kosteneinsparung über 20 Jahre ist etwas größer und die Klimabelastung mit sechs Tonnen pro Jahr kleiner.

Holzheizung (Varianten 1a und 1b → Seite 51)

Ein neuer **Scheitholz-Vergaserkessel** (Variante 1a) benötigt einen größeren Pufferspeicher, einen aufwendigeren Kamin und ein Holzlager. Bei der Förderung entfällt der Zusatzbonus. Unter dem Strich zahlen Güngörs circa 27.000 €. Dank des günstigen Holzpreises liegen die Betriebskosten bei rund 1.660 € und die Amortisationszeit bleibt bei neun Jahren. Sehr geringe Klimabelastung von 0,5 t CO_2 jährlich.

Der Komfort eines **Pelletkessels** (Variante 1b) kostet Familie Güngör circa 29.500 €. Die Betriebskosten steigen auf rund 1.860 €. Dadurch sinkt die Kosteneinsparung und die Amortisationszeit steigt auf elf Jahre. Die Umweltbelastung liegt bei 1,3 t CO_2 jährlich.

Blockheizkraftwerk (BHKW), stromerzeugende Heizung (Varianten 2a und 2b → Seite 59)

Ein **BHKW mit Motor** (Variante 2a) verursacht Gesamtkosten von circa 35.700 € (pauschale KWK-Vergütung). Güngörs haben Betriebskosten von circa 1.670 € jährlich. Die Amortisationszeit liegt mit zwölf Jahren im Rahmen der Lebensdauer und die Klimabelastung bei 3,5 t CO_2 jährlich. Güngörs erreichen eine Autarkie Strom von 51 Prozent.

Die Gesamtkosten für ein **BHKW mit Brennstoffzelle** (Variante 2b) liegen bei circa 34.900 € (pauschale KWK-Vergütung). Betriebskosten rund 1.450 €, Amortisationszeit elf Jahre – das könnte gutgehen. Klimabelastung 3,2 t CO_2 jährlich und Autarkie Strom steigt auf 58 Prozent.

Fernwärme (Varianten 3a und 3b → Seite 66)

Güngörs haben Gesamtkosten von circa 16.000 € und Betriebskosten von rund 2.390 €. Die Kosten haben sich in sieben Jahren erwirtschaftet. Klimabelastung im Fall **Fernwärme fossil** (Variante 3a) bei 5,8 t CO_2 jährlich. **Fernwärme mit**

erneuerbarer Wärme (Variante 3b) verringert die Klimabelastung auf 3 t CO_2 jährlich.

Wärmepumpen (Varianten 4a bis 4c → Seite 72)

Gegenüber einer Nachtspeicherheizung (Jahresarbeitszahl 1) ist sogar eine **Luft-Wärmepumpe an Heizkörpern** (Variante 4b) wirtschaftlich. Für die kältesten Tage muss ein Elektro-Heizstab einspringen. Nun erreicht die Anlage eine Jahresarbeitszahl von gut 2,8 – nicht förderfähig. Güngörs haben Gesamtkosten von circa 23.000 €. Betriebskosten von rund 2.670 € ergeben eine Amortisationszeit von zwölf Jahren. Umweltbelastung bei heutigem Strommix 6,8 t CO_2 jährlich. Durch Nutzung von Umweltwärme 47 Prozent Autarkie Wärme. Sollten sich Güngörs doch zu einer Fußbodenheizung durchringen können (Variante 4a), so steigen die Investitionskosten zwar auf 28.000 €, aber Betriebskosten sinken auf 1.450 €, Amortisationszeit auf neun Jahre und Umweltbelastung auf 4,1 t CO_2 jährlich.

Eine Erd-Wärmepumpe (Variante 4c) führt zu Kosten von circa 33.500 €. Die Betriebskosten sinken auf rund 1.530 €, die Amortisationszeit auf elf Jahre, die Umweltbelastung auf 4,3 t CO_2 jährlich und Autarkie Wärme steigt auf 67 Prozent.

Thermische Solaranlagen (Varianten 5a und 5b → Seite 94)

Güngörs kombinieren den Gas-Brennwertkessel mit thermischen Solaranlagen. Eine **Anlage zur Brauchwassererwärmung** (Variante 5a) verlangt circa 25.500 € Investitionskosten. Die Betriebskosten sinken gegenüber dem Gas-Brennwertkessel auf rund 1.740 €, sodass sich die höheren Kosten in neun Jahren erwirtschaftet haben und eine hohe Kosteneinsparung bleibt. Die Umweltbelastung sinkt auf 5,6 t CO_2 jährlich.

Eine Anlage zur Heizungsunterstützung (Variante 5b) kostet unter dem Strich circa 29.500 €. Die Betriebskosten sinken weiter auf rund 1.670 €. Die Amortisationszeit steigt aber durch die höheren Kosten auf zehn Jahre. Dafür sinkt die Klimabelastung auf 5,3 t CO_2 jährlich.

Wärme durch Strom und Photovoltaikanlage (Varianten 6a bis 6e → Seite 104)

Der Einbau einer Elektro-Direktheizung mit Heizplatten ist für Güngörs völlig unwirtschaftlich. Ebenso elektrische Warmwasserbereitung mit Heizstab (Variante 6a). Eine **Brauchwasser-Wärmepumpe in Kombination mit einer Photovoltaikanlage** (Variante 6b) in Kombination mit dem Gas-Brennwertkessel ist jedoch sinnvoll. Es kommen circa 35.000 € Investitionskosten zusammen. Wegen Stromproduktion haben Güngörs nur rund 1.160 € Betriebskosten. Über 20 Jahre erwirtschaften sie durch diese Investition über 32.000 € und die Anlagen rechnen sich in zehn Jahren. Die Umweltbelastung mit 3 t CO_2 jährlich ist bereits recht niedrig und Familie Güngör erzielt eine Autarkie Strom von 24 Prozent.

Kommt ein **Batteriespeicher** (Variante 6c) hinzu, so verschlechtert dies trotz Verdoppelung der Autarkie Strom die Wirtschaftlichkeit und die Amortisationszeit steigt auf zwölf Jahre. Das sollte die Batterie überleben.

Etwas schlechtere Wirtschaftlichkeit, aber Umweltentlastung von 1,1 t CO_2 jährlich erzielen Güngörs, wenn sie statt des Gaskessels einen Pelletkessel wählen (Varianten 6d und 6e).

Holzheizung in Kombination mit thermischer Solaranlage (Varianten 7a und 7b → Seite 111)

Eine **Solaranlage zur Heizungsunterstützung** mit **Holzvergaserkessel** gekoppelt (Variante 7a) verursacht Mehrkosten von circa 31.500 €. Betriebskosten rund 1.500 €, Amortisationszeit 10 Jahre, Klimabelastung 0,5 t CO_2 jährlich.

Die komfortablere Lösung mit **Pelletkessel** (Variante 7b) ist trotz höherer Förderung mit circa 35.000 € teurer. Die Betriebskosten steigen auf rund 1.650 €, die Amortisationszeit auf zwölf Jahre und die Klimabelastung auf 1,2 t CO_2 jährlich.

Hybrid-Wärmepumpe (Varianten 8b bis 8d → Seite 114)

Eine Gas-Hybridwärmepumpenanlage (Variante 8b) kostet Güngörs circa 25.400 €. Betriebskosten rund 1.840 €, Amortisationszeit neun Jahre, Umweltbelastung 4,9 t CO_2 bei heutigem Strommix, Autarkie Wärme 47 Prozent.

Eine **Photovoltaikanlage** kombiniert mit **Hybrid-Wärmepumpe** (Variante 8c) führt zu Mehrkosten von circa 34.400 €. Betriebskosten sinken auf rund 1.340 €. Die Amortisationszeit verschlechtert sich auf elf Jahre. Die Klimabelastung sinkt auf 1,8 t CO_2 jährlich. Autarkie Wärme steigt auf 58 Prozent und Güngörs erreichen 20 Prozent Autarkie Strom.

Auch in diesem Fall kann der **Batteriespeicher** (Variante 8d) die Autarkie Strom in etwa verdoppeln. Dadurch verschlechtert sich die Wirtschaftlichkeit etwas auf 13 Jahre. Auch das sollte die Batterie mitmachen.

Erd-Wärmepumpe in Kombination mit thermischer Solaranlage (Variante 9 → Seite 116)

Mehrkosten circa 32.950 €, Betriebskosten rund 1.130 €, Amortisationszeit zehn Jahre und Kosteneinsparung in 20 Jahren über 35.000 €. Bei heutigem Strommix wird das Klima mit 2,9 t CO_2 jährlich belastet. Autarkie Wärme beträgt 77 Prozent.

Wärmepumpe in Kombination mit Photovoltaik (Varianten 10a bis 10d → Seite 119)

Eine **Luft-Wärmepumpe** mit Elektroheizstab (Variante 10a) verlangt Gesamtkosten von circa 32.000 €. Betriebskosten rund 2.270 €, Amortisationszeit 14 Jahre, Klimabelastung 3,9 t CO_2 jährlich, Autarkie Wärme 58 Prozent, Autarkie Strom 18 Prozent.

Kommt ein **Batteriespeicher** hinzu (Variante 10b), so steigt die Autarkie Strom auf etwa das Doppelte. Die Amortisationszeit von 17 Jahren verlangt eine sehr gute Batterie.

Die **Erd-Wärmepumpe** (Variante 10c) hat Mehrkosten von circa 42.500 € zur Folge. Betriebskosten rund 1.080 €. Die Amortisationszeit von zwölf Jahren ist günstiger als bei der Luft-Wärmepumpe. Die Klimabelastung mit nur 1,2 t CO_2 jährlich ist niedrig, die Autarkie Wärme mit 78 Prozent hoch und die Autarkie Strom liegt bei 20 Prozent.Der Einbau eines **Batteriespeichers** (Variante 10d) verschlechtert die Amortisationszeit nur auf 14 Jahre.

Kombination von Erd-Wärmepumpe mit thermischer Solaranlage und Photovoltaik (Varianten 11a und 11b → Seite 116, 119)

Güngörs müssen für die komplexe Anlagentechnik von **Wärmepumpe** und **thermischer Solaranlage** und **Photovoltaikanlage** (Variante 11a) Mehrkosten von circa 41.950 € aufbringen. Die Betriebskosten sinken auf etwa 580 €. In 20 Jahren sparen sie über 37.000 € und die Amortisationszeit von elf Jahren liegt sicher unterhalb der Lebensdauer. Die Umwelt wird von 0,1 t CO_2 jährlich entlastet. Autarkie Wärme ist auf 86 Prozent gestiegen und Autarkie Strom auf 23 Prozent.

Bei diesen Varianten ist die Wirtschaftlichkeit so gut, dass selbst die hohen Kosten des **Batteriespeichers** (Variante 11b) die Amortisationszeit nur auf zwölf Jahre verlängern.

Zusammenfassung

Tabelle 7 und nebenstehende Abbildung geben einen Überblick über die Haustechnikvarianten für Familie Güngör, die bislang mit Strom geheizt hat.

Es gibt mehrere günstige Varianten mit kurzer Amortisationszeit, sei es mit Holzheizung, Fernwärme, Gas-Brennwertkessel oder die Hybrid-Wärmepumpe. Alle Varianten sind für den Altbau von Familie Güngör mit hohen bis sehr hohen Investitionskosten verbunden, erbringen jedoch auch eine hohe bis sehr hohe Kosteneinsparung. Güngörs können zur Finanzierung das günstige Kreditprogramm der KfW nutzen (→ Seite 70). Die Kreditzinsen betragen nur einen Bruchteil der jährlichen Einsparung. Die günstigsten Varianten sind die Kombination der Erd-Wärmepumpe mit der solarthermischen Anlage zur Heizungsunterstützung mit und ohne Photovoltaik. Auch ein Batteriespeicher ist ohne Weiteres zusätzlich zu finanzieren.

Welche Haustechnik ist für Familie Güngör wirtschaftlich sinnvoll?

Bei Strom bleiben	Wärmepumpe	Variante 4 b
		Variante 4 c
	Wärmepumpe und Solarthermie	Variante 9
	Wärmepumpe und Photovoltaik	Variante 10 a
		Variante 10 b
		Variante 10 c
		Variante 10 d
	und Solarthermie	Variante 11 a
		Variante 11 b
Zu Gas wechseln	Brennwertkessel	Variante 0 b
		Variante 0 c
	Brennwertkessel und Solarthermie	Variante 5 a
		Variante 5 b
	Brennwertkessel und Photovoltaik	Variante 6 b
		Variante 6 c
	BHKW	Variante 2 a
		Variante 2 b
	Hybrid-Wärmepumpe	Variante 8 b
	und Photovoltaik	Variante 8 c
		Variante 8 d
Zu Holz wechseln	Holzheizung	Variante 1 a
		Variante 1 b
	und Photovoltaik	Variante 6 d, e
	und Solarthermie	Variante 7 a, b
Zu Fernwärme wechseln	Übergabestation	Variante 3 a
		Variante 3 b

Abb. 15

Tabelle 7 (Teil1): Haustechnikvarianten beim Altbau Güngör

	Ist-Zustand E-Heizung	Variante 0 b Gas-Brennwertkessel außerhalb der thermischen Hülle	Variante 0 c Gas-Brennwertkessel innerhalb der thermischen Hülle	Variante 1 a Holzvergaser	Variante 1 b Pelletkessel	Variante 2 a BHKW mit Motor
Wärmeerzeuger		7.000 €	7.000 €	10.000 €	14.000 €	23.000 €
Instandhaltungsanteil						
Brennstofflager				1.000 €	2.000 €	
Wasserspeicher		4.000 €	4.000 €	6.000 €	5.000 €	5.000 €
Solarthermie						
Photovoltaik						
Schornstein		2.000 €	2.000 €	4.000 €	4.000 €	2.000 €
Gasanschluss		2.000 €	2.000 €			2.000 €
Heizsystem		8.000 €	8.000 €	8.000 €	8.000 €	8.000 €
Batteriespeicher						
Investition	0 €	23.000 €	23.000 €	29.000 €	33.000 €	40.000 €
Förderung		0 €	0 €	2.000 €	3.500 €	4.300 €
Investition im Vergleich	0 €	23.000 €	23.000 €	27.000 €	29.500 €	35.700 €
Endenergie (kWh/a - kWh pro Jahr)	21.020 kWh/a	25.660 kWh/a	23.790 kWh/a	35.850 kWh/a	26.870 kWh/a	32.010 kWh/a
Energiekosten pro Jahr	4.530 €	1.760 €	1.640 €	1.260 €	1.460 €	2.050 €
Stromproduktion pro Jahr	0 kWh/a	0 kWh/a	0 kWh/a	0 kWh/a	0 kWh/a	6.750 kWh/a
davon Strom selbstgenutzt	0 kWh/a	0 kWh/a	0 kWh/a	0 kWh/a	0 kWh/a	2.040 kWh/a
Stromerlös pro Jahr	0 €	0 €	0 €	0 €	0 €	780 €
Wartungskosten etc. pro Jahr	0 €	200 €	200 €	400 €	400 €	400 €
Betriebskosten pro Jahr	4.530 €	1.960 €	1.840 €	1.660 €	1.860 €	1.670 €
Kosteneinsparung nach 20 Jahren	0 €	28.400 €	30.800 €	30.400 €	23.900 €	21.500 €
Amortisationszeit (a - Jahre)		8,9 a	8,6 a	9,4 a	11,0 a	12,5 a
CO_2 (t/a - Tonnen pro Jahr)	13,3 t/a	6,5 t/a	6,0 t/a	0,5 t/a	1,3 t/a	3,5 t/a
Autarkie Wärme	0%	0%	0%	0%	0%	0%
Autarkie Strom	0%	0%	0%	0%	0%	51%
Einstufung im Energieausweis	G	G	G	H	H	G

- Investitionskosten: höchstens 5.000 € Zusatzkosten
- Betriebskosten: höchstens 1.500 € jährlich
- Kosteneinsparung: mindestens 5.000 € über 20 Jahre
- Amortisationszeit: höchstens 10 Jahre
- Kohlendioxidbelastung: höchstens 2 Tonnen jährlich
- Autarkie Wärme: mindestens 50 Prozent
- Autarkie Strom: mindestens 50 Prozent

(Nutzwärme 20.270 kWh/a, Stromverbrauch 4.000 kWh/a)

Variante 2 b BHKW mit Brennstoff-zelle	Variante 3 a Fernwärme fossil	Variante 3 b Fernwärme erneuerbar	Variante 4 b Luft-Wärme-pumpe mit Heiz-körpern	Variante 4 c Erd-Wärme-pumpe mit Heizkör-pern	Variante 5 a Solare Brauch-wasseran-lage und Gas-Brenn-wert	Variante 5 b Solare Hei-zungsunter-unterstüt-zungs und Gas-Brenn-wert	Variante 6 b Photovol-taik und Brauchwas-ser-WP und Gas-Brenn-wert
29.000 €	4.000 €	4.000 €	10.000 €	20.500 €	7.000 €	7.000 €	7.000 €
5.000 €	4.000 €	4.000 €	5.000 €	5.000 €	3.000 €	3.000 €	7.000 €
					4.500 €	10.000 €	
							9.000 €
2.000 €					2.000 €	2.000 €	2.000 €
2.000 €					2.000 €	2.000 €	2.000 €
8.000 €	8.000 €	8.000 €	8.000 €	8.000 €	8.000 €	8.000 €	8.000 €
46.000 €	16.000 €	16.000 €	23.000 €	33.500 €	26.500 €	32.000 €	35.000 €
11.100 €	0 €	0 €	0 €	0 €	1.000 €	2.500 €	0 €
34.900 €	16.000 €	16.000 €	23.000 €	33.500 €	25.500 €	29.500 €	35.000 €
29.570 kWh/a	25.960 kWh/a	25.960 kWh/a	10.730 kWh/a	6.750 kWh/a	22.300 kWh/a	20.960 kWh/a	20.240 kWh/a
1.890 €	2.390 €	2.390 €	2.620 €	1.480 €	1.540 €	1.470 €	1.340 €
6.390 kWh/a	0 kWh/a	0 kWh/a	0 kWh/a	0 kWh/a	0 kWh/a	0 kWh/a	3.130 kWh/a
2.320 kWh/a	0 kWh/a	0 kWh/a	0 kWh/a	0 kWh/a	0 kWh/a	0 kWh/a	940 kWh/a
840 €	0 €	0 €	0 €	0 €	0 €	0 €	530 €
400 €	0 €	0 €	50 €	50 €	200 €	200 €	350 €
1.450 €	2.390 €	2.390 €	2.670 €	1.530 €	1.740 €	1.670 €	1.160 €
26.700 €	26.800 €	26.800 €	14.200 €	26.500 €	30.300 €	27.700 €	32.400 €
11,3 a	7,5 a	7,5 a	12 a	11,2 a	9,1 a	10,3 a	10,4 a
3,2 t/a	5,8 t/a	3,0 t/a	6,8 t/a	4,3 t/a	5,6 t/a	5,3 t/a	3,0 t/a
0%	0%	0%	47%	67%	0%	0%	0%
58%	0%	0%	0%	0%	0%	0%	24%
G	G	G	D	B	G	G	G

Tipp: Die vollständige Tabelle mit allen im Text beschriebenen Technikvarianten finden Sie im Internet unter www.ratgeber-verbraucherzentrale.de/haustechnik
Dort haben Sie auch die Möglichkeit, eigene Zahlenwerte einzutragen und mit diesen zu rechnen.

Fortsetzung: Tabelle 7 (Teil 2): Haustechnikvarianten beim Altbau Güngör

	Variante 6 c Photovoltaik und Brauchwasser-WP und Gas-Brennwert und Batteriespeicher	Variante 7 a Holzheizung und solare Heizungsunterstützung	Variante 7 b Pelletheizung und solare Heizungsunterstützung	Variante 8 b Gas-Hybridwärmepumpe	Variante 8 c Gas-Hybridwärmepumpe und Photovoltaik	Variante 8 d Gas-Hybridwärmepumpe und Photovoltaik und Batteriespeicher
Wärmeerzeuger	7.000 €	10.000 €	14.000 €	10.000 €	10.000 €	10.000 €
Instandhaltungsanteil						
Brennstofflager		1.000 €	2.000 €			
Wasserspeicher	7.000 €	3.000 €	3.000 €	5.000 €	5.000 €	5.000 €
Solarthermie		10.000 €	10.000 €			
Photovoltaik	9.000 €				9.000 €	9.000 €
Schornstein	2.000 €	4.000 €	4.000 €	2.000 €	2.000 €	2.000 €
Gasanschluss	2.000 €			2.000 €	2.000 €	2.000 €
Heizsystem	8.000 €	8.000 €	8.000 €	8.000 €	8.000 €	8.000 €
Batteriespeicher	7.500 €					7.500 €
Investition	42.500 €	36.000 €	41.000 €	27.000 €	36.000 €	43.500 €
Förderung	750 €	4.500 €	6.000 €	1.600 €	1.600 €	2.350 €
Investition im Vergleich	41.750 €	31.500 €	35.000 €	25.400 €	34.400 €	41.150 €
Endenergie (kWh/a - kWh pro Jahr)	20.220 kWh/a	30.420 kWh/a	22.430 kWh/a	10.780 kWh/a	8.500 kWh/a	8.500 kWh/a
Energiekosten pro Jahr	1.340 €	1.100 €	1.250 €	1.590 €	1.400 €	1.400 €
Stromproduktion pro Jahr	3.130 kWh/a	0 kWh/a	0 kWh/a	0 kWh/a	2.710 kWh/a	2.710 kWh/a
davon Strom selbstgenutzt	1.880 kWh/a	0 kWh/a	0 kWh/a	0 kWh/a	810 kWh/a	1.620 kWh/a
Stromerlös pro Jahr	690 €	0 €	0 €	0 €	460 €	600 €
Wartungskosten etc. pro Jahr	450 €	400 €	400 €	250 €	400 €	500 €
Betriebskosten pro Jahr	1.100 €	1.500 €	1.650 €	1.840 €	1.340 €	1.300 €
Kosteneinsparung nach 20 Jahren	26.850 €	29.100 €	22.600 €	28.400 €	29.400 €	23.450 €
Amortisationszeit (a - Jahre)	12,2 a	10,4 a	12,2 a	9,4 a	10,8 a	12,7 a
CO_2 (t/a - Tonnen pro Jahr)	3,0 t/a	0,5 t/a	1,2 t/a	4,9 t/a	1,8 t/a	1,8 t/a
Autarkie Wärme	0%	0%	0%	47%	58%	58%
Autarkie Strom	47%	0%	0%	0%	20%	41%
Einstufung im Energieausweis	G	H	G	D	C	C

- Investitionskosten: höchstens 5.000 € Zusatzkosten
- Betriebskosten: höchstens 1.500 € jährlich
- Kosteneinsparung: mindestens 5.000 € über 20 Jahre
- Amortisationszeit: höchstens 10 Jahre
- Kohlendioxidbelastung: höchstens 2 Tonnen jährlich
- Autarkie Wärme: mindestens 50 Prozent
- Autarkie Strom: mindestens 50 Prozent

(Nutzwärme 20.270 kWh/a, Stromverbrauch 4.000 kWh/a)

Variante 9 Erd-Wärmepumpe und Solarthermie	Variante 10 a Luft-Wärmepumpe und Photovoltaik	Variante 10 b Luft-Wärmepumpe und Photovoltaik und Batteriespeicher	Variante 10 c Erd-Wärmepumpe und Photovoltaik	Variante 10 d Erd-Wärmepumpe und Photovoltaik und Batterie-Speicher	Variante 11 a Erd-Wärmepumpe und Solarthermie und Photovoltaik	Variante 11 b Erd-Wärmepumpe und Solarthermie und Photovoltaik und Speicher
21.200 €	10.000 €	10.000 €	20.500 €	20.500 €	21.200 €	21.200 €
3.000 €	5.000 €	5.000 €	5.000 €	5.000 €	3.000 €	3.000 €
10.000 €					10.000 €	10.000 €
	9.000 €	9.000 €	9.000 €	9.000 €	9.000 €	9.000 €
8.000 €	8.000 €	8.000 €	8.000 €	8.000 €	8.000 €	8.000 €
		7.500 €		7.500 €		7.500 €
42.200 €	32.000 €	39.500 €	42.500 €	50.000 €	51.200 €	58.700 €
9.250 €	0 €	750 €	0 €	750 €	9.250 €	10.000 €
32.950 €	32.000 €	38.750 €	42.500 €	49.250 €	41.950 €	48.700 €
4.660 kWh/a	8.540 kWh/a	8.540 kWh/a	4.560 kWh/a	4.560 kWh/a	2.930 kWh/a	2.930 kWh/a
1.030 €	2.480 €	2.480 €	1.320 €	1.320 €	850 €	850 €
0 kWh/a	2.360 kWh/a	2.360 kWh/a	2.600 kWh/a	2.600 kWh/a	3.060 kWh/a	3.060 kWh/a
0 kWh/a	710 kWh/a	1.420 kWh/a	780 kWh/a	1.560 kWh/a	920 kWh/a	1.830 kWh/a
0 €	410 €	530 €	440 €	580 €	520 €	670 €
100 €	200 €	300 €	200 €	300 €	250 €	350 €
1.130 €	2.270 €	2.250 €	1.080 €	1.040 €	580 €	530 €
35.050 €	13.200 €	6.850 €	26.500 €	20.550 €	37.050 €	31.300 €
9,7 a	14,2 a	17 a	12,3 a	14,1 a	10,6 a	12,2 a
2,9 t/a	3,9 t/a	3,9 t/a	1,2 t/a	1,2 t/a	−0,1 t/a	−0,1 t/a
77%	58%	58%	78%	78%	86%	86%
0%	18%	36%	20%	39%	23%	46%
A	C	C	A	A	A+	A+

Tipp: Die vollständige Tabelle mit allen im Text beschriebenen Technikvarianten finden Sie im Internet unter www.ratgeber-verbraucherzentrale.de/haustechnik
Dort haben Sie auch die Möglichkeit, eigene Zahlenwerte einzutragen und mit diesen zu rechnen.

Beratung, Auftrag und Vergabe

Jedes größere Bauvorhaben, sei es Neubau oder Bestandsgebäude, sollte mit einer Energieberatung beginnen (→ Tipp Seite 172). Wollen Sie eine Förderung der KfW erhalten, so ist es zwingend erforderlich, einen Energie-Effizienz-Experten zu beauftragen (www.energie-effizienz-experten.de). Mit diesem besprechen Sie Ihr Vorhaben. Er wird Ihnen verschiedene Möglichkeiten erläutern und darlegen, welche Bedingungen Sie einhalten müssen, um die Förderung zu erhalten. Nach Ihrer Entscheidung für eine Variante erstellt er den Förderantrag. Beim Einbau einer Anlage zur Nutzung erneuerbarer Energien ist dieser Experte nicht vorgeschrieben. Sie können sich selber auf der Seite des BAFA (www.bafa.de) registrieren und dürfen dann loslegen. Bei umfangreicheren Planungen ist es sicherlich sinnvoll, einen Architekten hinzuzuziehen. Dieser wird auch den Bauantrag ans Bauamt stellen, wenn erforderlich. Ein Neubau braucht eine Baugenehmigung. Ein Altbau braucht sie, wenn Sie die äußere Ansicht verändern oder Nutzungsänderungen planen. Der bloße Austausch einer Heizungsanlage fällt nicht darunter.

In der Abbildung beziehen sich die grünen Felder auf eine Förderung durch die KfW. Der Experte muss während der Bauausführung kontrollieren, ob die Förderbedingungen eingehalten werden. Ist alles in Ordnung, so erstellt er die Bestätigung nach Durchführung. Kurz danach erhalten Sie den Zuschuss oder der Kredit wird dann um den Tilgungszuschuss verringert und Sie müssen weniger zurückzahlen. Bei einer Förderung durch das BAFA ist die Baubegleitung nicht vorgeschrieben. Sie müssen jedoch durch den Fachhandwerker bestätigen lassen, dass alles wie beantragt ausgeführt wurde.

Die roten Felder sind von Bedeutung, wenn Sie eine Baugenehmigung benötigen. Sie dürfen erst mit den Arbeiten anfangen, wenn die Genehmigung erteilt wurde. Nach Fertigstellung wird das Bauamt vor Ort die Einhaltung der Vorschriften überprüfen.

Die blauen Felder zeigen den Ablauf, der bei jedem Bauvorhaben vorliegt. Nachdem Sie wissen, was Sie in Auftrag geben wollen, holen Sie oder Ihr Architekt Angebote bei Fachhandwerkern ein. Sie selber sollten mindestens drei Anbieter anfragen. Ein Architekt wird vermutlich eine umfangreichere Ausschreibung durchführen. Geben Sie detailliert vor, welche Anlagentechnik Sie einsetzen möchten. Aus Testberichten, beispielsweise der Stiftung Warentest (www.test.de), können Sie eine Vorauswahl von Geräten treffen. Beachten Sie aber, dass jeder Handwerker seine „Hausmarken“ hat, mit denen er sich bestens auskennt. Vergleichen Sie nun die Angebote auf Vollständigkeit.

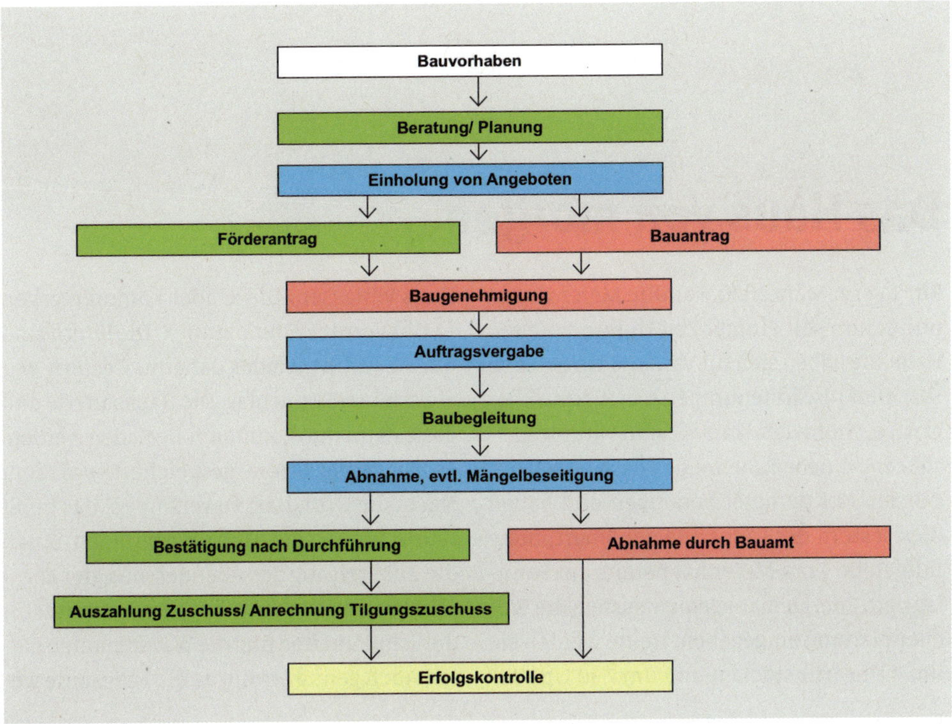

Abb. 16: Bauablauf.

Hier kann Ihnen auch ein Energieberater der Verbraucherzentrale helfen (www.verbraucherzentrale-energieberatung.de). Dann müssen Sie sich entscheiden: Ausschlaggebend wird vermutlich der Endpreis sein. Bedenken Sie aber, dass ortsansässige Firmen leichter für Nachbesserung oder Wartung zu erreichen sind. Der Bauausführung liegt ein Werkvertrag zugrunde. Hierbei hat die Abnahme des Werkes eine besondere Bedeutung: Nach Abnahme beginnt die Gewährleistung und Sie sind verpflichtet, die Rechnung zu bezahlen. Gibt es Mängel, sollten Sie deswegen die Abnahme von der Beseitigung dieser Mängel abhängig machen. Nach erfolgter Abnahme ist es wesentlich schwieriger, Nachbesserungen durchzusetzen.

Ist alles ordnungsgemäß abgelaufen und sind Sie zufrieden? Dann sollten Sie nicht vergessen, den Energieverbrauch zu kontrollieren und mit den vorausgesagten Werten zu vergleichen. Abweichungen bis zu 20 Prozent können auf Witterungseinflüssen und Nutzungsverhalten beruhen. Bei höheren Abweichungen sollten Sie den Fachhandwerker hinzuziehen und eine Erklärung verlangen. Hinweise können Ihnen auch die kostengünstigen Checks der Verbraucherzentrale geben (→ Seite 170).

Das Haus von morgen

Ein Tag im März 2020. Familie Meier wohnt nun schon seit einiger Zeit in Ihrem neuen Haus. Sie haben sich für Variante 11b (→ Seite 162) mit Erdwärmepumpe, solarthermischer Anlage, Photovoltaikanlage und Batteriespeicher entschieden. Sie werden das Elektroauto nur für 30 Kilometer benötigen und haben dies gestern der Ladesäule per Smartphone mitgeteilt. Frau Meier hat bereits am Sonntag dem Energiemanagementsystem die Wochenplanung eingegeben: Heute werden sie um 7 Uhr frühstücken und um 7.30 Uhr das Haus verlassen. Die Kinder kommen gegen 14 Uhr von der Schule zurück. Die Eltern sind um 16.30 Uhr wieder daheim. Gestern war ein schöner Sonnentag. Die Hausbatterie und das Elektroauto konnten vollgeladen werden. Es ist genug Strom gespeichert, um über Nacht die Grundlast zu versorgen, das heißt Kühlschrank und Heizungspumpen. Auch die Zubereitung des Abendessens, der Fernsehabend mit Beleuchtung, der Computer für die Schularbeiten und die Wärmepumpe hatten noch genug Strom, da die Ladesäule we-

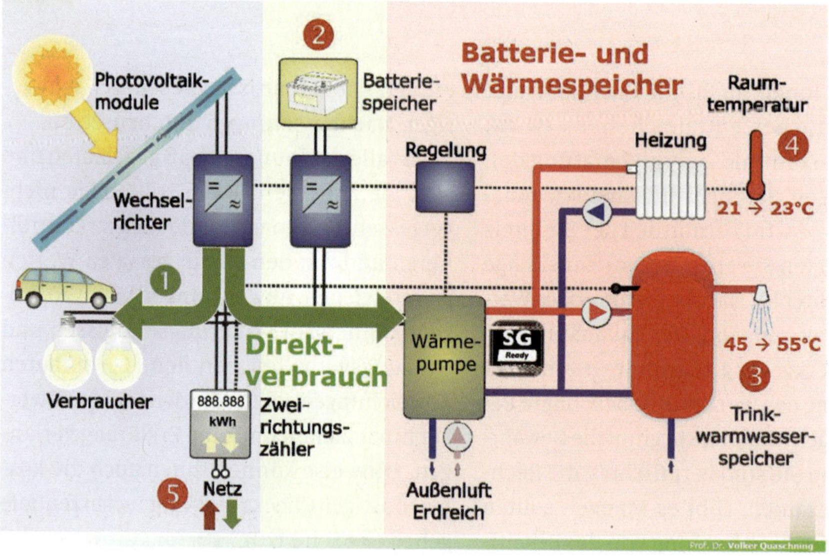

Abb.17: Smart-Home-System.

gen der geringen Fahranforderung von heute Strom aus dem Akku des Elektroautos zur Verfügung stellen konnte. Die Wärmepumpe arbeitet dank der durch die thermische Solaranlage vom vorigen Sommer im Boden gespeicherten Überschusswärme sehr effektiv und begnügt sich mit wenig Strom. Über Nacht arbeitet sie im Absenkbetrieb und fährt durch das Energiemangementsystem gesteuert so rechtzeitig hoch, dass um 5.30 Uhr das Haus angenehm warm ist. Um 6.00 Uhr schaltet die Beleuchtung in den Schlafzimmern ein und eine angenehme Weckmusik ertönt. Der Warmwasserspeicher der Solaranlage ist gut gefüllt und Meiers können das Duschen genießen. Am Frühstückstisch ruft sich Herr Meier die Einkaufsliste vom Kühlschrank auf sein Smartphone; denn er will auf dem Nachhauseweg noch beim Supermarkt vorbeischauen.

Dann ist das Haus leer. Die Raumtemperatur wird abgesenkt, was allerdings im gut gedämmten Haus nur langsam geschieht. Das Energiemanagementsystem ruft die Wetterprognose ab und entscheidet, dass die Batterieladung erst ab 10 Uhr beginnen kann und so die Mittagsspitze gekappt wird. Um 12 Uhr wird die am Vorabend gefüllte Waschmaschine gestartet. Das Elektroauto ist mit Frau Meier unterwegs und kann erst abends geladen werden. Der mittägliche Überschuss wird außerdem genutzt, um mit Wärmepumpe und thermischer Solaranlage den Kombispeicher wieder zu füllen. So ist das Haus gut gerüstet für die kommende Nacht. Der Wärmeüberschuss wird über die Sonden ins Erdreich gespeichert. Der übrige Strom geht an die Nachbarn, mit denen Familie Meier einen Vertrag abgeschlossen hat.

Ab 13 Uhr werden die Kinderzimmer auf Wohlfühltemperatur gebracht. Frau Meiers Besprechung ist kürzer als erwartet und sie kann früher zu Hause sein. Dies teilt sie dem Haus per Smartphone von unterwegs mit. Sofort werden nun auch das Wohnzimmer und die Küche aus dem Absenkbetrieb hochgefahren und sie kommt in ein angenehm temperiertes Haus.

Etwas später kommt Herr Meier mit dem Einkauf nach Hause. Er scannt die eingekauften Waren und räumt sie danach ein. Frau Meier erhält nun auf dem Smartphone Vorschläge für das Abendessen.

Es wird langsam dunkel und automatisch schaltet sich die Beleuchtung in den benutzten Räumen ein. Das Elektroauto hängt wieder an der Ladesäule. Auch am nächsten Tag wird es keine weite Strecke fahren müssen und kann wie in der vorigen Nacht die Hausbatterie ergänzen.

Herr Meier betrachtet auf dem Flachbildschirm die Energiebilanz des Tages und ist zufrieden: Keine einzige Kilowattstunde haben Meiers an diesem Tag aus dem Netz benötigt und sogar noch einiges an die Nachbarn verkaufen können.

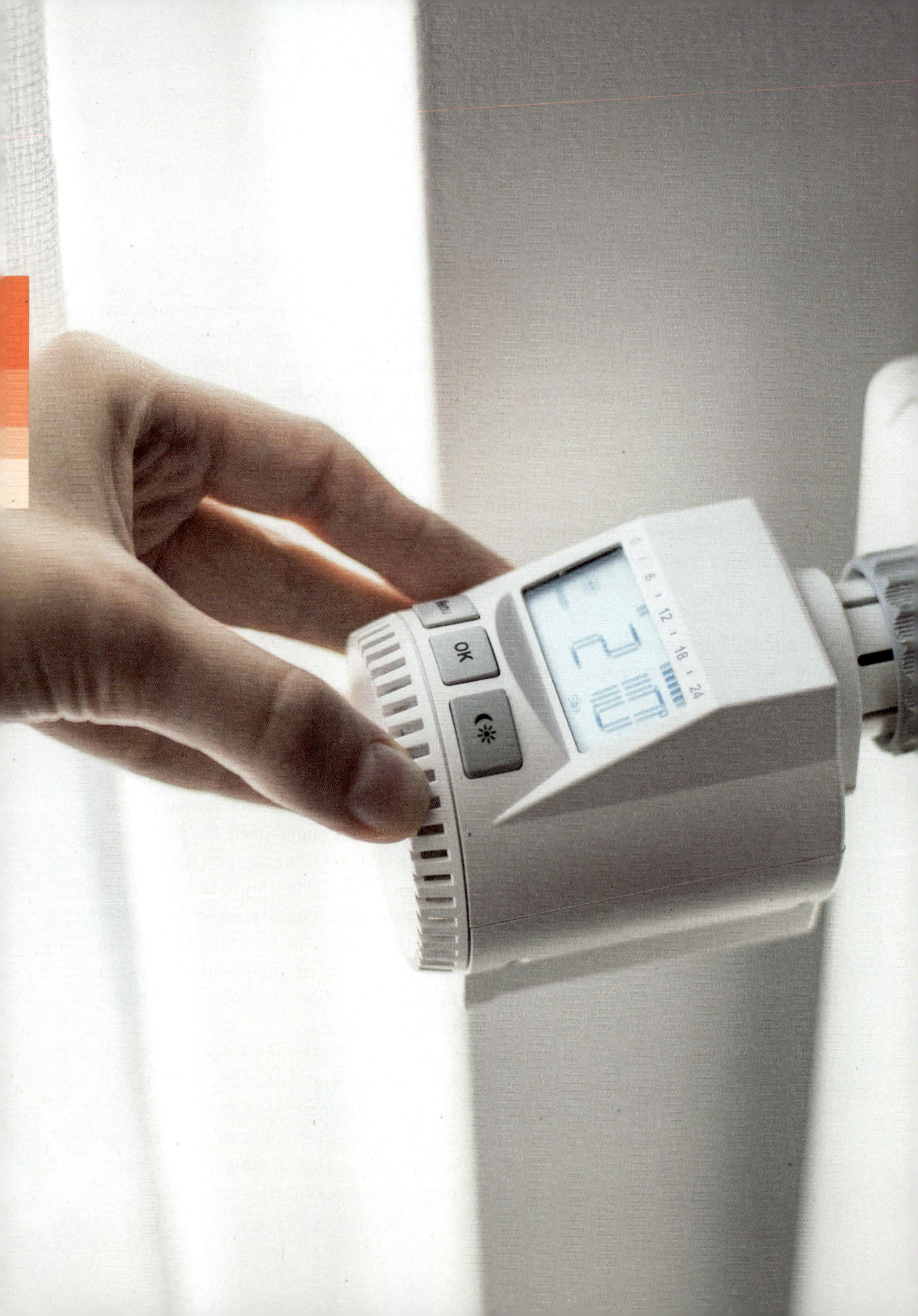

OK

Anhang

Auf den folgenden Seiten finden Sie ein **Glossar**, in dem die wichtigsten Begriffe erläutert werden. Auf Begriffe, die bereits im Text erklärt wurden, wird mit entsprechender Seitenzahl verwiesen. Ein **Stichwortverzeichnis** hilft beim Nachschlagen weiterer Textstellen. Und ein **Adressverzeichnis** unterstützt Sie bei der Kontaktaufnahme.

Glossar

→

Amortisationszeit: Ist die gewünschte neue Heizungstechnik auch wirklich rentabel? Auf Seite 40 finden Sie unser hilfreiches Berechnungsmodell. Und unsere Rechenhilfe unter www.ratgeber-verbraucherzentrale.de/haustechnik unterstützt Sie bei der Berechnung Ihrer eigenen Werte.

Autarkie, energieautark: Wenn in diesem Buch von Autarkie gesprochen wird, so bezieht sich dies lediglich auf die Selbstversorgung mit Energie und nicht beispielsweise mit Nahrungsmitteln.

Autarkiegrad: Der Autarkiegrad gibt an, welcher Anteil der im Haus benötigten Energie auf dem eigenen Grundstück erzeugt wird: Je höher der Autarkiegrad, umso weniger Energie müssen Sie zukaufen. Der Autarkiegrad kann sich auf die gesamte Energie beziehen oder nur auf Strom oder Wärme. → Seite 42

Bivalente Anlage → Seite 78

Blockheizkraftwerk (BHKW) → Seite 59

Brauchwasser: Warmes Wasser für Dusche etc. Hier im Ratgeber wird der Begriff „Brauchwasserbereitung“ benutzt. Normgemäß handelt es sich um die „Trinkwasser-Erwärmung“.

Brennkammer: Im Innern eines Heizkessels befindet sich die Brennkammer. Hier werden Heizöl, Gas oder Holz verbrannt. Die heißen Brenngase erhitzen wasserdurchflossene Rohre oder Platten (→ **Wärmetauscher**) und dadurch das Heizungswasser.

Brennstoffzelle: Eine Brennstoffzelle erzeugt Strom durch die chemische Verbindung eines Brennstoffes (meist Gas) mit dem Sauerstoff der Luft. Es entsteht bei dieser „kalten“ Verbrennung zwar keine Flamme, aber neben dem Strom wird auch Wärme produziert. → **KWKG, Kraft-Wärme-Kopplung, Blockheizkraftwerk**

Brennwert → Seite 48

Dämmstoffe: Dämmstoffe werden durch die sogenannte Wärmeleitzahl charakterisiert: Je niedriger dieser Wert, desto geringer ist die Wärmeleitung des Stoffes, und desto besser sein Wärmedämmvermögen. Die Wärmeleitzahl wird in Watt pro Meter mal → **Kelvin** (W/mK) angegeben. Bei der Güte des Dämmstoffes werden die Stelle vor dem Komma, das Komma und die Maßeinheit nicht genannt. Beispiel: Ein üblicher Dämmstoff hat eine Wärmeleitzahl von 0,040 W/mK. Seine Güte ist dann 040.

Effizienzhäuser → Seite 37 und 135

Energieausweis → Seite 36

Energieeinsparverordnung (EnEV) → Seite 33, 35 und 133

Heizkessel/Brennwertkessel: Wird in einem Heizkessel Gas oder Öl verbrannt, entsteht dabei auch heißer Wasserdampf. In Heizwertkesseln wird dieser Wasserdampf zusammen mit den Abgasen ungenutzt zum Schornstein hinausgeblasen. Bei einem Brennwertkessel werden die Abgase mit einem Abgas- → **Wärmetauscher** jedoch so weit abgekühlt, dass der darin enthaltene Wasserdampf teilweise zu flüssigem Wasser kondensiert. Die Energie, die in dem Dampf enthalten ist, kann somit teilweise zur Raumheizung genutzt werden und den Wirkungsgrad der Heizungsanlage erhöhen. → Seite 47

Heizungsunterstützungsanlage: Eine thermische Solaranlage, die neben der Brauchwasserbereitung auch Heizungswärme liefern kann. Sie benötigt eine größere Kollektorfläche und einen Speicher für das Heizungswasser. → Seite 96

Heizwert → Seite 48

Jahresarbeitszahl (JAZ) → Seite 74

Kelvin: Das Kelvin ist die wissenschaftliche Einheit für die Temperatur. Ein Kelvin ist identisch mit einem Grad Celsius, wenn es um die Temperaturdifferenz geht. Allerdings ist der Nullpunkt ein anderer: Die Kelvin-Skala beginnt mit Null beim absoluten Nullpunkt von -273 Grad Celsius. Eine tiefere Temperatur gibt es nicht.

Kreditanstalt für Wiederaufbau (KfW) → Seite 37

KWKG: Das **Kraft-Wärme-Kopplungsgesetz** soll die Kraft-Wärme-Kopplung fördern Dazu wird für Strom, der von Blockheizkraftwerken erzeugt wird, eine zusätzliche Vergütung gezahlt. → Seite 62

Nahwärme → Seite 66

Passivhaus → Seite 152

Photovoltaik → Seite 104

Primärenergie, Primärenergiefaktor, Primärenergiebedarf → Seite 34

Referenzgebäude → Seite 33

Rücklauf: Ein Begriff aus der Haustechnik. Die Rohre, die an der kalten Seite des Heizkessels, der Wärmepumpe oder des Sonnenkollektors angebracht sind und das in den Heizkörpern oder der Fußbodenheizung abgekühlte Heizungswasser zurück zum Wärmeeerzeuger leiten, beziehungsweise zum Kollektor bringen. Die Temperatur im Rücklauf hängt von der Vorlauftemperatur ab und sollte mindestens 10 Grad darunter liegen. Ansonsten sollte die Heizungsanlage optimiert werden. → Seite 169

Thermische Solaranlage (→ Seite 94): andere Begriffe dafür sind **Solarthermie, solarthermische Anlage** oder **Kollektoranlage**. Die Sonneneinstrahlung erhitzt in den Sonnenkollektoren eine Flüssigkeit, meist ein Wasser-Frostschutzmittel-Gemisch. Diese Flüssigkeit wird zum Wärmetauscher im Solarspeicher gepumpt und gibt dort die Wärme ans Speicherwasser ab. Aus dem Speicher wird je nach Anlagentyp das warme Duschwasser oder zusätzlich Heizungswasser für Fußbodenheizung oder Heizkörper entnommen.

U-Wert: Dieser Wert gibt an, wie gut der Wärmeschutz eines Bauteils ist (zum Beispiel Fenster, Außenwände, Dach, Kellerdecke). → Seite 44

Vorlauf: Ein Begriff aus der Haustechnik. Die Rohre, die an der heißen Seite des Heizkessels, der Wärmepumpe oder des Sonnenkollektors austreten und die Wärme zu den Heizkörpern oder der Fußbodenheizung beziehungsweise dem Warmwasserspeicher leiten. Die Temperatur an dieser Stelle ist die Vorlauftemperatur. Je kleiner die Heizfläche, umso größer muss die Vorlauftemperatur sein. Fußbodenheizungen benötigen nur niedrige Vorlauftemperaturen.

Wärmebrücke: Ein Schwachpunkt im baulichen Wärmeschutz. An dieser Stelle ist die Oberflächentemperatur niedriger als an anderen Stellen der Wandinnenseite. Es gibt geometrische Wärmebrücken (zum Beispiel ist die Oberflächentemperatur in einer Raumecke niedriger als auf der Wand daneben, weil wenig Fläche innen Wärme aufnehmen kann, aber eine größere Fläche außen die Wärme abgibt). Und es gibt konstruktive Wärmebrücken (zum Beispiel leitet die durchgegossene Betonplatte des Balkons die Wärme besser nach draußen als die Wand daneben, weil Beton eine wesentlich höhere Wärmeleitfähigkeit besitzt). Wärmebrücken sind die ersten Stellen, an denen es zu Problemen mit Feuchtigkeit und Schimmel kommen kann. → Seite 125

Wärmequelle: Eine Wärmepumpe (→ Seite 72) nutzt die Wärme der Wärmequelle (Grundwasser, Erdwärme, Luft) zum Heizen. Günstig ist eine Wärmequelle mit ganzjährig möglichst hohen Temperaturen.

Wärmesenke: Wärmepumpen geben die Wärme an eine Wärmesenke ab. Das kann das Heizsystem (möglichst mit Fußbodenheizung) oder ein Warmwasserspeicher sein. Günstig ist eine möglichst niedrige Temperatur der Wärmesenke.

Wärmetauscher: Ein Bauteil in vielen haustechnischen Anlagen. Ein Wärmetauscher wird immer dann gebraucht, wenn Wärme von einem Stoff auf einen anderen übertragen werden soll, sich die Stoffe aber nicht mischen dürfen. Beispiel: Im Sonnenkollektor (→ Seite 95) befindet sich Frostschutzmittel, im Brauchwasserspeicher Trinkwasser. Die Wärme des Sonnenkollektors wird nun mit einem Rohrbündel (dem Wärmetauscher), das im Speicher eingebaut ist, auf das Speicherwasser übertragen. Andere Wärmetauscher übertragen die Wärme der heißen Brenngase im Heizkessel auf das **Brauchwasser** für Heizung oder Warmwasser, oder in einer Lüftungsanlage die Wärme der Abluft auf die Zuluft.

Wärmeübertragung: Es gibt drei Formen der Übertragung: Wärmeleitung, Wärmeströmung und Wärmestrahlung. → Seite 21

Wassertasche: Der **Wärmetauscher** in einem Holzofen, der vom Heizungswasser durchflossen wird.

Adressen

→

ADRESSEN DER VERBRAUCHERZENTRALEN

Verbraucherzentrale Baden-Württemberg e. V.
Paulinenstraße 47
70178 Stuttgart
Telefon: 07 11/ 66 91-10
Fax: 07 11/66 91-50
www.vz-bawue.de

Verbraucherzentrale Bayern e. V.
Mozartstraße 9
80336 München
Telefon: 0 89/5 39 87-0
Fax: 0 89/53 75 53
www.vz-bayern.de

Verbraucherzentrale Berlin e. V.
Hardenbergplatz 2
10623 Berlin
Telefon: 0 30/2 14 85-0
Fax: 0 30/2 11 72 01
www.vz-berlin.de

Verbraucherzentrale Brandenburg e. V.
Babelsberger Straße 12
14473 Potsdam
Telefon: 03 31/2 98 71-0
Fax: 03 31/2 98 71-77
www.vzb.de

Verbraucherzentrale Bremen e. V.
Altenweg 4
28195 Bremen
Telefon: 04 21/1 60 77-7
Fax: 04 21/1 60 77 80
www.verbraucherzentrale-bremen.de

Verbraucherzentrale Hamburg e. V.
Kirchenallee 22
20099 Hamburg
Telefon: 0 40/2 48 32-0
Fax: 0 40/2 48 32-290
www.vzhh.de

Verbraucherzentrale Hessen e. V.
Große Friedberger Straße 13–17
60313 Frankfurt/Main
Telefon: 0 69/97 20 10-900
Fax: 0 69/97 20 10-40
www.verbraucher.de

Verbraucherzentrale Mecklenburg-Vorpommern e. V.
Strandstraße 98
18055 Rostock
Telefon: 03 81/2 08 70-50
Fax: 03 81/2 08 70-30
www.nvzmv.de

Verbraucherzentrale Niedersachsen e. V.
Herrenstraße 14
30159 Hannover
Telefon: 05 11/9 11 96-0
Fax: 05 11/9 11 96-10
www.vz-niedersachsen.de

Verbraucherzentrale Nordrhein-Westfalen e. V.
Mintropstraße 27
40215 Düsseldorf
Telefon: 02 11/38 09-0
Fax: 02 11/38 09-216
www.verbraucherzentrale.nrw

Verbraucherzentrale Rheinland-Pfalz e. V.
Seppel-Glückert-Passage 10
55116 Mainz
Telefon: 0 61 31/28 48-0
Fax: 0 61 31/28 48-66
www.vz-rlp.de

Verbraucherzentrale des Saarlandes e. V.
Trierer Straße 22
66111 Saarbrücken
Telefon: 06 81/5 00 89-0
Fax: 06 81/5 00 89-22
www.vz-saar.de

Verbraucherzentrale Sachsen e. V.
Katharinenstraße 17
04109 Leipzig
Telefon: 03 41/69 62 90
Fax: 03 41/6 89 28 26
www.vzs.de

Verbraucherzentrale Sachsen-Anhalt e. V.
Steinbockgasse 1
06108 Halle
Telefon: 03 45/2 98 03-29
Fax: 03 45/2 98 03-26
www.vzsa.de

Verbraucherzentrale Schleswig-Holstein e. V.
Andreas-Gayk-Straße 15
24103 Kiel
Telefon: 04 31/5 90 99-0
Fax: 04 31/5 90 99-77
www.vzsh.de

Verbraucherzentrale Thüringen e. V.
Eugen-Richter-Straße 45
99085 Erfurt
Telefon: 03 61/5 55 14-0
Fax: 03 61/5 55 14-40
www.vzth.de

Verbraucherzentrale Bundesverband e. V.
Markgrafenstraße 66
10969 Berlin
Telefon: 0 30/2 58 00-0
Fax: 0 30/2 58 00-518
www.vzbv.de

Stichwortverzeichnis

E

F

G

H

I

J

K

L

M

N

V

W

Z

Bildnachweis

Kapitel 1

Abb. 1	Carbon Cycle and Greenhouse Gases group
Abb. 2	Dr. M. Loistl, Ministerium für Umwelt, Klima und Energiewirtschaft Baden-Württemberg
Abb. 3	Copernicus Climate Change Service, ECMWF
Abb. 4	wajan/fotolia
Abb. 5	Kai Niebert, Zürich
Abb. 6	Bundesumweltministerium, Berlin
Abb. 7	Volker Quaschning, Berlin
Abb. 8	Timo Leukefeld, Freiberg
Abb. 9	Hans Joseph Fell
Abb. 10	Europäische Kommission
Abb. 11	Horst Lünser, Berlin (nach RWE-Bauhandbuch)
Abb. 12, 13	Klaus-Peter Thiele, Hannover

Kapitel 2

Abb.1, 23-25	Horst Lünser, Berlin
Abb. 2	Verbraucherzentrale NRW
Abb. 3	Hans Hartmann, Technologie- und Förderzentrum (TFZ) im Kompetenzzentrum für Nachwachsende Rohstoffe
Abb. 4	Johannes Spruth, Unna
Abb. 5	ÖkoFEN
Abb. 6, 7	Verbraucherzentrale NRW
Abb. 8, 26	EnergieAgentur.NRW
Abb. 9	Fraunhofer ISE
Abb. 10-13	Bundesverband Wärmepumpe (BWP) e.V.
Abb. 14	Vaillant
Abb. 15	Evelyn Hillebrand, Düsseldorf
Abb. 16, 17	Dominique VERNIER/fotolia.de
Abb. 18	nakeding/fotolia
Abb. 19	bluedesign/fotolia.de
Abb. 20, 36	Verbraucherzentrale NRW
Abb. 21	Wagner Solar GmbH
Abb. 22	Hubertus Pieper
Abb. 27	Grammer Solar GmbH
Abb. 28, 35	EnergieAgentur.NRW
Abb. 29	my-PV GmbH
Abb. 30	Klaus-Peter Thiele, Hannover
Abb. 31	Sonnenhaus Institut e.V.
Abb. 32	Viessmann Werke
Abb. 33, 34	Horst Lünser, Berlin
Abb. 37	INNOPERFORM GmbH
Abb. 38	A. Titze
Abb. 39	SIEGENIA
Abb. 40, 41	A. Titze
Abb. 42	innogy

Kapitel 3

Abb. 1-4	Johannes Spruth, Unna
Abb. 5	Timo Leukefeld, Freiberg
Abb. 6	Agentur für erneuerbare Energien
Abb. 7	ratiotherm Heizung + Solartechnik GmbH
Abb. 8	Verbraucherzentrale NRW
Abb. 9-16	Johannes Spruth, Unna
Abb. 17	Volker Quaschning, Berlin

Kapitelaufmacherseiten

Seite 6: westend61/123RF.com
Seite 18: westend61/123RF.com
Seite 46: Alexander Raths/123RF.com
Seite 132: Wavebreak Media Ltd/123RF.com
Seite 212: Daniel Jedzura/123RF.com

Umschlagillustration

Designbüro Ute Lübbeke, Köln

Expertenfotos

Seite 27: Prof. Fritz Reusswig, Potsdam-Institut für Klimaforschung
Seite 30: Volker Quaschning, Hochschule für Wirtschaft und Technik Berlin
Seite 41: Claudia Kemfert, Deutsches Institut für Wirtschaftsforschung DIW, Berlin
Seite 82: Sven Kersten, EnergieAgentur.NRW
Seite 100: Carsten Körnig, Bundesverband Solarwirtschaft e.V.
Seite 113: Matthias Hüttmann, Deutsche Gesellschaft für Sonnenenergie e.V.
Seite 161: Timo Leukefeld, Freiberg
Seite 168: Bernd Felgentreff, Technische Beratung für Systemtechnik

Im Interesse der Lesbarkeit verzichten wir darauf, in jedem Fall explizit die weibliche und die männliche Form einer Bezeichnung zu verwenden, und benutzen nur das sogenannte generische Maskulinum, das heißt den verallgemeinernden, grammatikalisch männlichen Begriff. Er umfasst,ohne jegliche Diskriminierung, beide Geschlechter.

1. Auflage, Februar 2018

ISBN 978-9-86336-091-7
Printed in Germany

Impressum

Herausgeber
Verbraucherzentrale Nordrhein-Westfalen e. V.
Mintropstraße 27, 40215 Düsseldorf
Telefon: 02 11/38 09-555
Telefax: 02 11/38 09-235
ratgeber@verbraucherzentrale.nrw
www.verbraucherzentrale.nrw

Mitherausgeber
Verbraucherzentrale Baden-Württemberg e.V.
(Adressen → Seite 216)

Text
Dr. Johannes Spruth, Unna

Lektorat
Heike Plank, Werl-Holtum

Fachliche Beratung
Udo Peters, Düsseldorf

Korrektorat
Hartmut Schönfuß, Berlin

Koordination
Frank Wolsiffer

Gestaltungskonzept
Lichten Kommunikation und Gestaltung, Hamburg
www.lichten.com

Layout und Satz
Petra Soeltzer
Kommunikationsdesign, Düsseldorf
www.petrasoeltzer.de

Umschlaggestaltung
Ute Lübbeke, Köln
www.LNT-design.de

Druck
Medienhaus Plump GmbH, Rheinbreitbach

Gedruckt auf 100 % Recyclingpapier
Redaktionsschluss: Februar 2018